FANGQUWAI DAODAN GAILUN

防区外导弹概论

（第1卷 构型设计）

阳至健　邱小林　李　峻　编著
吴国洪　李　剑

西北工业大学出版社

西安

【内容简介】 防区外导弹(Stand-off Missile)是"攻击飞机在敌方防空火力区外对其防护的高价值目标实施精确打击的一类战术导弹"。它具有"防区外发射、精确打击、抛撒子弹药、模块化结构之特点。"本书介绍防区外导弹的发展和特点,对其构型、品质与结构做了详细论证,叙述了总体、制导、结构设计参数及其计算方法;论述防区外导弹武器系统组成,作战模式,目标体系设计、防区外导弹功能分析、总体参数设计、外形及变形设计。

本书可供导弹设计院所设计人员、航空院校导弹设计专业本科生与研究生参考。

图书在版编目(CIP)数据

防区外导弹概论/阳至健,邱小林,李峻编著.
—西安:西北工业大学出版社,2018.7
ISBN 978-7-5612-6079-1

Ⅰ.①防… Ⅱ.①阳… ②邱… ③李…
Ⅲ.①导弹—研究 Ⅳ.①TJ76

中国版本图书馆 CIP 数据核字(2018)第 154654 号

策划编辑:付高明
责任编辑:付高明

出版发行:西北工业大学出版社
通信地址:西安市友谊西路 127 号   邮编:710072
电 话:(029)88493844,88491757
网 址:www.nwpup.com
印 刷 者:兴平市博闻印务有限公司
开 本:787 mm×1 092 mm   1/16
印 张:16.25
字 数:393 千字
版 次:2018 年 7 月第 1 版   2018 年 7 月第 1 次印刷
定 价:66.00 元

前　言

　　第二次世界大战后,战事不断。但导弹发挥重要作用的,只是在中东和海湾。阿拉伯国家与以色列之间的海战有一部分以导弹对打。其中埃及海军用苏制"冥河"导弹击沉以色列的驱逐舰"拉什芙"号。在以色列人了解到"冥河"导弹的特性后,用箔条干扰使埃及发射的53枚的"冥河"导弹无一命中。以色列研制的"迦伯烈"舰-舰导弹,由于采用了三种控制策略则有击沉埃及导弹快艇的记录。1990年伊拉克入侵科威特引发了于次年以美国为首的多国部队对伊拉克的战争,这是一场在特定环境中一边倒的战争。仅仅打了42天,便以伊拉克的失败而告终。这是一场不对称的战争,伊拉克的失败是意料之中的,何况是其先行不义。虽然打的是局部战争,但导弹使用的类型和数量也是史无前例的。特别值得一提的是,多国部队发射了7枚"斯拉姆"导弹,其中两枚在打击伊拉克一座水电站时,一枚在电站的墙上开了一个洞,相隔一分钟,另一枚从前一枚开的洞中穿洞而入,将电站内部破坏而未危及拦河坝。"斯拉姆"系SLAM(Stand - off Land Attack Missile)的中译名。"斯拉姆"的表现在伊拉克战场上并不显得很突出,却向世人展示了一类新的导弹,这就是目前出现在各种文献杂志中的防区外导弹(Stand - Off Missile),Jane' All World's Aircraft 将其与空地导弹(Air - To - Surface Missile,代号 ASM)区别开,代号为 SOM。

　　第1章在叙述防区外导弹的发展历史时,会追溯到第二次世界大战中美国人提出在敌防空火力圈外投弹的概念,搞了一种电视制导反舰导弹,击沉过德国军舰,恐怕是最早的防区外导弹。但真正意义上的,却是在20世纪70年代北约诸国所感兴趣的一类导弹。我们还要详细阐明防区外导弹的特点,将其与一般空地导弹、巡航导弹区别,并予以定义。这里仅仅声明防区外导弹并不是人们"望文生义"片面理解的那种导弹。

　　第2章叙述防区外精确对地攻击武器系统。主要论述武器系统的组成、功能,说明建立这样一个系统为打赢高技术条件下战争的必要性。在武器系统设计一节,叙述了控制策略(control strategy)、制导律(guidance law)和全备弹(All - Up - Round)、木弹(Wooden Round)。控制策略围绕"管与不管",详细论述了"发射后控制""发射后修正"和"发射后不管"三种基本策略的发展。又对当今发达国家正在研究的"无视线发射(NLOS - LS)""未来作战系统(Future War System"做了介绍,以便应对未来的不对称战争。制导律本是一个成熟的课题,三种经典的制导律广泛应用于导弹的制导。但是数字技术和计算机的进步,使得 3D 弹道从传统的双平面弹道(人为地分成纵向平面和横测平面)中脱颖而出。线性制导律显然不符合要求,需要用李雅普诺夫控制函数 CLF 解"导弹与目标的相对运动方程",第 2 章还介绍桑达格

(Sontag)于 1968 年得到的最优制导律。最后对防区外导弹的作战模式进行了深入探讨,指出侦察和对地攻击是防区外导弹的两种主要作战模式,于是将"防区外距离(Stand - off - rang)"和"防区内搜索面积(search aero)"作为两个重要参数,列在总体参数设计中。

第 3 章为目标体系设计列出效能度量、生存力和目标特性、发射平台、部署与勤务、自然环境与战斗诱发环境、成本和电子对抗 7 个因数作为防区外导弹设计的一般要求,而目标体系则分三个层次叙述,顶层为目标特性、战场环境、指标符合性、研制承受能力和持续发展路线图。第二层为技术性能、经济性能和承受能力。第三层则为具体指标。第 3 章还对防区外导弹进行功能分析,一般武器系统应具备的功能为"搜索目标;捕获目标;跟踪目标;将目标分配给指定的导弹,并初始化;发射导弹;将导弹推进到目标区;引导导弹至目标;控制导弹响应制导指令;杀伤目标:毁伤评估"。本书仅对防区外导弹的战术功能"侦察、佯攻、压制、干扰、对地攻击"进行详细分析。

导弹设计分为两个阶段:概念设计和系统设计。本书第 4、第 5 和第 6 章属于概念设计范畴。作为导弹设计原理,涉及的方面和专业很多,本书绝无囊括所有的野心,那也不是笔者能力所及。虽然作者担任过某型号的总设计师和某重点型号的总设计师顾问,对于飞航式导弹设计方法有过实践,但基本是沿袭飞机设计的方法。例如先选一个类似的型号,将其战术技术指标和总体参数进行比较,建立重量方程,求出燃油重量,再定飞机尺寸。但防区外导弹是系列发展,因此不能完全按传统的设计方法,而必须有一点新思路。本书做了一些探讨,从布雷盖航程公式(Breguet range equation)出发,设计一种气动布局,然后依射程和重量衍生出三种构型。而在参数分析时,也将重点放在精确定位和有效打击上。布雷盖航程公式考虑了热效率、气动效率和重量分配,因而用它做控制方程是再合适不过的了。如果再根据战术技术指标,列出目标函数,从数学意义上讲就可以进行优化了。但是做者不认为在导弹设计上有所谓"优化"的必要,也没有优化的可能。这是因为导弹是多学科的综合,而战术技术指标有时也是矛盾的。用于优化的数学模型很难准确表达实体,目标也会因战术技术指标的矛盾而相抵触。这样求解的方程可能出现"病态",而无解。导弹是多学科综合的产品,因此只能折中。读者不难发现,本书不涉及优化的问题,而主张"权衡研究"(trade - off study)。

第 4 章为总体参数设计。首先论述防区外导弹两个新参数:防区外距离和搜索面积,论述两个参数的权衡设计。实质上,防区外距离和搜索面积设计乃是航程和航时的折中。导弹在飞越防区外距离和在敌防区内搜索目标可用升阻比不一样,存在倾斜角余弦的比例关系。权衡取决于任务剖面。而防区外导弹的任务剖面比一般空地导弹要复杂一些,系根据敌防区大小、纵深和性质决定。概念设计中在详细分析任务剖面,权衡防区外距离和搜索面积之后,诸如推重比和翼载等总体参数就很容易确定。导弹重量一般由军方的战技指标决定,而军方的战技指标多来自于国外同类型号。这样的规定不尽合理,本书引进一个国外使用的,而国内一直不予理睐的概念"导弹密度"。所谓导弹密度,指导弹单位体积的质量。我们这里把弹身长度与弹身横切面积的乘积定义为导弹体积,省去计算体积的麻烦。而且很容易统计出导弹密度,归纳出一条导弹密度曲线作为设计的依据。导弹密度曲线指导弹上述定义的密度对弹身直径的关系曲线。导弹重量方程乃是决定燃油重量的代数方程,一般的导弹设计书籍中均有叙述。但在"有效载荷"的定义上出现分歧。战斗部归于有效载荷没有问题,而 GNC 系统算不算有效载荷？持肯定态度的学者以飞机设计中乘员归在有效载荷之列，而 GNC 不过是执行乘员的功能。本书做了些分析，并在把重量方程分开为吸气式和喷气式，以满足防区外导弹系列发展的特点。

　　第 5 章为外形设计。叙述了防区外导弹的气动布局和气动力设计。分为大展弦比弹翼气动力设计、小展弦比弹翼气动力设计和翼身组合体气动力设计。在翼身组合体上，搜罗了可能有的外形，其中一些未见在导弹外形上应用，但可能有潜在的去处。应巡飞导弹的需求写了按失速特性设计弹翼气动力设计一节，是笔者早期研究的结果。最后一节高超音速防区外导弹与乘波体设计，是防区外导弹未来的发展。

　　第 6 章称之为防区外导弹变型设计，似乎是一个杜撰的题目。其内容为变形、隐形和变型。变形指折叠翼、斜翼、变展长、变弦长、变后掠等，并不陌生。隐形也是导弹设计中需要考虑的要求，此处仅仅叙述外形隐形，而不包括吸波材料、阻抗匹配的内容。变型是防区外导弹吸气式、喷气式和无动力滑翔系列发展的需要。笔者试图从喷气式推进和吸气式推进的匹配，即喷流动力学，进气道设计和推力—阻力归类予以统一。读完这一章，可能就会不觉得题目的怪异了。

　　本书决无囊括所有的野心，那也不是笔者能力所及。虽然笔者担任过某型号的总设计师和某重点型号的总设计师顾问，对于飞航式导弹设计方法有过实践，但基本是沿袭飞机设计的方法。

　　本书由阳至健、邱小林、李峻、吴国洪、李剑编著。由南昌理工学院刘复祥审稿。对有关专家的帮助与支持在此一并表示衷心感谢。

　　由于我们的水平有限，书中难免有不足和错误之处，望读者批评指正。

　　防区外导弹概论分三卷出版。

本书是第 1 卷。

编　者

2017 年 12 月

目　录

第1章 防区外导弹的发展

1991 年的海湾战争中,美国用 2 枚防区外导弹 SLAM 成功地破坏了伊拉克一座水电站,而未波及大坝。这是一次典型的防区外攻击。我们看到仅仅使用了两枚导弹,而且第二枚导弹是穿过第一枚导弹打开的洞进入厂房的。人们不能不惊叹命中精度之高。据报道,1991 年 2 月 18 日美国海军出动两架飞机:一架 A - 6,一架 A - 7E。A - 6 发射导弹以后,改由 A - 7E 与导弹进行数据通信。利用数据链在导弹离目标还有一分钟路程的时候进行参数修正。其作战过程是,由 A - 6 悬挂 2 枚 SLAM 和另一架协同作战的 A - 7E 飞机从部署在红海"肯尼迪"航空母舰上起飞,攻击伊拉克境内的一座水电站。该水电站的视频图像在起飞前就已经装定到导弹任务计算机上。导弹没有发射之前,A - 6 飞机使其接受到了 GPS 的时钟数据,在飞临目标上空发射导弹之后,导弹立即捕获到了 GPS 信号,并在其引导之下飞向目标。为了只攻击水电站而不损伤附近建筑物和居民区,启动了遥控方式,由 A - 7E 执行。当导弹距目标还有一分钟路程时,红外导引头开始将目标图像经"白星眼"数据链传到 A - 7E 飞机座舱显示屏上,由驾驶员选择命中目标的部位,再通过数据链回传导弹,使第一枚导弹准确命中一堵护墙,开了一个大洞。大约两分钟,第二枚导弹穿洞而入。在海湾前线共部署了 20 枚 SLAM,使用了 7 枚,据说都击中了目标。

SLAM 是由美国反舰导弹"捕鲸叉"AGM84 改型而成的空地导弹,全称为防区外攻击导弹(Stand - off Land Attack Missile)。它是美国海军作为"应付突发事件"而研制的一型导弹。因为防区外导弹这个名词在空地导弹后,它也是第一型用于空中进行防区外攻击的,经受了战场考验的防区外导弹。后面我们会详细解释防区外导弹的定义和特点,这里只能说它是空地导弹,但不等同于空地导弹。注意空地导弹的"地"并不专指陆地,也包括水域,如果把"地"作为"地球"的"地"就清楚了。英国人有"空面导弹(Air - To - Surface)"的叫法,当然包括了陆地和水面。暂且按下 SLAM 不表,先将防区外导弹开宗明义。所谓"防区外导弹"是"攻击飞机在敌方防空火力区域之外对其防护的高价值目标实施精确打击的导弹。属防区外精确制导武器范畴中的一类战术导弹。"[1].[7]防区外导弹是英文 Stand - Off Missile 的意译。最早译成防区外发射导弹,有了发射两个字似乎强调了在防区外发射的特点,而淡化了其他几个特点,故又删去了这两个字。然而 Stand - Off 一点也没有防区外的意思,可解释为"避开、隔开"和"离岸驶去"等。做形容词则是"冷淡的",早期有人把 Stand - Off Missile 翻译成"长距离导弹",显然不妥,因为还有"短距离防区外导弹"。空中对地攻击,最为传统的是"凌空轰炸"。为了准确命中目标,首先要能看见目标,这样对载机是不安全的。空地导弹出现以后,可以在离开目标一段距离发射,于是就有了防区外距离(Stand - off Range)和发射后不管(Fire & Forget)

等概念。再结合精确制导,抛撒子弹药和设计模块化等,我们就可以赋予防区外导弹以下几个特点。

(1)防区外发射以保证载机安全;

(2)精确制导以保证精确打击;

(3)根据不同目标配装单一战斗部或子母弹;

(4)模块化结构,即以一种发射平台,一种气动外型,一套发控系统派生多型导弹。

我们在后面的章节里会详细地解释这些特点,无论从导弹技术发展和型号研制断代都能说明防区外导弹是一类新导弹。Jane'All World's Aircraft[2]将其与空地导弹(Air-To-Surface Missile,代号 ASM)区别开,代号为 SOM,这样分类是有其道理的。

早在 1937 年,美国无线电公司 RCA 对电视制导武器发生兴趣,于是向美国国家防务委员会 NDRC 提交了研制电视制导滑翔炸弹的建议。1942 年带 12 ft 机翼的滑翔炸弹便造出来了,质量达 2 000 lb,取名德莱顿(Dryden)。后来又将导引头改为半主动雷达,叫"塘鹅"。但由于跟踪目标困难以及携带"塘鹅"后载机的作战半径减少了 20%的原因,1944 年取消了发展计划。同期还发展了主动雷达制导的滑翔炸弹"蝙蝠",它也是在"德莱顿"弹身上安装雷达导引头,但有效载荷减少至 500 lb。由于是主动雷达制导,所以可以实现"穿云轰炸"BTO(Bombing Through The Overcast),它一改空中对地攻击的模式,即不必目视投弹,而大大提高了载机的生存力。1945 年,"蝙蝠"有三次击沉德军军舰的记录,击沉概率达到 40%。它的一个突出优点是载机可以呆在敌防空火力圈外,这也就成为防区外导弹的特点之一。"蝙蝠"的作战使用过程是,载机利用导弹的雷达导引头捕获目标,并在距离目标 15～20 海里(n mile)处投放导弹。然后导弹滑翔飞行,降低高度直至击中目标。由于要求导弹飞行 15～20 海里(n mile),投弹高度需在 25 000 ft 以上,容易受到战斗机攻击,所以需要战斗机护航。后来在实战中又发现,"蝙蝠"抗干扰能力差。当有其他雷达在其附近工作时,导引头易被堵塞,当时解决不了这个难题,1948 年取消了发展计划。

第 1 节　美国防区外导弹的发展

1970 年美国提出给海上巡逻飞机装备远距离攻击导弹的计划。麦道公司于 1971 年以"捕鲸叉"中标,外形如图 1-1 所示。"捕鲸叉"导弹长 4 635 mm,翼展 914 mm,弹身直径 343 mm,质量 683 kg,战斗部质量 222 kg;速度 0.75Ma,最大射程 100 km,最小射程 13～15 km,飞行高度 700 m,然后掠海。中制导为三轴姿态参考系统,高度为无线电高度表所测。末制导为主动雷达。动力为涡轮喷气,推力 297daN。"捕鲸叉"是防区外导弹"斯拉姆"的前身,也是作为"防区外对地攻击"而发展的第一型导弹,此外不妨叙述其研制进程和型号演变,对于我们论述的设计原理会有帮助。我们引用的数据取自《世界导弹大全》(World Missile Forecast),《世界飞机武器手册》等。"斯拉姆"外形如图 1-1 所示。1986 年,宣布了"捕鲸叉"一个新的改型,就是空中发射的对地攻击导弹,称为防区外对地攻击导弹,即"斯拉姆"。这是应海军的要求,既要攻击陆地目标又不能像"战斧"那么贵。美国于 1986 年 8 月入侵利比亚时遇到了这种需求。海军把它作为一个过渡型号,直至先进阻断武器系统服役。所以,"斯拉姆"仅比"捕鲸叉"长一点(4 495 mm),重一点(630 kg)。捕鲸叉的研制时间表见表 1-1-1。

SLAM

图　1－1

表 1 - 1 - 1　捕鲸叉研制时间表

研制进程	研制阶段
1969 年—1970 年 11 月	概念研究
1971 年 2 月	研制项目出台
1974 年 3 月	海军发布招标书(RFP)
1974 年 6 月	开始武器系统研制
1975 年 7 月	6 枚样弹发射成功
1975 年 10 月	完成技术评价
1976 年 3 月	开始使用评价
1977 年 3 月	开始第二阶段使用评价
1977 年 6 月	完成第二阶段使用评价
1977 年 10 月	草签第一份生产合同
1978 年 6 月	批生产
1979 财政年	舰射型 RGM - 84 初步使用能力
1980 财政年	舰射型 AGM - 84 初步使用能力
1981 财政年	改型用于垂直发射
1983 年初	垂直发射飞行试验初步评价
1985 年	与 B - 52 集成
1985 年中	B - 52 携带捕鲸叉的初步使用能力
1987 年 11 月	开始研制防区外对地攻击导弹
1988 年 4 月	公布 SLAM 研制项目
1988 年	美国战斗机首次使用捕鲸叉
1990 年	首枚 SLAM 亮相
	继续生产和改型

新导弹采用同样的惯性导航系统,主动雷达改为"幼畜"红外成像导引头(IIR),并加装了 GPS 以提高定位精度。还可以用数据链修正,而数据链是借用制导炸弹"白星眼"的。"斯拉姆"不是"发射后不管"(Fire & Forget),它需要"人在回路中"(man in the loop)对导航数据以

及目标瞄准点进行修正。"斯拉姆"在飞机起飞前可以预先下载三条航迹,发射导弹之前由武器手选定其中一条。导弹从载机上释放以后,在 GPS 引导之下飞到弹上红外导引头视场之内。惯性导航系统可以指示目标点,数据链则将导引头捕获的目标图像传到载机上,武器手则可以调整瞄准点,以保证导弹击中目标。完成这些工作以后,载机就可以脱离战区。"斯拉姆"的最大射程为 60 km。"斯拉姆"不能作为"多国模块化武器系统"MSOW(Multi - nation Modular Stand - Off Weapon)的一个子系统,但它填补了 MSOW 部署之前的一个空白。"斯拉姆"可装载的飞机有:A - 6、A - 7E、F/A - 18、S - 3、P - 3 等。在"斯拉姆"的基础上,又做了一系列改型,"斯拉姆"(改)主要的变化是,扩大了发射和飞行包线;改进了载机的发射程序和显示功能;正式的训练功能;界面友好和自动任务管理系统。"斯拉姆"增强型(SLAM - ER)的改进有:界面友好和自动任务管理系统;实时瞄准能力;增加了射程和包线;增加战斗部贯穿能力;容易的"人在回路中";飞机 1760 接口;重新设计了前弹身,头部为适合红外导引头而专门设计了楔形整流罩,因而也减少了气动阻力,提高了隐身能力;重新设计了折叠弹翼,和"战斧"一样是横向展开,射程因此提高到 120 km;战斗部亦采用"战斧"的 320 kg 钛壳体战斗部,贯穿能力提高了一倍。大"斯拉姆"(Grand SLAM)的改进有:修改了气动外形,以改善高空性能;采用 400 kg 侵彻战斗部;改装涡喷喷气发动机,射程增至 300 km;采用马可尼公司的红外成像导引头和麦道公司的自动目标识别算法,中制导为 INS/GPS 和地形匹配。大"斯拉姆"参加了英国常规防区外发射导弹的竞标,但未中标。

美国发展的另一种著名的防区外导弹是三军通用防区外攻击导弹 TSSAM(Tri - Service Stand - off Attack Missile)和联合空对面防区外导弹 JASSM(Joint Air - to - Surface Stand - off Missile),后者是在前者费用太高而停研后的替代型。TSSAM 是美国打算花 133 亿美元研制的大机动、高精度、低被探测率的灵巧导弹(Smart Missile),所谓灵巧导弹即以控制策略分的第三代导弹,图 1 - 2 为 TSSAM 模型在风洞中。其作战使命系在战争早期,在敌防区外发射,利用机动和隐身突破电子战环境攻击纵深高价值目标(包括陆地目标和海上目标)。它是在北约放弃多国发展的模块式防区外武器 MSOW 以后,于 1986 年单独研制的新武器系统。TSSAM 一直处于高度保密状态,外界对其知之甚少。停研以后才得以见到"庐山真面目",还是非常模糊的。战术技术指标也不太准确。射程大于 300 km,质量约 1 000 kg,单一战斗部质量 355 kg 或子母弹质量 450 kg,高亚音速,弹长 4.27 m,翼展 2.53 m。

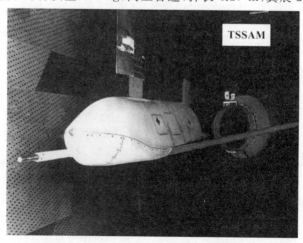

图 1-2

　　TSSAM 的弹身像一只小船,横切面为修圆后的梯形,阻力和雷达散射切面都很小。平行四边形的弹翼可以向后折叠放入弹身内。两片水平控制面和一片向下的后掠垂直控制面都可以折叠到弹身内。水平控制面和后弹身做成锯齿形并涂以吸波涂料,显著地减少了照射雷达的逆向散射。TSSAM 的制导系统因战斗部不同而有差别。子母型为深组合(tightly coupled)INS/GPS,即惯导速度,可以送到 GPS 中,使其能在高动态环境下工作,因而抗干扰性能好。而单一战斗部的末制导为红外成像末制导。陆军和空军型用来攻击固定目标,末制导是完全自主的,而海军型为要攻击海上机动目标,故需要"人在回路中"进行目标识别和捕获。TSSAM 的战斗部也有多种型式,反坚固目标战斗部 APW。该战斗部长 1.47 m,直径 317 mm,质量 355 kg(内装 PBXN－109 炸药 107 kg)。在一次火箭撬试验中,它使质量为 230 t、厚 1.5 m 的靶标连同其固定机构移动了 100 mm。在贯穿靶标后还前进了 172 m 而其壳体没有明显破坏。430 kg 重的综合效应战斗部 CBU－87/B,系包含子弹药的子母战斗部,为空军用。而陆军用于布撒器的 BGM－137 战斗部,内装 18～20 枚质量 20 kg 的智能反装甲子弹药 BAT。这种子弹药装有声传感器和双色导引头,能从装甲车顶部进行攻击。TSSAM 动力装置为涡扇发动机 F－122,推力 444daN。可以想象一型导弹面对三军如此不同的要求,技术难度一定很大,即使采用模块化设计也难以攻克;研制费用一定很高(单发售价 200 万美元),即使美国这样的军事强国也开销不起。由此认识到在武器设计思想中,"按费用设计"(cost－to－design)和在武器技术中,"可买得起性"(affordability)确实是武器研制的新动向。联合空对面防区外导弹 JASSM 是 TSSAM 的替代型,是"用得起"的防区外导弹[6]。军方准备用于破坏硬目标和重型防御目标,包括固定和可移动的目标。为此在型号研制前建立了一个团队进行"可买得起性"评估。表 1－1－2 给出了 JASAM 与 TSSAM 的不同。

表 1－1－2　JASSM 取代 TSSAM

项　　　目	TSSAM	JASSM
射程/km	290	290～320
导弹质量/kg	1 040	1 022
战斗部质量/km	单一 355/子母 450	单一 355
尺寸(弹长×翼展)/m	4.26×2.52	4.27×2.4(径 0.46)
动力	涡轮风扇 F122,推力 444daN	涡轮喷气 CAEJ402,推力 267daN
制导系统	子母战斗部:INS/GPS,用于空军和陆军; 单一战斗部:INS/GPS 加红外成像末制导用于空军;海军还另加人在回路中。	INS/GPS 加红外成像末制导,具有目标自动识别功能。
弹道特征	地形跟随,障碍物回避,逃逸机动,中高空跃升俯冲攻击	
单价/万美元	210～230	50～70

　　该导弹为空海军的战斗机、轰炸机配置了防区外"外科手术"式(Surgical)精确打击能力,

以减少牺牲成员和损失飞机的风险。"联合"是指空军和海军通用的,而且能够适配多种型号飞机。其实,空军和海军有不同的任务和要求,空军比较坚定发展 JASSM,1996 年 6 月 17 日分别与洛克西德-马丁公司和波音公司签订了成本附加费用固定、为期 24 个月的项目定义和风险化解合同。最后洛克西德-马丁公司于 1998 年 4 月 9 日获得工程研制合同。空军打算分 10 批以 40~70 万美元的单价采购 2 400 枚导弹。海军则一直是抵制该项计划,而钟情于他自己的 SLAM-ER。

JASSM 的 3 项关键性能参数是:导弹的作用距离、导弹任务效率和载机的装载能力;7 项重要性能参数是:平均单枚导弹采购价;能在 B-52,F-16C/D 和 F/A18E/F 上部署;任务规划能力;自主飞行以及敏感弹药、质量和长度。下面分析洛克西德-马丁公司的 JASSM 弹体、制导、推进和战斗部的特点,并与 TSSAM 做比较。系 JASSM 全尺寸模型在风洞中试验的情况。弹身没有什么变化,好像一艘倒置的独木艇,头部呈楔形,当然是兼顾了隐身和红外导引头的结果。弹翼也是大展弦比一字翼,但在弹翼上设计了副翼,很可能是升降副翼。尾翼布置与 TSSAM 相同,不过垂直舵面朝上,而不是朝下。水平尾翼只乘下一个小边条,只作安定面用。最前端为大气数据传感器(总压、静压测量孔),红外导引头被包在红外窗口内,接着是战斗部和前油箱,下面是控制部件,后掠翼上布置了副翼和 GPS 接受机。中弹身上是结构梁和后油箱,油箱下方系 S 型进气道。后弹身加强框上安装了发动机。洛克西德-马丁公司设计的弹体结构广泛采用了修形,涂敷吸波材料等隐身技术。据说是根据著名的"臭鼬鼠"工厂的经验。还在设计中应用了"最少部件"(Minimum part count structure)概念。JASSM 制导系统,由 INS/GPS 和红外成像末制导组成并且配置了目标自动识别系统能在坏天气和夜间捕获目标。还安装了数据链 AN/ASW-55。JASSM 动力装置为涡轮喷气发动机,系利用 CAE-J402 改型,转速 41 000 r/m 时的推力为 600 lb(272 kg)。为了适合导弹作地形跟随(follow terrain),要求发动机具有变推力能力。曾经打算采用 Microtrubo 公司的涡轮喷气发动机。这样会更贵,推力也更大而超过了需要。军方强调 JASSM 战斗部必须是单一和子母布撒型,而且还要满足空军和海军的不同要求。因此,设计了好几种,如"战斧"小型化杀伤战斗部 WDU-36B(700 lb),其壳体为钛合金,内装敏发高爆炸药 PBXN-107。有如先进侵彻战斗部(重 355 kg,装 107 kg 炸药 PBXN-109)。单一战斗部还选过英国的侵彻战斗部,而子弹药布撒型则选中 BLU-97 综合效应子弹药。

从表 1-1-2 可以看出,这两种导弹没有本质区别。为何最终 TSSAM 被 JASSM 取代了呢?主要是研制费用和单发采购价太高。单价前者是后者的 5 倍,研制费用也相距甚远。TSSAM 的总费用为 133 亿美元,如果扣除空军以 210 万美元一发,采购 3 631 枚,海军以 230 万美元一发,采购 525 枚,研制费当在 45 亿美元左右。而 JASSM 的 RDT&E(即研制费)仅为 5.46 亿美元,单价为 50~70 万美元。除了费用上的原因以外,也有技术上的原因。TSSAM 的烟火药、吹除发动机进气道堵盖和展开折叠翼的子系统都存在问题。而深层次的问题则是 1992 年陆军宣布推出三军的 AGM-137 项目,而专注开发增程型 ATACMS。原本陆军型也和空中发射的不同,它是利用多管发射系统从地面发射的,所以还要加一个助推器。子母弹舱内装 44 颗灵巧、自主智能反坦克子弹头(BAT)。射程也远得多(大于 500 km)。所以,它本来就是另一种导弹,放在一起增加了研制的困难。这些综合因数使得美国国防部于 1994 年 12 月 6 日宣布停止研制。据《琼斯防务周刊》报道,洛克西德-马丁公司已经获得全速生产 JASSM 的合同,并于 2006 年交付 288 枚导弹。这期间该公司又推出了两种新概念防区外导弹设计。一种称"微型联合空对地防区外导弹",射程 100 海里(n mile),另一种称"监视微型攻击巡航导弹"SMACM(Surveilling Miniature Attack Cruise Missile),如图 1-3 所示,射程 250 海里(n mile),超过一小时的游弋(loiter)能力,成本比微型 JASSM 低 20%。这种类型的导弹,是在敌战区上空盘旋,一旦侦察到威胁目标便发起攻击,因此也可以称其为"伺机攻击导弹"。发展这两种导弹的推动力是空军要求有大的远程到达和越过敌方领土全程不被侦察到的能力。因此,导弹是挂在载机里面:F/A-22 和 F-35 都能在一个弹药舱里挂两枚微型 JASSM 或挂 8 枚 SMACM。早在 1986 财政年度作为美国海军先进阻断武器系统之一,开始研制防区外导弹,后来又与空军联合。这种导弹叫联合防区外武器 JSOW(Joint Stand-off Weapon)。该型导弹无动力在高空投放后滑翔飞行,以 GPS/INS 制导全天候攻击地面固定和变动目标,据称命中精度可达 3 m。它由制导炸弹 JDAM 扩展而成,射程由 15 海里增加至 40 海里。在确定的气动布局基础上,又发展了动力型 JSOW,装固体火箭发动机的射程为 150 km,涡喷发动机为 200~380 km。其外形如图 1-4 所示。大展弦比弹翼在弹身顶部,6 片控制面在尾部,有一定的隐身性能。JSOW 在美军的编号为 AGM-154,至少有三种型号:由 CPS/INS 制导,装 BLU-97/B 子弹药的基本型 AGM-154A;空军的 AGM-154B,子弹药改为制导子弹药 BLU-108;装高能炸药的单一战斗部的 AGM-154C。海军型 JSOW 也是装制导子弹药 BLU-108。

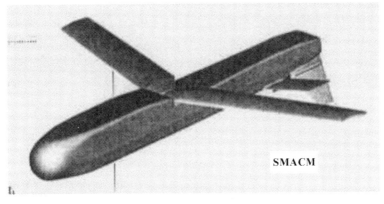

SMACM

图　1-3

　　JSOW 采用模块化设计,由三个舱段组成:隐身头部内装制导和电子设备;中间为圆形有效载荷舱,上面的硬壳结构有折叠弹翼;尾部为圆锥。弹体大部分为复合材料,除有效载荷,整个飞行器的质量只有 250 kg。无动力型的技术数据如下:射程 65 km(取决于投放高度);投放高度 75~12 000 m;发射导弹时的载机速度为 450~1 170 km/h;命中精度(CEP)对子母弹为 13 m,单一战斗部为 3 m;弹长 3.96 m,弹径 508 mm,翼展 2.4 m;发射质量 484 kg。

　　JSOW 主要用来攻击陆地静止的集群目标和固定的加固目标。武器的射击诸元如目标坐标、导弹飞行的航路点、攻击目标的航向等均在载机起飞前装入飞机。然后利用海军的战术飞机任务规划系统,空军的任务规划系统向武器装定。对随机目标,载机武器手可以利用座舱控制面板装订。数据可以由数据链或者第三方的"自动目标移交系统""联合战略目标侦察和瞄准系统"甚至发射载机的目标瞄准传感器来更新武器的数据。JSOW 可以做到 90°离轴发射。JSOW 加装固体火箭发动机和涡轮喷气发动机后,射程形成了系列:无动力 65 km,固体火箭发动机 150～200 km,涡喷发动机 380 km。这也正是防区外导弹的特点之一。JSOW 的弹翼可以向后折叠,不同的折叠位置构成几何形状不同的弹翼,如后掠角、展弦比、面积等等以适合设计射程系列。控制面有 6 块,也可以根据需要减少,以适应机动性和稳定性的要求。其子弹舱也是模块化的,很方便装入弹身内。

图 1-4

上面介绍了几种较典型的防区外导弹,美国还发展了其他一些,此处不再赘述。

第 2 节　北约诸国的防区外导弹

北约诸国于 20 世纪 70 年代也在积极发展防区外导弹,其设计思想甚至领先于美国。因为进入 70 年代以后,分层防御和广泛布置地对空导弹使得空中对地攻击要冒极大风险,无论是对驾驶员还是对飞机都是如此。解决的方法有一种就是远程发射武器,譬如弹道导弹。然而受到一系列的条约的限制,如导弹控制协议(MTCR)规定了一条射程—有效载荷曲线,权衡点为射程 300 km 有效载荷 500 kg,如图 1-5 及表 1-2-1 所示。在曲线上面的导弹不许出口。在当时的形势下,北约一方面致力于远程防区外武器,一方面开始研制模块式防区外武器 MSOW(Modular Stand-Off Weapon)。

表 1-2-1　MTCR 权衡曲线数据

有效载荷/kg	100	200	300	400	500	600	700	800
射程/km	668	547	450	365	300	260	235	210
射程/km	506	435	385	335	300	235	177	160

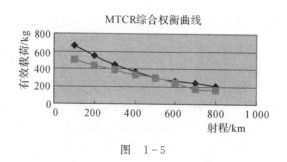

图 1-5

20 世纪 90 年代初,《导弹预测》(Missile Forecast)报告了 MSOW 的发展时间表:

1970 年对防区外发射武器的兴趣快速增长;

1980 年各国研制了一些样弹;

1983 年美国由战斧改建的空面导弹因空海军意见分歧而搁浅;

1983 年 11 月多国远程防区外导弹计划出笼;

1983 — 1986 年远程防区外导弹计划推进;

1987 年完成模块式防区外攻击武器计划;

1988 年法国、加拿大退出 MSOW 计划;

1989 年美国推出 MSOW 计划并着手改变计划;英国推出 MSOW;

1989 年 9 月 MSOW 计划终止;

1990 — 1993 年美国执行变更的 MSOW 计划。

但据 2004 年 3 月的《导弹预测》报告,MSOW 的时间表有显然的不同,对防区外导弹的理解也有不同(列入了一些通用空地导弹):

1970 年对防区外发射武器的兴趣快速增长;

1980 年各国探索发展防区外攻击武器;

1990 — 1991 年在"沙漠风暴"中使用;

1991 年由于在"沙漠风暴"中的表现,对防区外武器的兴趣急剧增长;

1994 年南非展现防区外武器系统计划;

1996 年英国为旋风战斗机选择了"宝石"防区外导弹;

1998 年揭开伊朗防区外导弹面纱;

2000 年世界各国均在发展防区外导弹。

MSOW 是许多导弹的统称,而不仅仅是一种导弹。据不完全统计,从 1970 年开始到 1989 年 9 月计划停止,多个国家研制了形式多样的此类导弹。而且还对需求进行了预测如图 1 - 6 所示。

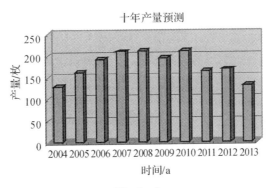

图　1 - 6

瑞典 MBB/DAS 公司接受瑞典国防部合同,研制装备 JAS39 多任务战斗机的布撒武器系统 DWS(Dispenser Weapon System)。这是一种无动力滑翔武器,采用惯导和高度表制导的侧向偏差为 1 km,而用地形跟随则为 30 ~ 200 m。1989 年又研制了自主防区外发射武器 ASOW,后因财政拮据而冻结了计划,改为两个变通的计划:其一,地形跟随导航系统 TER-NAV;其二,红外成像导引头的目标自动识别系统 AMIK。他们的研究为德国、美国和英国工业界所瞩目。据报道起先 DWS 由瑞典和德国联合发展,称为目标自适应布撒系统 TADS(Target Adaptive Dispenser System)。这种导弹配备有波拉斯(BONUS)敏感引信制导子弹药,用来攻击装甲编队。而另一种叫"金牛座"(Taurus)的,则是德国的 KEPD,它是由布撒武器系统 DWS24/39 机体改装的一族导弹,装涡轮喷气发动机之远射程防区外导弹代号为 KEPD-350,用来攻击加固的掩体。

TADS 导弹还可以扩展成新型战斗机 JAS-39 的机载武器,1995 年生产了 370 枚子母弹型。德国政府于 1996 年降低"阿帕奇"的生产速率,以免牵制"陶鲁斯"项目。1997 年 11 月意大利决定加入瑞典和德国"陶鲁斯"项目。该项目投资德国的戴勒姆·奔驰公司占三分之二,瑞典的博福斯公司占三分之一。1998 年德国政府甚至提出为"金牛座"项目建立跨国公司的建议。此举乃为 2001—2002 年导弹面世铺平道路。但"金牛座"是为国际用户开发的产品,据 2004 年 3 月《导弹预测》报道,德国准备采购 KEPD-350,瑞典则准备采购 KEPD-150。我们再翻到 1997 年对"金牛座"的产量预测,是显然地减少了。以 2004 年至 2007 年重复的 4 年比较,需求减少了 1/4 以上,见表 1-2-2。图 1-7 为"金牛座"照片。

表 1-2-2　金牛座年产量

年代	2004 年	2005 年	2006 年	2007 年
1997 年预测	170	220	220	185
2004 年预测	11(6.4%)	24(10.9%)	34(15.5%)	45(24.3%)

图　1-7

我们知道,德国对 2002 年英美发动的侵略伊拉克的战争持反对态度,所以"金牛座"没有派上用场,需求当然降低。英美使用了自己的防区外导弹"斯拉姆"和"沙漠阴影"。从防区外导弹的特点来看,"金牛座"是十分典型的,它采用模式结构,其总体布置如同一艘集装箱货船。所以能够很方便地改型出系列产品,已经公布的有 KPED-150,KPED-250,KPED-350 和 PDWS2000。还有海上发射的 KPED-150SLM。但它在国际竞争却屡屡败北,KPED-350 没有被英国的常规装备防区外导弹 CASOM 选中,而由 DWS24 改装的灵巧反装甲武器也在先进空中反装甲武器竞标中淘汰出局。这当然不完全是技术上的原因,国际武器采办受到许多政治因数的影响,情况相当复杂。"金牛座"家族是针对战术战斗机设计的,如 F-111、鹞式、旋风等。而 KPED-150 则适用 F-16、F/A-18、幻影等战斗机。KPED-150 射程为 150 km。

速度为 0.8Ma，弹身长为 4.2 m，质量小于 1 000 kg。KPED - 350 射程为 350 km，速度为 0.8Ma，弹身长为 4.2 m，翼展为 2 m，质量为 1 400 kg。KPED - 350 还派生出布撒型 KPED - 350D 质量为 1 100 kg，射程为 200 km。KPED - 350A 则是配备灵巧子弹药 Smart - SEAD 的布撒型。KPED - 350P 和 D 型一样重，但射程为 250 km。计划还要发展射程达 2 000 km金牛座 2000。读者可以注意到，金牛座 KPED 后的数字是射程的千米数，这是该型导弹的命名法。"金牛座"采用 INS/GPS 作为中制导并用地形对照 TERCOM 修正，末制导则是红外导引头。红外导引头另一个任务是检查航路点（Waypoint）。"金牛座"的战斗部为"门菲斯妥"战斗部，亦称"飞行炮"战斗部。当导弹飞至离目标预先设定的距离时，战斗部上的"侵彻器"被发射出去以增加与目标的碰撞速度（约增加 1/3），并削弱目标的结构，使后面的主装药在目标内部爆炸，达到更好的破坏效果。战斗部有一个可编程智能多目的引信（PIMPF），它具有计算目标层数和探测空穴的功能。

　　研究防区外导弹不能不提到法国的"阿帕奇"（APACHE）。1970 年西方鉴于华沙条约国武器数量上的优势，对防区外武器发生极大兴趣。北大西洋集团准备配备子弹药的布撒器来对抗华沙条约国的数量优势。他们认为防区外武器能够减少战斗机对地面防空炮火的风险。1980 年北大四洋集团的一些国家已经开始联合研制防区外武器，无论是无动力布撒器（滑翔型和携带型）或有动力的（基本上是导弹），如图 1 - 8 所示。"阿帕奇"（APACHE）系"可抛放子弹药的飞行器"法文缩写，如图 1 - 9 所示。APACHE 最初的型号为反跑道型，代号为 A-PACHE - AP。后来派生出通用 APACHE - EG，模式化武器 APACHE - MAW 远程精确制导武器 APTGD；远程自主巡航系 SCALP；单一战斗部 APACHE - C，其数据见表 1 - 2 - 3。下一代的 APACHE 则是远程巡航导弹，质量为 1 400 kg。其发射高度为 100 m。它利用助推器加速到可以使用冲压发动机的速度，然后在 30 000 m 高空巡航，射程达 2 000 km。

图　1-8

图　1-9

表 1 - 2 - 3　阿帕奇技术数据

长度	高×宽	翼展	质量	燃料质量	速度	射程
510 cm	63×48 cm	253 cm(展开)	1 230 kg	95 kg	0.9Mach	140 km

　　"阿帕奇"技术指标有许多版本，这里摘录《导弹预测》公布的数据供参考（见表 1 - 2 - 3）。APACHE - AP 发动机为 TRI60 - 30 推力 4.41 kN（速度 0.9Ma 时）。和大多数防区外导弹不一样，"阿帕奇"的制导系统没有采用 GPS 导航。APACHE 有一个惯性参考系统，其高度测量用成像雷达，修正精度可达 20m，这种毫米波雷达亦兼末制导，使得释放子弹药时的精度为

1 m。"阿帕奇"还有地形跟随(Terrain - following)模式,所以能飞越各种地形。它的惯性导航系统测到的高度与储存在计算机中的地形高度数据进行比较后做出修正。雷达修正则是以雷达的实时图像与从卫星上获得的同步图像进行比较后做出。因而导弹能够跟随预先设置的弹道。APACHE 的战斗部有单一型和子弹药两种,它可以携带 740～770 kg 子弹药,类型包括反跑道 KRISS 以及 MAGRA,MIMOSA,SAMANTA 和 ACADIE 等。

"阿帕奇"发展的时间表:

20 世纪 70 年代中期,各国形成防区外武器概念;

1983 年 1 月马特拉公司公布"阿帕奇"项目;

1984 —1987 年可行性研究;

1987 年 6 月第一次飞行试验;

1987 —1988 年继续飞行试验;

1988 年 5 月法国退出模式化防区外武器,马特拉自己继续研制阿帕奇;

1989 年中期模式化防区外武器项目终止;

1992 年"阿帕奇"参与英国的常规防区外导弹 CASOM 竞标;

1997 年法国订购 APACHE - AP;

1997 —1998 年法国订购远程自主巡航系统 SCALP (APACHE - EG);

1999 年意大利选择"沙漠阴影"为其防区外导弹;

2000 —2001 年集中生产;

2001 年中期 APACHE - AP 开始交付;

2001 年 9 月 11 日恐怖分子袭击美国世界贸易中心和五角大楼;

2002 年"沙漠阴影"开始交付给英国;

2003 年远程自主巡航系统 SCALP 开始交付;

2003 年 3 月"沙漠阴影"在伊拉克使用。

西方其他一些防区外导弹分述如下。

英国为研究飞行中的子弹药,而设计了一种装置称之为 REVISE,为的是减少研制空中发射布撒武器的风险。近程防区外导弹是北约鼓励成员国发展的一种武器。德国道尼尔公司支持该项计划,打算作为轻型攻击机阿尔法喷气的武器。GEC - 马可尼公司竞争英国的常规防区外武器研制了一种防区外导弹"飞马座"(Pegasus),如图 1 - 10 所示。初看是鸭式布局,其实前面的两片弹翼是固定的,后面是四片叉行尾翼,装后缘舵做控制用,弹长 4.8 m。动力为TR60 - 30 涡喷发动机推力 5.4 kN。中制导为 INS/GPS 加地形参照修正,末制导为红外成像导引头。战斗部系英国 BROACH 侵彻型,质量 500 kg。采用"人在回路中"和自主攻击两种控制策略。"飞马座"射程 250 km。

飞马座

图 1 - 10

意大利研制的"天空鲨鱼"(Sky Shark)也是一种典型的防区外导弹。它是与模块防区外武器平行研制的项目。开始仅研制了弹体,把指令制导和推进系统装在后面。战斗部有两种:单一战斗部和子母弹,抛射系统也有两种类型,即烟火筒和气囊式。原本按美国 AGM-139的思路,系用炸弹改型成无动力和有动力型作为近程防区外武器用。按地形轮廓或圆圈飞行,航程要比捷径少 10% 左右,因而限制了滑翔型射程的扩展。于是加装了动力,装固体火箭发动机的"天空鲨鱼"可携带 750 kg 有效载荷,以 0.85～0.9Ma 飞行 65 km。涡喷型的航程可达 300 km。"天空鲨鱼"采用低阻升力体布局,弹体后部有一对小展旋比三角翼,两片翼梢小翼增加横向稳定性。尾翼装有后缘舵,做升降副翼用。垂直尾翼发射前处于折叠状态,一旦制导系统激活就摆向下方。进气道在背部,平时也是折叠的,使用时弹开。"天空鲨鱼"中制导为 GPS/INS,末制导有电视数据链和毫米波雷达、红外成像等多种考虑。因电视数据链不可靠,军方倾向于红外成像导引头。其发展情况见表 1-2-4。

"风暴前兆"(Storm Shadow)很有特色,而且更是少数几种在战场中使用过的防区外导弹之一。它是英国宇航公司和法国马特拉公司共同研制,并在竞标英国常规防区外导弹项目中获胜。其外形很像法国的"阿帕奇",其实它就是派生的[8],这可以从它的外形上看出。图 1-11 即"风暴前兆"活脱脱一个"阿帕奇"。"风暴前兆"攻击的目标有机场设施、港口、停泊港内的舰船、桥梁等。其设计特点是:非常远的射程、发射后不管、自主制导、地高的地形跟随、隐身、高效侵彻战斗部、高可靠性、全备弹和低成本。"风暴前兆"武器系统包括:战斗弹及其全备包装箱、任务规划系统、数据规划系统、地面和空中训练弹。导弹的使用过程分为几个阶段。第一阶段将导弹投放到规划区域,保证导弹以最大的生存率导航到目标。然后粗略捕获目标并进入末制导。为了完成预定的任务,数据早就准备好并储存在司令部。发出空中任务指令后,飞行中队准备了任务数据文本,包括预规划数据和最后的作战信息。进入末制导后,导弹做一个倾斜机动,以便对任务规划中选择一个目标得到最大捕获概率和杀伤概率的组合。导弹爬升时抛掉头罩,使红外传感器的分解力最大。导引头里的图像处理器将目标特征与预存的特征进行比较,当匹配时便捕获目标,选择跟踪点作为末制导的参考。当导弹飞抵目标上空时,用比较高的分解力来修改瞄准点,然后继续跟踪修正后的瞄准点,直至获得精确的目标位置为止。导弹攻击硬目标,如坚固的机库、掩体系用前面的战斗部在结构上打洞,后面的战斗部继续侵彻到目标内部爆炸。爆炸的时间由引信的延迟决定。

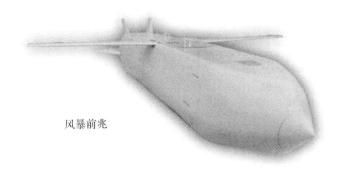

风暴前兆

图　1-11

表 1-2-4 天空鲨鱼系列发展

型　号	无动力滑翔型	喷气式推进型	吸气式推进型
目标	跑道、装甲车等	同左	同左
射程/km	6~12	25~65	250~300
速度/Ma	0.8	0.85~0.9	0.7~0.85
弹长/m	4.76	4.76	5.35
翼展/m	1.45	1.45	1.45
发射质量/kg	1 000	1 170	1 600
制导方式	INS	GPS/INS	GPS/INS+IIF
战斗部质量/kg	745	745	900

第3节　俄罗斯的空地导弹

俄罗斯没有专门称之为防区外导弹的空地导弹。第二次世界大战以后,苏联从英国和波兰得到了德国的 V-1 导弹,开始了飞航导弹的研制。这就是"切洛米"空地导弹,命名为 10X,飞机外形,弹长 8 m,机体的最大直径 1.05 m,翼展 6 m,质量 2 130 kg,战斗部质量 800 kg,飞行速度 600 m/s。这种导弹研制后进行过飞行试验,发射距离 200~300 km,对大城市目标的命中范围为 5 km×5 km。由于射程短、速度低、命中精度不高,军队拒绝列装。但总设计师切洛米坚持研制,陆续推出了 14X,16X。然后军方与总设计师的分歧愈来愈大,并向斯大林报告称切洛米行骗,直至苏联部长会议命令撤消切洛米所在的第 15 特种设计局。苏联早期研制的另一种飞航导弹,名叫"狗鱼"。它实际是攻击水面目标的机载反舰导弹,有两种型号:无线电指令制导和雷达制导。1955 年试验成功以后并没有列装,已生产的导弹装备在驱逐舰上。被西方公认的第一型空地导弹为 Kh-66,如图 1-12 所示。它是苏联"星"设计局于 20 世纪 60 年代初为战术战斗轰炸机设计的无线电指令制导的战术导弹。1968 年开始装备部队。Kh-66 射程仅 8 km,发射高度 3~5 km,速度近音速,质量 278 kg,战斗部质量 103 kg,弹长 3.63 m,弹径 275 mm,翼展 785 mm。有的资料说 Kh-66 为鸭式布局,其实不是,前面的 4 片小翼是固定的起反安定面的作用。控制面在后面的大三角翼上,是后缘舵。据西方研究,Kh-66 能够在很短时间内完成研制并部署到空军部队,是因为使用了两种空空导弹的成果,甚至一些部件都是直接采用。这两种导弹是 R-8,RS-2US。前者北约给的代号是 AA-1"阿尔卡尼",雷达波束制导;后者称 AA-3"阿钠布",有两种制导方式:红外和雷达,射程又有近距(12 km)和中距(50 km)之分。"星"设计局设计的 Kh-66,Kh-23,Kh-25,Kh-23M,Kh-27PS,Kh-25M 是一族系列。北约将 Kh-23,Kh-25 和 Kh-27 分别命名为 AS-7"黑牛",AS-10"克伦",AS-12"投球手"。它们之间的关系见图 1-13。在 Kh-66 发展的同时,Kh-23 也进行了构思。它设计了新的瞄准无线电指令制导系统。据说参照了美国"小斗犬"空地导弹的技术。"小斗犬"的作战模式非常灵活,使载机能够在水平飞行和俯冲攻击时发射导弹。Kh-23于1973年服役,1974年按照Kh-25的技术改型为Kh-23M。与Kh-23研制的同时,半主动激光制导武器Kh-25也开始研制,即在Kh-23上安装了一个激光导引头24N1和自动驾驶仪SUR-71,并于1974年服役。战斗部也进行了改进,增加了破片的尺寸。再下一代导弹是Kh-27PS。它是在Kh-25的基础上,换装被动雷达,装备在米格-27战斗轰炸机上的反辐射导弹。被动雷达有两个频段分别打击北约霍克或奈基地空导弹雷达站。Kh-27PS装备在米格-27战斗轰炸机上。当然也可以攻击类似频段的地空导弹雷达站。但是,苏联第一枚反辐射导弹却是"彩虹"设计局的Kh-28"飞标",于1963—1971年研制和生产。俄罗斯还有一些空地导弹,比如Kh-31反辐射导弹,如图1-14所示。Kh-29近程空地导弹。还有超音速的Kh-20,Kh-22等。

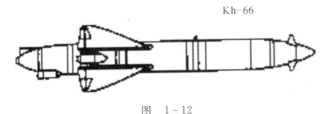

图 1-12

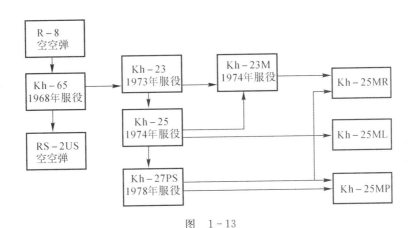

图 1-13

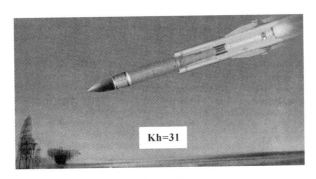

图 1-14

苏联"彩虹"设计局的Kh-59于1972年开始研制,如图1-15所示,此时正是北约积极发展防区外导弹的时候。因此在设计思想上有共同之处,符合防区外武器的特点。例如精确打击,Kh-59 的命中精度为圆概率误差 3～5 m。由于当时包括西方军事强国在内,都没有自动目标识别技术,所以这么高的精度是靠"人在回路中"实现的。Kh-59 的战斗部有两种:子母弹(280 kg)和单一战斗部(320 kg)。射程由 60 km 提高到 115 km(Kh-59M),是将固体火箭发动机改为涡轮喷气发动机实现的。Kh-59 的气动布局也有特点,前面四片小翼看似鸭式布局,实际上它只是反安定面,不起控制的作用。装在弹身尾部的四片切梢三角翼上的后缘舵才是控制面。所以俄罗斯人认为是无尾式[13]。涡轮喷气发动机吊在弹身下方,增加了阻力似乎不可取。但从另一方面,因为没有进气道,推力的损失不大又是一种好的设计。对于发动机布局,应该从阻力-推力的得失上权衡利弊。导弹前面的安定面是由内外两个不同展弦比的翼套接而成,里面的展弦比小,为切梢三角翼。外面的展弦比大,是一个后掠的梯形翼,而且可以折叠,维修和挂机时收拢。其弹长 5.69 m,弹径 0.38 m,质量 920 kg(Kh-59M)、850 kg(Kh-59)。

图 1-15

Kh-59 控制和制导舱段质量 260 kg,中制导为惯性加地形轮廓线匹配高度表。在水面上的飞行高度可低至 7 m,而陆地上分别为 100 m,200 m,600 m 和 1 000 m 不等。导弹发射后按程序飞行,火控系统根据飞行中导弹和目标的相对位置,产生制导指令,通过数据链送给导弹,并引导它向目标飞去。到达电视导引头作用距离时,启动导引头对目标进行搜索,并将目标图像经数据链回传到载机上,由武器手识别和捕获目标。一旦锁定目标后,电视导引头即引导导弹击中目标。这种方式的命中精度对最大距离(115 km)为 CEP=2～3 m。而不需要人控制的,完全靠导引头锁定目标的自主制导模式,则达到这一精度的射程只有最大射程的一半。图为 Kh-59 作战示意图,载机发射导弹后即向左(或右)后机动,但保持与导弹的联系。

第 4 节 巡飞导弹

最近在导弹技术中出现一个新名词,叫做"巡飞导弹"。它是在防区外发射,到达战区后搜索目标。一旦发现目标,即行捕获、识别、跟踪和击毁目标。它与其他空地导弹不同在于具有盘旋巡逻的特点,所谓"游弋",英文为 loiter。巡航导弹一般做直线飞行,要求有足够航程。而巡飞导弹做曲线飞行,要求有足够航时。在空气动力设计上,升阻比的利用是不同的。无人作战飞机中,还有一种称之为"察打无人机"的,也就是集侦察和打击于一身的无人机。用于军事目的的无人机和导弹至今没有严格的概念定义,学术界对其特征的界定尚在讨论之中。然而在设计上根本是类同的,所以本书将巡飞导弹和察打无人机的设计列入,不会引起麻烦。

什么叫巡飞导弹,2004 年 2 月 24 日美国人在一篇报道中称它为"正在休眠的武器"(Sleeping weapon)。并以下面的文字予以说明:"They loiter, They sleep, They hide, And when enemy sticks his neck out,They kill."似乎有点像中国的游侠。与其他导弹不同的是它还有游弋(loiter)的任务,把它叫做"巡逻"也无不可。没有查到从什么时候、在什么场合起将其称为"巡飞导弹"的,我们从前曾称它为"伺机攻击导弹"。既然大家这样叫了,也无关弘旨的。

关于巡飞导弹的来源,我国有文献记载的是从 1994 年美国人研制"洛卡斯"LOCAAS 为起点。洛卡斯的全称为低成本自主攻击系统(Low Cost Autonomous Attack System)。其技术指标有许多版本,差别不是很大,选其中一种介绍,如图 1 - 16 所示,其弹身长 762 mm,重 45 kg,翼展 1 016 mm,射程 185 kg,命中精度 3 m,多模战斗部,微型涡轮风扇发动机,推力 130 N,提供 30 min 的航时。卫星惯性导航。固态 LADAR 寻的弹翼尾翼折叠后可以放入 200 mm×250 mm 的弹药箱内,单价约 3.3 万美元。

图　1 - 16

美国还发展了一型有情报、监视和侦察能力的小型巡航导弹 SMACM(Surveillance MiniatureAttack Cruise Missile),如图 1 - 17 所示。它据说是 JASSM 的缩小型。导弹质量 68 kg,战斗部质量 8 kg,长度 1 575 mm,航时 2 h。三模导引头(毫米波雷达、红外成像、半主动激光)有双路数 据链。它还被英国选中为他的空对地武器,把它叫做"可选择的精确距离对抗" SPEAR(Selective Precision Engagement),可飞行 30～100 海里(n mile)。

图　1 - 17

巡飞弹药是从防区外发射,然后在敌防区纵深寻找可攻击的目标。这有一个搜索过程。搜索面积和等待距离成反比的关系,是不言自明的。有这两种导弹的基础,LAM 的研制才揭开了巡飞导弹的序幕。譬如光达、微型涡轮发动机都是经过前两种导弹验证的。LAM 的全称为游弋攻击导弹或巡飞攻击导弹（Loiter Attack Missile）。关键在巡飞这个词，表示这种导弹完全自主的，不仅要打击目标，更要发现目标、识别目标和捕获目标。20 多年以前美国陆军对间接发射系统感兴趣，当时五角大楼致力于发展以光纤指导技术为中心的一个作战系统。作为首次尝试，1980 年开始用光纤制导导弹来满足陆军非直瞄系统（Non - Line - Of - Sight，NLOS）的需求。波音和休斯公司参加了研制，但由于存在技术问题和费用增加而被迫停研。但是美国陆军继续研究光纤制导导弹 FOG - M，直至 1990 年一项新的计划出现，这就是加强光纤制导导弹（EFOG - M），虽然在进入全面研制前取消了，但转而研究非直瞄技术却是不争的事实。

美国在停止上述两个项目之后，转而进行新的计划 NetFires（Net Work Fire），称它为网络作战或网络发射都是可以的。其前身是"先进火力支持系统"（Advance Fire Support System）。网络作战其实还不是一个型号，它只是为"未来作战系统"（Future Combat System，FCS）所做的技术验证，形成战斗力则是 2020 年以后的事。

非直瞄发射技术验证单元包括三个，储存发射箱 CLU（Container Launch Unit），它是一种独立设计的箱子，安装于有人或无人操纵车辆上，属于无人火力单元。一个单元可以装载 15 枚处于待发状态的导弹，根据命令垂直发射出去。注意与现役发射单元根本不同之处在于，它不需要射前检查，也不需要输入目标数据。发射出去以后，它从网络上接受指示。未来作战系统示意如图 1 - 18 所示。

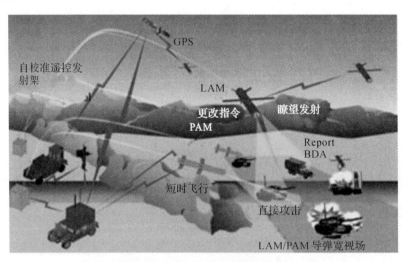

图 1 - 18　未来作战系统示意图

另两项是精确打击导弹 PAM（Precision Attack Missile）（见图 1 - 19）和 LAM（Loiter Attack Missile）（见图 1 - 20）。精确打击导弹由雷声公司研制，是一种低成本打击重装甲车辆之导弹。PAM 具有轴对称外形，以可变推力（9～180 kgf）固体火箭发动机为动力。双模制导，即非制冷红外和半主动激光导引头。导弹长 152.4 cm，直径 17.78 cm，质量 53.1 kg，射程 0.5～40 km。LAM 为具有大弦比弹翼的飞机外形，三片尾翼，垂直尾翼朝下，方弹身。尺寸与 PAM 差不多。导弹长 152.4 cm，直径 17.78 cm，质量 54.4 kg，射程 15～70 km。动力装置为汉密尔顿公司的微型涡轮喷气发动机 TJ30，以后可能用涡轮风扇。末制导为激光探测与测距器 LADAR,即"光达",有目标自动识别能力。PAM 和 LAM 两者都有数据链。

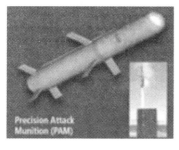

图 1-19

图 1-20

第 5 节 防区外导弹特点分析

2003 年 3 月 20 日美国在没有得到联合国授权的情况下,发动了对伊拉克的战争。其实,战争是在 3 月 19 日下午 3 点半开始的,由于美国中央情报局得到萨达姆和他的两个儿子在巴格达南部一个地下掩体中过夜的情报,建议布什批准提前开战的。3 月 20 日凌晨 5 点 30 分,两架 F-117 在 EA-6B 的支援下向可能隐藏萨达姆的建筑物投下了 4 枚制导炸弹。这是一次典型的防区外精确打击。在被称为"斩首行动"中,有多次防区外攻击:3 月 26 日对伊拉克电视台,3 月 27 日对国家通讯中心,3 月 28 日对正在开会的 200 名复兴社党员,4 月 5 日对"志愿者"营地以及 4 月 7 日的第二次斩首行动。在第 1 次斩首行动中,美国以为萨达姆及其两个儿子和一些高官均在巴格达苏黑曼区一栋建筑物内。美国 B-1B 轰炸机从接到命令到实施轰炸只用了 12 分钟,而距获得情报,也仅仅 48 分钟。而第一次"斩首行动"用了 4 个小时,因为美军还未进入伊拉克境内。还有在科索沃战争中,美国对我驻南使馆的轰炸,也应是一次防区外攻击。5 枚激光制导炸弹从不同方向准确击中了使馆建筑。这几次攻击与传统的轰炸不一样。据说第一次轰炸,或者说飞机第一次对地攻击发生在 1911 年,此时意大利已向土耳其宣战,目的是征服利比亚并获得在北非的立足点。当时飞机已经用来作战,但空军并不是主要的。然而意大利的驾驶员加沃蒂 11 月 1 日乘一架战斗机升空,带了 4 枚 2 kg 手榴弹,向一群土耳其士兵扔了下去。他果然如愿了。土耳其士兵看到炸弹从天而降,四处逃窜。后来他还发明了夜间轰炸,在驾驶帽上安了支手电筒,眼睛转到那里,光柱就照到那里。不管如何,当时的轰炸都是以目视距离,在目标上空进行的。防区外攻击的概念,也和第一次飞机对地攻击一样,与利比亚有关。1986 年 4 月 16 日因利比亚涉嫌进行恐怖活动,美国派飞机轰炸的黎波里和班加西的军事和政治目标,包括卡扎菲的住宅。卡扎菲丝毫未损。美国却损失了一架 F-111 战机,两名飞行员的丧生使美国人要求对地攻击有一个防区外距离,确立了发展防区外对地攻击导弹,即 SLAM 的计划。空军遂行空对地攻击,或者叫做轰炸的战术也有一个演变的过程。有 5 种轰炸方式。减少飞机的损失和增加轰炸效果的深俯冲轰炸(high dive bombing),飞机在 2 000～6 000 m 高空以高速和大的角度向目标俯冲,在目标上空拉起的瞬间投下炸弹,落点的偏差较小。以低高度(50 m 以下)飞越目标投弹。因为处于防空雷达的死区,虽然通场的时间较长,也是比较安全的。弹着点的误差仅在距离上,可以用高阻弹(比如装一个降落伞),人为地延迟弹药的飞行时间避免冲击波波及载机。这种投弹方式称"下蛋"(laydown bombing)。投掷核武器,则使用抛掷式(toss or loft attack),即飞机急剧拉起投弹,做一个筋斗脱离战区。利用离心过载投弹的叫做 Toss,不利用的叫 Loft,这当然是为了避开战术核弹爆炸的影响。与第一种方式对应的叫浅俯冲轰炸(shallow bombing),虽然它会遇到地面炮火的阻击,但为了能准确地捕获目标,常常要采用这种方式。为了避免被飞机投掷的弹药碎片击中,需要计算最小开始投弹的距离。设某机以 1 000 km/h 的速度俯冲发射火箭,火箭碎片散射的球半径为 100 m。又设发射出火箭需要 0.6 s,而爆炸的时间持续 0.5 s,飞机以 6 g 过载拉起。计算的距离为 715 m。显然这种对地攻击方式是很危险的。更由于捕获目标的原因,出现了"防区外攻击(Stand – Off Attack)"的概念。也就是说,飞机要呆在敌人防区外,以便有足够捕获目标的时间,而又能减少飞机的损耗(较高的生存率)。而在有雾的天气,深俯冲比较容易发现目标,捕获目标。因为视线穿过雾的距离较小。防区外导弹是第三代战术导弹,对于导弹如何分代,没有形成统一的意见。以动力装置来分,第一代为喷气式推进,第二代为吸气式推进。第一代里又可以细划分为液体推进和固体推进。第二代则有涡轮喷气、涡轮风扇、冲压发动机的区分。以气动布局来分,则有叉形翼(或十字翼)配圆柱体弹身之轴对称的第一代,和飞机型布局,非圆切面构形的第二代。现在又在构思用于高超音速飞行的"乘波体"(Waverider)布局。至于飞机气动布局中出现的"变形体"(Morphing)是否会在战术导弹中应用,还没有看到迹象。以控制策略分,经历了"自主飞行"和"人在回路中"两种的交替进步。最早的导弹是"发射后不管",靠陀螺稳定,惯性器件导航,导弹完全自主飞行到目的地,然后攻击目标。后来由于误差大,而加入人工控制,有"发射后修正"和"发射后控制",这是靠人工瞄准的一种控制策略,即人在回路中(man in the loop)。但是,解决了目标自动识别技术(ATR)之后,导弹无须人工参与识别目标,而能自动识别、捕获、跟踪和攻击目标。这比第一代的发射后不管又前进了一步。最近军事强国在研究一种新的发射系统,叫做"非视线发射系统"(NLOS – FS),它是靠网络信息系统支持的。在这种系统之中,导弹不需要瞄准目标发射(一般是垂直发射),然后靠从战场信息网络中获得目标的信息,导弹能够自主作出判断,决定以什么方向,什么航路攻击目标,即有自主决策的能力。

罗南(Thomas Rona)博士按导弹自主能力分类的方法,将导弹分为四代:

第一代,笨拙导弹,即用初始化决定的惯性制导而又无抗干扰措施的导弹。

第二代,精确制导导弹,即抗干扰措施由初始化决定,中段指令修正,末段自动捕获目标,自寻的之导弹。

第三代,灵巧导弹,不需中段指令修正,但抗干扰措施仍由初始化决定。末段自动捕获,自动识别目标,自寻的,即发射后不管之导弹。

第四代,智能导弹,自主修正、自寻的、自寻瞄准点、自主确定战术、自主采取抗干扰措施之导弹。

防区外导弹为第三代导弹。但是,也有人[9][12]用年代来分。20 世纪 50 年代至 60 年代装备使用的为第一代,60 年代为第二代,70 年代为第三代,80 至 90 年代为第四代。如此分,则防区外导弹为第四代。作者认为按年代分,没有突出作为导弹区别于飞机的主要在制导系统的功能上。而且混淆了巡航导弹与防区外导弹。

防区外导弹属于空对地导弹,打击的是地面目标。然而对于"地面"一词就引出了若干议论。如果"地"专指陆地,则就不包括水面目标。1988 年有一篇学位论文,题目就叫做《海上巡逻飞机载防区外武器概念设计》,该导弹主要攻击海上舰船。要避免名词上的矛盾,只有两条出路。将防区外导弹纳入"空对面导弹"的词条,或者"地"泛指"地球",则不但包括地面、水面,也包括地下、水下。我们认为防区外导弹是与一般空地导弹有区别的另一类导弹,可以攻击地球上的地面、地下、水面、水下。这样一来两条路都通了。

防区外导弹的第一个特点,是在防区外发射。但防区是一个不确定的概念,防区大小会因为防御系统的结构有很大差异。所以把防区外导弹理解成长射程的导弹是不正确的。其实按照"stand - off"原文,有"保持距离""离我远点的"和"等待"的意思。这个距离是针对敌人防区,或者目标而言,所以把它译成"防区外"是抓住了原文的本质。然而却给"不求甚解"的人"望文生义"的口实。事实上,世界上研制的各种防区外导弹,长短射程都有。德国的 KEPD -50 的射程为 50 km,而美国的 JASSM 则有 320 km。1986 年北约清理将防区外导弹的发展计划,并在射程上分成三个档次:15~30 km 短射程用于攻击活动目标,30~50 km 中射程用于攻击固定目标,50~185 km 长射程用于攻击固定和可移动目标。尤其在名称上就已经区分开来,如法德合作的近距防区外导弹 SRSOM(Short Range Stand - off Missile),美、英、德的远距离防区外导弹 LRSOM(Long Range Stand - off Missile)。20 世纪 80 年代研制的防区外导弹按射程和质量见表 1 - 5 - 1。由表可以看出,防区外导弹射程从 10 km 到 600 km,而且一型导弹的射程会因为动力的不同,而成一个系列。这又是它的另一个特点,即模块化设计,将会在下文叙述。对地攻击为保证载机安全,要求一个距离避免敌人炮火反击或被所扔爆炸物碎片。但引起发射前捕获目标的困难。本来捕获地面目标就是件困难的事。影响捕获的因数很多,如目标的形状、尺寸,地形地貌作为目标的背景,其对比度、明显程度影响捕获。天气更是一个重要的因数,防区外导弹要求全天候作战,要考虑白天和黑夜,云、雾、雨、雪的影响,沙尘以及战场诱发的环境,如烟雾都要影响捕获。人为的伪装更给目标捕获带来困难。集结的部队人数之多,相互拥挤在一起,无法做出判断。坦克也是难被捕获的目标,它可以用地形和建筑物做掩护。比较起来,桥梁是易于捕获的。因为桥梁有一些重要的信息可供利用,例如特大的长宽比,桥上的公路和铁路,横穿的河流和峡谷等。这类狭长的特征是很容易被发现的,即使是粗心大意的飞行员也能够看见。在对桥梁进行目标自动识别时,最早获得进展的也是从桥梁开始的,利用"二值化"和"形态学"处理能够将它与河流区别开来。

表 1 - 5 - 1　防区外导弹射程与战斗部质量

名称与代号	射程/km	质量/kg	战斗部/kg	附注
CWS	10/10/20	900/950/1200	子母式	德国,1978 年
LAD	10/20	1 406	636,子母式	美国、德国 1980
LDLAD	13/38	1 020	同上	同上
SRSOM	30/50	1 300	650	法国、德国 1980
LRSOM	200/600		500~600	多国,1980
飞马	6/15/60	720/1300/1300	450/760/760	法国,1980
LRSOM	200/600		500~600	美国,1980
阿帕奇	7~15/25~30/>50	1000/1200/1500	子母式	法,1983
空中鲨鱼	15/30/25~300			意大利,1983
AGM - 130	45/160	1324/1360		美国,1984
LOCPOD	38	1 020	636,子母式	多国 1984
莫比迪克	30/50	700/1400	350/900	德国、法国,1985

防区外导弹的第二个特点是"全天候精确打击"。防区外导弹的主要用途是解决局部争端,在执行打击的时候要求"旁及损伤"最小。从还在研制和已经部署的型号看出,其制导系统几乎全是由卫星、惯性等自主导航器件组成,末制导则采用能在各种天气条件下工作的"寻的"系统,如红外、雷达、激光等。因为只有精确制导,才能精确打击。我们从所收集的各国于 20 世纪 90 年代发展的 14 型防区外导弹中,发现其中制导 100% 采用 GPS/惯性导航或惯性导航。末制导有 8 种采用红外成像,6 种为雷达(主动、被动或成像,其中两种与红外重叠),只有 1 种用惯导加程控,那是法国的 ASMP - C,最终败于"阿帕奇"。中制导以使用卫星与惯导组合是最好,因为充分利用了它们之间的互补性。卫星导航是利用人造地球卫星向地面发送经过编码调制的连续无线电信号,信号中有卫星发射(电波)的准确时间和卫星的精确位置(星历)。如果用户接受机与卫星的时间准确同步,则可以利用信号接受的时差算出用户与(三个)卫星之间的距离,联立求解出用户的准确位置。目前已经建成的系统有美国的 GPS,即全球定位星系统和苏联的 GLONNAS,即全球导航星系统。正在建设的有欧洲的"伽利略"计划。我国也在建设简易的"北斗星"。美国为防止卫星导航为"敌对国家"作军事应用,设计了一种"选择可用性"SA。实际上就是发布假信息(故意让星历与时间不同步),使粗码的精度降低:水平由 40 m 降低到 100 m,垂直由 45 m 降低到 156 m,授时精度由 0.2 μs 降低至 340 ns。应付对策则是卫星导航系统增强,用来抵消 SA 的影响。增强分"广域增强"和"局部增强"。这两种增强都是利用已知正确位置的地面站计算出误差,发布修正信息。由于卫星定位具有"全球覆盖、高精度、全天候、多用途",当然会被防区外导弹选中。但是它也有缺点,最主要的是易被干扰。在构建制导系统的时候,要考虑抗干扰措施。典型的有与惯导组合、调零天线、干扰信号滤波和附加数据等。现在多数采用卫星与惯性导航组合,充分利用了两者的互补性。惯导是一种既不依赖外部信息又不发射能量(因而不会被干扰)的自主导航系统。它不仅能提供载体的位置和速度信息,还能提供角度信息。惯导还具有数据更新率高,短期精度高的优点。而它的精度随时间增大,又是一个致命的弱点,卫星定位正好弥补了它的不足。利用卫星导航做导弹的中制导,无任是精码或粗码都是足够的。防区外导弹末制导,均是自动寻的系统。只要导弹的末制导头开机时的位置落在可以捕获目标的范围即可。全天候精确打击的关键之一,是末制导。防区外导弹绝大多数是寻的制导。除反辐射导弹用被动式外,主要采用主动(雷达与红外)等。常用的是红外成像制导,需要解决焦平面阵列探测器、变焦距光学系统、非致冷凝视成像技术、目标自动识别技术等。毫米波雷达制导以其体积小、质量轻、频带宽、波束窄、分辩力高等优点而为防区外导弹采用。

防区外导弹的第三个特点是以子母弹或单一战斗部来达到预期的毁伤效果。美国的 AGM - 130、运距防区外武器、三军防区外攻击武器、英国的风暴阴影、以色列的模块化防区外武器等均是。子母式战斗部用于攻击像机场跑道、高速公路等一类狭长面目标。有人把带子母式战斗部的防区外武器另立一类,叫做"布撒器"。深入研究之后证明此乃多此一举。

防区外导弹的第四个特点是系列发展,例如德国的 KEPD、美国的 JSOW 和 SLAM、法国的"阿巴斯"、意大利的"天空鲨鱼",见表 1 - 2 - 4,由表可以看出:在气动外形不做大的变动的情况下,射程系由配备的发动机而改变的。导致防区外导弹采取这种发展方式有两个原因。

首先,防区是一个不确定的概念,而防区外距离的大小与捕获技术成熟和武器成本关系密切。其次,导弹研制方法也有变化,出现了所谓"预规划产品改进 P³I"。这种研制方法其实早就被应用过,美国的"斯拉姆"系由反舰导弹"捕鲸叉"逐渐改进而来,现在已经成为装备美国空、海军的主要防区外导弹。当然对防区外导弹而言,这还不够典型,因为毕竟是由另一个型号改进。设计"捕鲸叉"的时候也许并没有演变成防区外导弹的打算。但在改型为"斯拉姆"以后,就有明确的"预规划改进"计划。意大利的"天空鲨鱼"就具有十分典型的系列化发展的设计思想。我们知道它是由无动力滑翔型起步,加装固体火箭发动机以后,射程提高了,再换装涡轮喷气发动机,射程可达 300 km。其有效载荷也从 745 kg 增加到 900 kg,并且还配备了红外成像末制导,命中精度能够适应长射程的需求。德国与瑞典合作研制的"陶鲁斯"也具有系列发展的思想。"陶鲁斯"的代号有 KEPD150,KEPD250,KEPD350 分别代表射程 150 km,250 km,350 km。

第2章　防区外精确对地攻击武器系统

第1节　基本概念和基本原理

在没有世界大战的情况下,威胁也是存在的,无论是潜在的或者表现的。并且随着时间的推移,本来是潜在的威胁会浮现出来。威胁导致冲突,但冲突发生的概率与其强度成反比。

如图2-1所示,可以看出,经常出现的冲突是那些强度较低的恐怖活动、危机等。第二次世界大战以后打了几场局部战争,世界大战始终没有打起来。然而恐怖主义给全世界带来的灾害决不可小瞧了,如"911"。对付恐怖主义、危机以及有限战争只能采用精确打击或称外科手术式打击("Surgical" Strike)。因为,首先打击的对象在暗处,行踪诡秘;其次战争双方的力量相差悬殊,是一场不对称的战争。战争总是强加的,强大的一方以"先发制人"的攻略,力求"零伤亡"。而非常矛盾的却是,既要打赢战争,迫使对方就范,又要使"傍及损伤"最小。从海湾战争到科索沃战争,从阿富汗战争到伊拉克战争无不如此。

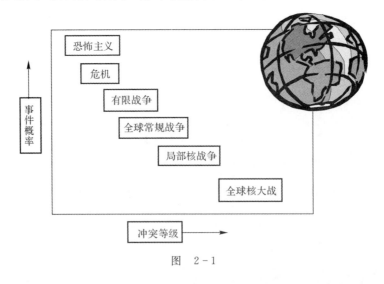

图　2-1

精确打击指的是,用空中力量克服时间限制和空间障碍,根据战役战术乃至战略的需要,在军事斗争的重要时节,对维系战役乃至战争全局的重要目标实施准确打击。

研究防区外精确对地攻击武器系统务必将"防区"和"防区外导弹"概念予以澄清。这对于建立防区外精确对地攻击武器系统至关重要。

防区是个不确定的概念,它随着兵器的进步而改变。兵器发展经历了三个时代,由于每一个时代兵器的作用距离不同,防区也在变化。而且同一时代,不同兵器的作用距离不同,防区大小区别也是很大的。

冷兵器时代以刀箭为武器,手持武器为数米,投掷器亦不过数十米。发明火药以后,进入了热兵器时代。武器的作用距离扩大至数十千米。导弹和原子弹的发明标志高技术兵器时代的来临,防区更大了。美国正在部署的弹道导弹防御计划 BMD,以爱国者 PAC-3 型地对空导弹、海基低层防御系统和战区高空防御系统组成多层防御体系。台湾建立了海上反导弹防御系统,拟购买 4 艘装备宙斯盾防空系统的护卫舰。它还想拥有 AN/SPY-1 相控阵雷达,其作用距离达 320 km。台湾自行研制的天弓 2 号地空导弹,射程 100 km,射高 25 km。第二代爱国者 PAC-2 导弹,射程 3～80 km,射高 0.3～24 km。以色列箭 2 号地空导弹拦截距离为 110 km,拦截高度为 40 km。日本于 20 世纪 90 年代装备了 PAC-2 导弹,共 24 个火力单元,4 艘宙斯盾驱逐舰和 4 架预警机。日本陆上自卫队研制的"中萨姆"地空导弹,射程 40 km。美国更积极地与日本讨论建立战区导弹防御系统 TMD 方案。印度引进俄罗斯 S-300PMU 技术和设备,改进其"天空"防空导弹,射程为 25 km,其相控阵雷达探测距离达 200 km。科威特、沙特、土耳其和韩国均已装备美国 PAC-2 爱国者防空导弹。

美国的弹道导弹防御计划 BMD,是对付弹道式导弹的。一般认为非战略弹道导弹之射程不超过 3 500 km,速度不超过 5 km/s。这样的防区就很大。但就一次战役而言,对防区外导弹的威胁只能限定在一定范围内。现代陆军师配备坦克近 300 辆,各类火炮 300 余门。正面防御 12 km,纵深 14 km。团正面 5 km,纵深 7.5 km。摩托化师推进速度为每小时 12 km,车间距 40 m。

既然防区是个不确定的概念,则对表征武器性能的重要参数作战半径、射程等亦必须统一到武器系统作用距离这个概念上来。因为一方面机载武器系统系由武器、火力控制系统和外挂/发射装置组成,对目标进行探测、识别、跟踪和攻击。事实上,探测距离、识别距离、跟踪距离和攻击距离是受到传感器的限制而不同于作战半径和射程。另一方面载机飞抵战区作战,不仅仅受其本身航程、航时的影响,还与地面支援系统的作用距离有关,如告警、指挥、通讯(不受干扰的保密通讯)和评估等。

为保卫我国领空、领海安全,我空海军要有能力突破第一岛链,即北起阿留申群岛,经日本,台湾,吕宋,到大巽他群岛。但我们没有航空母舰,只能以东南陆地为基地,这个区域大致为从北纬 30°到赤道,东经 110°至 140°所围区域,为 3 200 km×3 200 km。这已经超出了战术范围。但到南沙群岛便在 1 600 km 左右。因此,我们的作战飞机至少要有 500 km 的作战半径。而空地导弹的射程都不必要求达 500 km,应该随敌防区而变化,这就是防区外导弹射程系列变化的由来。

图 2-2 表示陆地和海上防区的一般情况。从图可以看出,对高炮攻击区 20 km 是安全的;对空地导弹 50 km 射程是安全的,但爱国者导弹的射高已达 80 km,可作为确定防区外导弹的射程考虑的因数之一。如在较远一点距离对地面目标进行打击,则 250 km(战斗飞机作战半径之一半)也足够了。从载机和武器上,我们得出了防区外精确对地攻击武器系统作用距离可以按 20～30 km,50～80 km,250 km 发展。然而系统作用距离还受到载机探测距离、空地导弹制导方式限制。我国机载雷达仅有对空和对海功能,下视功能较差。即使是美国 F-16 所使用的 AN/APG66 脉冲多卜勒雷达,其对地也只具有 148 km 测距(斜距)和测接近速度之功能,而波束地形测绘状态仅 37 km×37 km(对应 148 km)至 4.6 km×4.6 km(对应

18.5 km斜距)。另一方面,采用人工补控指令制导武器时,还必须考虑图像传输距离,目前只有 180 km。所以,武器系统的作用距离由武器系统的探测距离、识别距离、捕获距离和载机的作战半径、武器投放距离以及导弹的射程决定。在实施随机攻击方式时,还要确定目标的相对距离 RTL。

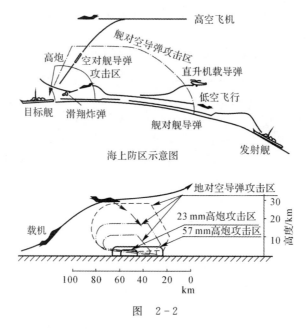

海上防区示意图

图 2－2

防区外导弹是相对凌空轰炸投掷炸弹会造成飞行员伤亡而设计的另一类空对地武器。对此类武器,武器研制者并无统一的认识。经过研究,我们认为载于《国防科技大典-航空篇-机载武器》分类词条中的解释较为合适。防区外导弹的定义:"攻击飞机在敌方防空火力杀伤区域之外对其防护的高价值目标实施精确打击的导弹"。防区外导弹具有以下特点:

(1)防区外发射,确保载机安全。

(2)精确制导,达到精确打击。

(3)抛撒子弹药,实施多目标攻击。

(4)模块化设计,实现系列化和通用化。

防区外导弹与通用空地导弹以及巡航导弹之间的差别见表 2－1－1。

表 2－1－1　防区外导弹与通用空地导弹以及巡航导弹之间的区别

型　　式	防区外导弹	巡航导弹	通用空地导弹
射　　程	系列发展	远	短、中
CEP	≤3m(F&F)	16∽30m	≤3m(F&A 或 F&C)
发射平台	空	空、海、陆	空
作战任务	战术	战略	战术
动　　力	无动力、喷气推进、吸气推进*形成系列	涡轮风扇	固体火箭、涡轮喷气

* 冲压发动机也属吸气式推进,故包括高超音速导弹。

第 2 节　防区外精确对地攻击武器系统的组成

建立防区外精确对地攻击武器系统(见图 2-3)基于以下原因:

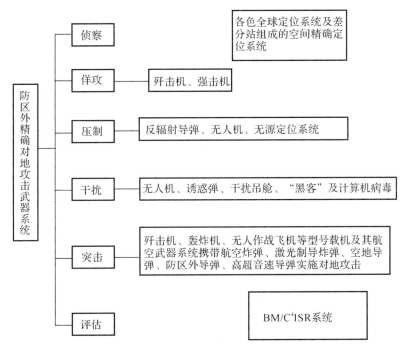

图　2-3

(1)第二次世界大战以后,经过冷战时代的军备竞赛,人们认识了核大战必然两败俱伤的事实。然而利益驱使冲突,但冲突发生的概率与其强度成反比。为此,迫切需要的是打赢为有限目的而发动的有限战争的手段。这种手段就是"全天候精确打击"。

(2)全天候精确打击不能限于一机一弹,需要一个能完成侦察、伴攻、压制、干扰、突击和评估等功能的系统,我们称之为"防区外精确对地攻击武器系统"。

(3)防区外导弹是防区外精确对地攻击武器系统的重要组成部分,它有别于一般空地导弹和巡航导弹。我们对于此类导弹的研究,总结出它的特点,赋予它准确的定义,认识到它是执行精确打击的极其重要的武器。

(4)和当前单纯发展远射程导弹和扩大飞机作战半径的观点不同,本系统还强调近距支援和认识防区是个变动的概念,因而着重系列发展,因而是一种系统工程的方法。

(5)我们认识到恐怖活动猖獗时,首要分子和重要党羽行踪诡秘,并藏匿于地下,对此类时间关键目标(Time Critical Target,TCT),用高超音速防区外导弹或重磅炸弹实施精确打击才能奏效。按照"打赢高技术局部战争"的原则,结合我国国力,可以用大量改造旧装备,少量研制新装备的发展思路来构造防区外精确对地攻击武器系统。

功能:对地面固定目标(已知经纬度、海拔高度)发动攻击。

系统构思:

1)以北斗星二号为主、GPS为辅的卫星导航,配置无人机、地面站组成的空间精确定位系统实施侦察。

2)以退役歼击机、强击机改装自动驾驶仪和战斗部或干扰器实施佯攻。

3)以强击机带高速反辐射导弹实施硬杀伤进行压制。以诱惑弹(利用退役反舰导弹改装)或战斗机挂干扰吊舱实施软杀伤。

4)以"黑客(HACKER)"和计算机病毒入侵。

5)以轰炸机携带空地导弹实行远距突击。以歼击轰炸机、歼击机、武装直升机携带激光制导炸弹、空地导弹实行近距支援。

6)以各机种携带防区外导弹对不同防区实行防区外突击。

7)利用卫星、无人机和其他方式实施毁伤评估。

但是,有效的武器系统须经作战效能评估,从武器系统顶层把系统的各种功能往下逐渐分解至分系统、子系统和部件。根据功能分解,决定需要建设的设备、设施和软件。对于软件要特别注意,从需求分析开始,经初步设计、详细设计到测试都要以规范为依据。

我们提出的防区外对地攻击系统组成还比较粗糙,但基本表达了为完成对地攻击所应具备的功能。从武器系统组成看,它应包括武器、发射平台、武器悬挂、发射、控制、指挥系统(或称火控系统)以及技术保障系统。从2003年美国发动的"倒萨"战争表明,固定翼对地攻击机(强击机)需求在增加,例如A10。因为与武装直升机相比其速度高、火力大、生存力强。

第3节 防区外精确对地攻击武器系统设计

对于武器系统,还有一个设计问题,即如何利用软件把武器系统联系起来,形成一个具有效率的作战系统。它包括武器系统的控制策略,导弹的制导律和导弹的状态。也就是用什么设计来实现防区外导弹武器系统的六大功能。下面分为三个小节来叙述。

3.1 控制策略

作战需要武器,武器需要人控制不言而喻。虽然作战环节繁多,归结起来其实只有两个环节:保护自己,杀伤对手。我们知道描述人口规律的蓝切斯特方程,表示人口增长(出生)和人口消失(死亡)之间的关系。将其用于作战,无论是线性律还是平方律,都只有两个因数:实力和消耗。武器系统的控制策略(Control Strategy)也就完全基于这两个因数。从导弹发展来看,武器系统控制策略是指如何把导弹送到目标,然后击毁目标,它经历了发射后控制(Fire & Control),发射后修正(Fire & Adaptive),发射后不管(Fire & Forget)直到正在形成战斗力的非直瞄系统(Non-line-of-sight,NLOS)几个阶段,取决于导弹技术的进步。严格来讲,控制策略就两种:"管"与"不管"。"管"指发射者对导弹的控制,也就是策略。早期没有卫星定位和网络,所以导弹发射出去后没法管。一般是瞄准(对着目标方向)发射,惯性器件导航,陀螺稳定姿态。导弹飞行至攻击点(所谓自控点终点)打开末制导头(雷达)照射目标,一旦捕获即进行跟踪、锁定瞄准目标。但是这有个前提,即导弹能飞到可以捕获目标的区域,即自控点终点散布范围内。导弹没有选择性,逮住哪个打哪个。惯性器件漂移,产生误差,能否飞到允许的终点散布区域没有把握,导弹脱靶的概率比较大。但由于导弹发射后与发射平台没有联系,人员和装备很安全。最早德国的 V-1 和 V-2 导弹,苏联的冥河导弹,中国早期仿制的苏式导弹均采用"不管"的策略。这种不管其实是管不住,与后面的发射后不管有着本质的区别。有鉴于此导弹设计师不能让导弹放任自由,需要管一管了。于是出现了发射后修正,发射后控制两种控制策略。导弹发射后由发射平台注视着它的飞行轨迹,如果偏离了预定的航线,或者目标移动了,就向导弹发送指令,让它回到正确的轨道上来。这需要发射平台可知跟踪导弹,要得到导弹和目标的位置信息,要有传输指令的网络和器件。以地空导弹为例,其控制和导引一般为三点法。所谓三点法是指导弹击中目标之前的运动位置始终处于控制站和目标的连线上。使导弹、目标、控制站始终在一条直线上。这条直线就是所谓目标视线(Line of Sight),而非直瞄系统无需要这条线,无论是导弹还是发射平台都看不到目标。在前面加个"Non"就成。三点法需要哪些设备?它的回路由什么环节组成?至少下面的一些设备是需要的。

(1)雷达测量装置,测量目标的高低角和导弹的高低角,从而得出它们之间的差值。以便不断消除这个差值。还必须测量控制站至导弹的距离。

(2)指令形成装置,根据高低角差值和距离差值形成偏离目标线的值和方向形成指令(在模拟体制中是电压,而在数字体制中则是数值二进制编码)。

(3)控制站指令发送装置和导弹接受指令的装置。

这些装置和弹体一起形成一个回路,它发出指令让导弹的高低角跟随目标的高低角,所以它是一个随动系统,输入为目标的高低角,输出为导弹的高低角。其框图如图2-4所示。

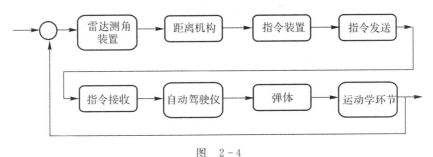

图 2-4

美国的爱国者导弹利用相控阵雷达拦截空中目标,遍及西方国家。爱国者(Patriot)就源自相控阵雷达拦截目标(Phased Array Tracking Radar to Intercept Of Target)的缩写。

爱国者导弹作战系统(见图2-5)由下列设备组成:

(1)相控阵雷达AN/MPQ-53,它能形成多个独立控制波束,分别用来对目标执行搜索、探测、识别、跟踪和照射,对导弹执行跟踪和制导。具有波束指向灵活,电子扫描,数据更新率高,目标容量大,可在同一空域同时跟踪数百个目标,抗干扰性强等优点。

(2)作战控制站(Engagement Control Station,ECS),内配备武器控制计算机(Weapon Control Computer,WCC),人机接口和各种通信、数据终端。

(3)信息坐标中心(Information and Coordinating Central,ICC),作战受人控制,它提供必要的指令和控制链到上级、友军和下级。

(4)相控阵雷达安装在M860拖车上,本身不能移动。作战时由10 t重型卡车M983拖动。

(5)发射装置为遥控的自主单元,它安装在M860拖车上,由M983牵引。一个发射装置上4枚PAC-2导弹或16枚PAC-3导弹。发射装置既是储存箱又是发射箱。

(6)通信中继站(Communication Relay Groups,CRGs),它提供多路保密的双向数据,在

ICC 发射单元之间交换。

图 2-5

（7）天线组合（antenna Mast Gruups，AMG）由四个超高频（UHP）天线在 ICC，CRG，ECS 间通讯。

（8）电源 EPP 为 150 kW 发电机组、配电单元 PDU、电缆组成，安装在 M983 卡车上。电源为两组独立的平行网，向作战控制中心和发射装置供电。

早期的空空导弹发射均需要载机控制，现代和空地导弹反舰导弹一样改为发射后不管如图 2-6 和图 2-7 所示。下面这些均采用发射后不管策略。发射后不管控制策略广泛应用之后，美国又研制又了一种全新的发射方式，叫做无视线发射系统，（Non-Line-of-sight，NLOS-LS），它使用精确制导导弹（Precision Attack Missile，PAM）和伺机攻击导弹（Loitering Attack Missile，LAM）打击各种地面目标车辆、坦克、建筑物以及飞行中的直升机等。美国陆军对间接发射系统（Indirect Fire Missile System）感兴趣是在 20 世纪 80 年代。那时出现了光纤制导技术（Fiber-Optic Guidance Technology），其中牵涉到无视线系统。波音和休斯公司参加了研制。后来因为技术问题和费用的增加停了下来。到 90 年代美国陆军坚持研究增强光纤制导导弹（Enhanced FiberOptic Guidance Missile，EFOG-M），在进入工程研制阶段又遇到经费困难而下马。尽管如此，军方还是坚持无视线技术的研究。改变项目的名称为网络发射 Net Fires 或先进发射支援系统（Advanced Fire Support System）。研究的目的是为未来作战系统中的瞄准前发射(Beyond - Line - of - Sight Fire)做准备,乃是美国下一代的目标兵力(Objective Force),不可等闲视之。网络发射又称"在箱子里的导弹"(missile in box),它是一种"集装箱化"不依赖发射平台的多任务武器系统概念(a containerized plant from independent multi—mission weapon concept)。它与传统的直接发射相比将提供更快速响应和包装袋致命,而且只需要更少人员和后勤保障。网络发射在未来战场上能够击败任何的已知威胁,只需要部署像 C - 130 这样的运输机。简言之,系统会知晓并协调战斗态势,保障火控系统的生存力。它是用防区外目标捕获,延伸打击和无视线对抗来实现的。这个系统由美国 DARPA 为陆军立项的验证与试验项目,包括一个箱式发射单元(Container Launch Unit,CLU),一型伺机攻击导弹 LAM,一型精确攻击导弹 PAM。无视线发射系统的进一步发展,是利用所谓"商用货架产品"(commercial off shelf,COTS)概念研制的武器系统。我们知道网络作战面对的是系统对抗环境(System - to - System Common Operating environment,SOSCOE),在这个环境中存在各自独立和同步的任务标准,因此火控系统的配置仅仅是把特殊的实体联系在一起。SOSCOE 要求直接集成各自独立的软件包,这些软件包靠机械和技术联系在一起。实际上它们系建立在商用处理器和实时、非实时操作系统单元之上。它有能力处理下达指令,撤销指令,擦除记忆,告警/紧急重新启动,监视和控制等功能。美国正在研制的一个项目,叫做"滚动向前的火控系统布局"(FCS program rolls forward in formation)。这个构型以带有先进通讯技术的无线网络为纽带,链接 18 种新式、轻型的有人和无人驾驶地面车辆,无人飞机,传感器以及武器,全部纳入一个项目之中。要把各种部件、能力、技术合并在一起是很不容易的,也是迄今为止美国陆军作战中最复杂、最野心勃勃的计划。当然其研制费也是巨大的,大约 1 000 亿美元以上。该项目有 19 个系项目,18 种武器平台。这些武器连载一起发展和作战非常理想,是火控系统的核心。在所有平台嵌入的公共的软硬件,还不能忽略后勤保障和训练。18 种武器平台(见图 2 - 8)有:①一型无需照料的地面传感器组(Unattended Group Sensor,UGS);②两项无需照料的弹药(two unattendedmunition);③无视线发射系统 NLOS - LS;④智能弹药系统(intelligent munition system);⑤四种无人机;⑥三种无人地面车辆;⑦地面武装机器人 ARV(armed robotic vehicle);⑧小型地面车辆(Small Unmanned Vehicle,SUGV);⑨8 辆有人驾驶地面车辆。由图可以知道,18 种武器平台的功能多样。有步兵乘车,通信和控制车,自行火炮,侦察和监视车,无视线炮(指无需瞄准发射的大炮)车,无视线迫击炮车,火控系统重构和维修车,四种等级的无人机,无需照料的地面传感器,无视线发射系统,智能弹药,无人驾驶汽车,武装机器人,无人扫雷车,无人牵引车等。在 SOSCOE 上运行的软件,或称命令一共有四个软件包:任务规划、准备战斗、获取战斗态势、任务执行。而驱动火控系统网络的"引擎"是多层通信和计算机网络 CC,它们无需大型和独立的构件而是预先嵌入平台并随平台移动的公共软硬件,也就是货架构件(COTS)。CC 将它们编成联合战术队形,即兵力(Joint Tactical Architecture - Army,JTA - A)。FCS 通信网络由一些现成的同类通信系统构成,如联合战术无线电系统(Joint Tactical Radio System,JTRS),使用波段 1 和 5 的宽带网络 WNW(Wideband Net Waveform),士兵级无线电波段 SRW,网络数据链和战斗人员信息网络-战术(War fighter Information Network - Tactical,WIN - T)等。

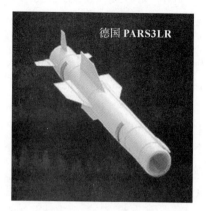

图 2-6

图 2-7

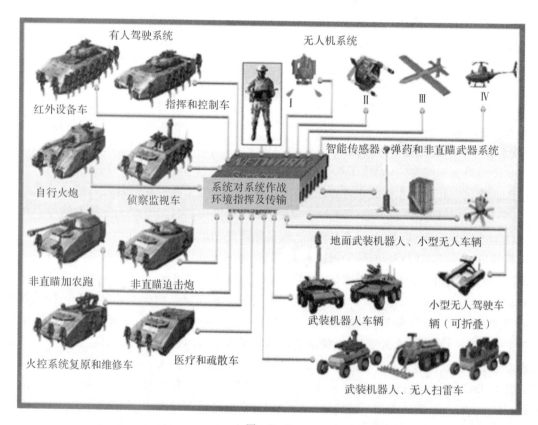

图 2-8

如图 2-9 所示,通过卫星通信把 WIN-T 处于联合战略网络之中,并与 JTRS WNW 主干网联系起来。这里汇总的信息来自两个子网络:分别搜集士兵和地面无人驾驶车辆信息和传感器数据链接信息的网络。FCS 的管理系统管理全部网络和单元,包括各波段的无线电,平台路由器和局域网的所有信息,以保证单元和数据库正常。它能在整个任务阶段,提供所需要的管理职能,包括任务预案,作战部署时的网络快速构型。它还在任务执行过程中进行监视,当网络性能调整或失效所作的运行策略改变时能够响应。在 SOSCOE 构型中,其操作格式可以合并、链接和互相通用。考虑到它是以集成为标准互相兼容的方式传输给军方,所以要注意到军方的特点来进行链接与合并。所以传输给各军种火控系统的是公共的服务。因此所有的互操作应用程序是公共的方式,新的外部程序必须对火控系统的冲突最小。火控系统的应用软件支持各个代理商为链接的每一个应用程序服务。战斗命令(Battle Command,BC)系利用应用程序接口在主应用程序间独立互操作,使应用程序修改和升级比较容易。事实上多个 FCS 就是这样运行的,它们靠 CC 链接在 C^4ISR 上。C^4ISR 系指具有指令(Command)、控制(Control)、通信(Communications)、计算机(Computer)、情报(Intelligent)、监视(Surveillance)和侦察(Reconnaissance)功能的系统。防区外导弹武器系统需要这个系统,它系多层的通信和计算机网络具有很广的应用范围、很强的能力和很高的可靠性。即使距离遥远,地形复杂也可以为授权的人员提供信息服务。它还支持诸如集成网络,信息安全,信息传输等先进的管理功能,以随时为战斗人员服务,不论在与不在配置的火控系统之内。它也无需庞大和独立的基层构件,因为安装在可移动平台上,并且要随平台一起运动。网络作战系统分为三个层次:国家配置的卫星系统(原图中配置 assorts 一词写成 assots 是否疏忽不得而知,后者有迷惑的意思用在这儿也对)。下面是链接与合并层,把空中的和地面的空中平台作为系统的节点联系起来。最下层则是链接与合并地面武器平台,作为系统的节点。这里有无人驾驶地面车辆(扫雷车和维修车),地面有人驾驶车辆(自行火炮,坦克)和士兵,如图 2-10 所示。

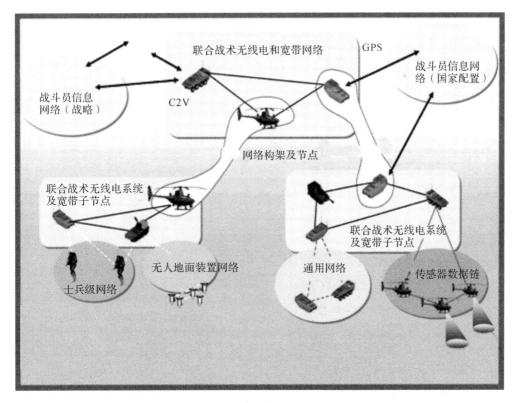

图　2-9

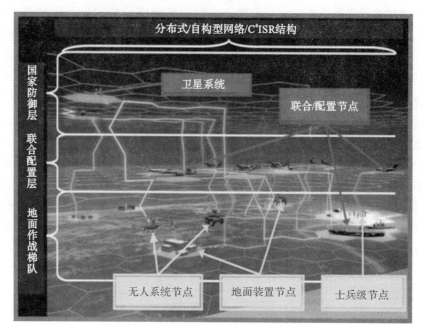

图 2-10

3.2 制导律

制导系统是导弹中一个重要的系统。中文"制导"为"控制"与"导引"的缩略词。但是这种缩写有时并不能包含词语的全部内涵。制导系统正确地应称"导引、导航与控制系统",即英文 Guidance Navigation & Control 的缩写 GNC。而制导律(guidance law)仅仅指导弹与目标的相对运动的规律,故称导引律较好。我们在研究导引律时要做一些假设,认为导引系统不受运动的影响,导弹和目标速度的质点运动。因为导弹飞行动力学是把运动分解成纵向和横侧向两个平面运动,所以可以用平面的几何关系描述导弹和目标的相对运动如图 2-11 所示。设导弹速度为 v_M,目标速度 v_T,其间距离为 r,视线角为 q,导弹与基准线的夹角为 Ω_M,与视线的夹角为 η_M,目标与基准线的夹角为 Ω_T,与视线的夹角为 η_T。对目标视线距离 r 和转角 q 列出方程有

$$\frac{\mathrm{d}r}{\mathrm{d}t} = -v_T\cos\eta_T + v_M\cos\eta_M$$

$$\frac{\mathrm{d}q}{\mathrm{d}t} = \frac{1}{r}(v_T\sin\eta_T - v_M\cos\eta_M) \qquad (2-3-1)$$

$$q = \Omega_M + \eta_M = \Omega_T + \eta_T$$

式(2-3-1)中有 5 个变量:$q, r, \Omega_M(\eta_M), \Omega_T, \eta_T$ 然而只有四个方程,故必须补充第 5 个,也就是控制方程。于是引出不同的导引律(制导律),见表 2-3-1。

以上三种基本的制导律,应用最多的是前两种。追踪法用于早期的导弹,比例导引则广泛用于现在在研或服役导弹。平行接近法因为制导系统实现困难而鲜于应用。曾经有过翼型导弹采用坐标导引,不自觉地实现了平行接近律。它利用高度表测高,雷达测距让这两个数据成常数比例,导弹飞行轨迹成为相似直角三角形的斜边,当然是平行接近目标的。然而雷达测距

和高度表测高均有误差,所以不完全是相似三角形。还有一种制导律,却有些古怪。在反舰导弹制导系统中有所谓单平面制导,即在高度上用高度表测高保持等高撞击目标。因为高度表普遍存在"高指",即输出的高度数值比实测的高,所以要人为地调整。可是它并不是必然就高指,有时它又很正常。调整就显得多余。另外雷达"看见"的不是目标的几何形状,而是它的雷达散射切面,是物理的概念。雷达散射切面存在距离闪烁和方位闪烁,它的数值是不稳定的,其散射中心也是变化的。因此这种制导方式很不精确。也有把这种方式用到电视制导上的,虽然电视可以用形心跟踪,但高度表的"高指"人为垫高,使得这种方式不可取,好比一只眼睛向上,一只眼睛向下,无法瞄准的。武器控制策略又进展到无视线发射,又称非直瞄发射,它利用网络引导导弹到目标,并非不瞄准。然而数字技术和卫星导航的出现使得平行接近制导律变得很简单。3D 控制就是研究导弹与目标在空间的相对运动。

表 2 - 3 - 1　导引律比较

导引律	优点	限制
追踪法 $\eta_M = 0$	有两条直线弹道; 迎头和追尾 ($q = 0, 180°$)	直线弹道取决于攻击方向,且速比有限制。制导系统实现容易。
比例导引法 $\eta_M = -K \dfrac{\mathrm{d}q}{\mathrm{d}t}$	直线弹道有 $2(K-1)$, $K > 2$ 时,攻击稳定	速度比限制宽,直线弹道稳定,适宜对动目标。
平行接近法 $\eta_M = \arcsin(\dfrac{v_M}{v_T}\sin q)$	全部直线弹道	直线弹道。制导系统实现难

图 2-11 中 $\Psi_M(\Psi_T)$,$\Theta_m(\Theta_t)$ 分别表示导弹或目标速度对视线的方位角和高低角。Ψ_L 和 Θ_L 则表示视线对惯性坐标的方位角和高低角。r 为导弹至目标的距离。图中四个坐标系 (X, Y, Z) 以下标 m, t, L, I 区别。经过推导和坐标转换,得到一组远较式(2-3-1)复杂的运动方程。

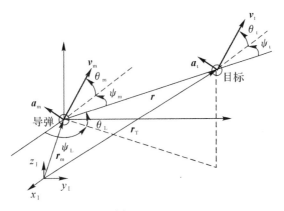

图　2-11

$$\dot{r} = v_\mathrm{T}\cos\theta_\mathrm{t}\cos\psi_\mathrm{t} - v_\mathrm{M}\cos\theta_\mathrm{m}\cos\psi_\mathrm{m} \tag{2-3-2}$$

$$\dot{\theta}_\mathrm{m} = \frac{a_\mathrm{mz}}{v_\mathrm{M}} + \frac{\sin\psi_\mathrm{m}\tan\theta_\mathrm{L}}{r}(v_\mathrm{T}\cos\theta_\mathrm{t}\sin\psi_\mathrm{t}) - v_\mathrm{M}\cos\theta_\mathrm{m}\sin\psi_\mathrm{m} - \frac{\cos\psi_\mathrm{m}}{r}(v_\mathrm{T}\sin\theta_\mathrm{t} - v_\mathrm{M}\sin\theta_\mathrm{m})$$

$$\tag{2-3-3}$$

$$\dot{\psi}_\mathrm{m} = \frac{a_\mathrm{mY}}{v_\mathrm{M}\cos\theta_\mathrm{m}} - \frac{1}{r}\left(\frac{\sin\theta_\mathrm{m}\cos\psi_\mathrm{m}\tan\theta_\mathrm{L}}{\cos\theta_\mathrm{m}} + 1\right) * (v_\mathrm{T}\cos\theta_\mathrm{t}\sin\psi_\mathrm{t} - v_\mathrm{M}\cos\theta_\mathrm{m}\sin\psi_\mathrm{m}) \tag{2-3-4}$$

$$\dot{\theta}_\mathrm{t} = \frac{a_\mathrm{tZ}}{v_\mathrm{T}} + \frac{\sin\psi_\mathrm{m}\tan\theta_\mathrm{L}}{r}(v_\mathrm{T}\cos\theta_\mathrm{t}\sin\psi_\mathrm{t} - v_\mathrm{M}\cos\theta_\mathrm{m}\sin\psi_\mathrm{m}) - \frac{\cos\psi_\mathrm{t}}{r}(v_\mathrm{T}\sin\theta_\mathrm{t} - v_\mathrm{M}\sin\theta_\mathrm{m})$$

$$\tag{2-3-5}$$

$$\dot{\psi}_\mathrm{t} = \frac{a_\mathrm{tY}}{v_\mathrm{T}\cos\theta_\mathrm{t}} - \frac{1}{r}\left(\frac{\sin\theta_\mathrm{t}\cos\psi_\mathrm{t}\tan\theta_\mathrm{L}}{\cos\theta_\mathrm{t}} + 1\right)(v_\mathrm{T}\cos\theta_\mathrm{t}\sin\psi_\mathrm{t} - v_\mathrm{M}\cos\theta_\mathrm{m}\sin\psi_\mathrm{m}) -$$

$$\frac{\sin\theta_\mathrm{t}\sin\psi_\mathrm{t}}{r\cos\theta_\mathrm{t}}(v_\mathrm{T}\sin\theta_\mathrm{t} - v_\mathrm{M}\sin\theta_\mathrm{m}) \tag{2-3-6}$$

$$\dot{\theta} = (v_\mathrm{T}\sin\theta_\mathrm{t} - v_\mathrm{M}\sin\theta_\mathrm{m})/r \tag{2-3-7}$$

$$\dot{\psi}_\mathrm{t} = (v_\mathrm{T}\cos\theta_\mathrm{t}\sin\psi_\mathrm{t} - v_\mathrm{M}\cos\theta_\mathrm{m}\sin\psi_\mathrm{m})/r \tag{2-3-8}$$

然后还可以简化为相对速度表示的方程,设

$$\left.\begin{array}{l} v_x = v_\mathrm{T}\cos\theta_\mathrm{t}\cos\psi_\mathrm{t} - v_\mathrm{M}\cos\theta_\mathrm{m}\cos\psi_\mathrm{m} \\ v_x = v_\mathrm{T}\cos\theta_\mathrm{t}\sin\psi_\mathrm{t} - v_\mathrm{M}\cos\theta_\mathrm{m}\sin\psi_\mathrm{m} \\ v_x = v_\mathrm{T}\sin\theta_\mathrm{t} - v_\mathrm{M}\sin\theta_\mathrm{m} \end{array}\right\} \tag{2-3-9}$$

得到相对运动方程,略去目标方位角对其他状态的影响,并写成状态方程的形式

$$\boldsymbol{x} = [r, v_x, v_y, v_z, \theta_\mathrm{L}]^\mathrm{T} \tag{2-3-10}$$

$$\boldsymbol{f}(x) = \begin{bmatrix} v_x \\ (v_y^2 + v_z^2)/r \\ (v_z\tan\theta_\mathrm{L} - v_x)v_y/r \\ (v_y^2\tan\theta_\mathrm{L} + v_xv_z)/r \\ v_z/r \end{bmatrix} \tag{2-3-11}$$

$$\boldsymbol{G}(x) = \begin{bmatrix} 0,0,0 \\ 1,0,0 \\ 0,10 \\ 0,0,1 \\ 0,0,0 \end{bmatrix} \tag{2-3-12}$$

$$\boldsymbol{u} = [u_x, u_y, u_z]^\mathrm{T} \tag{2-3-13}$$

此处

$$u_x = (-a_\mathrm{tz}\sin\theta_\mathrm{t}\cos\psi_\mathrm{t} - a_\mathrm{ty}\sin\psi_\mathrm{t}) + (a_\mathrm{mz}\sin\theta_\mathrm{m} - a_\mathrm{my}\sin\psi_\mathrm{m}) \tag{2-3-14}$$

$$u_y = (-a_\mathrm{tz}\sin\theta_\mathrm{t}\sin\psi_\mathrm{t} + a_\mathrm{ty}\cos\psi_\mathrm{t}) + (a_\mathrm{mz}\sin\theta_\mathrm{m}\sin\psi_\mathrm{m} - a_\mathrm{my}\cos\psi_\mathrm{m}) \tag{2-3-15}$$

$$u_z = a_\mathrm{tz}\cos\theta_\mathrm{t} + a_\mathrm{mz}\cos\theta_\mathrm{m} \tag{2-3-16}$$

式中的加速度表示垂直于导弹速度方向的制导指令与导弹加速度之间的相对值。

解方程还需要引入制导律,比上述的三种制导律要更复杂一些,此处不赘述,放到本丛书第3卷去讨论。1989年桑达格(Sontag)给出一个最优稳定控制方程(制导律)

$$
\begin{cases}
u(x) = -p(x)(L_g V(x))^{\mathrm{T}} \\
p(x) = c_0 + \dfrac{a(x) + \sqrt{a^2(x) + b^{\mathrm{T}}(x)b(x)^2}}{b^{\mathrm{T}}(x)b(x)}, & b(x) \neq 0 \\
p(x) = c_0, \quad b(x) = 0.
\end{cases}
\qquad (2-3-17)
$$

式中

$$
L_f V(x) = a(x), \quad (L_g V(x))^{\mathrm{T}} = b(x) \qquad (2-3-18)
$$

C_0 为状态常数。

这个制导律系桑达格公式(Sontag's formulas)特例,而桑达格公式又是李雅普诺夫函数(Lyapunov function)结合成本函数(cost formulas)导出的制导律。因而在总体上是稳定的。它与推广的比例导引律(APN)一样,适用于空气动力控制导弹拦截机动目标、只需要在导弹上安装惯性单元 IMU 以及与导引头联系的目标机动滤波器。

我们还有一个简单的办法,仍然将运动分成纵向和横侧向两个平面,对两个平面的导弹与目标的相对运动列出方程,各自引进三种制导律的一种,目标视线只有一条,则可以求解了。

俯仰平面

$$
\left.
\begin{aligned}
\frac{dr}{dt} &= -v_T \cos\eta_T + v_m \cos\eta_M \\
\frac{dq_\theta}{dt} &= \frac{1}{r}(v\sin\eta_T - v_m\sin\eta_M) \\
q_\theta &= \theta_M + \eta_M = \theta_T + \eta_T
\end{aligned}
\right\}
\qquad (2-3-19)
$$

横测平面

$$
\left.
\begin{aligned}
\frac{dr}{dt} &= -v_T \cos\eta_T + v_m \cos\eta_M \\
\frac{dq_\psi}{dt} &= \frac{1}{r}(v\sin\eta_T - v_m\sin\eta_M) \\
q_\psi &= \psi_M + \eta_M = \psi_T + \eta_T
\end{aligned}
\right\}
\qquad (2-3-20)
$$

分别在两个平面引入制导律,联立式(2-3-19)和式(2-3-20)求解。如果以上述的纯追踪、比例和平行律,则一共可以发展 $3\times3=9$ 种制导律。只有当两个平面均采用平行接近,才能得到直线弹道。

3.3　全备弹和"木弹"

防区外导弹的出厂状态关系到导弹系统的可靠性、有效性和综合后勤保障能力,也关系到研制成本和发射成本。这里叙述导弹的两种状态:全备弹(All-Up-Round,AUR)、"木弹"(Wooden Round,WR)。

全备弹是指以完全装备的导弹,即所有的系统均已安装,并已试验合格,放在发射平台上就可以发射。其目的是提高导弹武器的可靠性和节约发生成本。这种起源于国外的概念,已得到应用。然而却有一些偏差,制造商把它理解成全备弹出厂,包括战斗部。为安全起见甚至在总装厂建立了防爆厂房,远离市区。这无疑增加了生产成本,是与原意不符的。全备弹的寿命周期始于军方弹药库,海军叫做 NAD(Naval Ammunition Depot)或海军武器站 NWS(Naval Weapon Station)。NAD 和 NWS 接受制造商交付的导弹部件,将其组装成完整的导弹并进行导弹性能和作战的检查和试验。合格的导弹储存在包装箱内,称为完全准备好了记为 RFI(Ready For Issue)。导弹履历本同时置于包装箱内,其上有导弹检查和试验的详细记录,随导弹一起保存,直至导弹消耗(发射)或者分解。通常在临近兵力部署的地方要建立海军航空武器维修站 NAWMU(Naval Air Weapon Maintenance Unit)。建立维修站的目的,是将导弹从"未准备好"状态升级为"已准备好"。站内备有可更换的导弹硬件和软件,以免返回基地或制造厂,那样做是劳命伤财的。储存在包装箱内的导弹应是完整的,有时因为弹翼和尾翼(鳍片)尺寸的关系分开存放在另外的包装箱内。发射之前撤除包装(decant),发现包装箱有破损,就必须打开箱子检查导弹、弹翼、尾翼有否破损。如果有导弹档案或导弹技术手册未经载明的,机翼必须标识为"未准备好"NON—RFI 与"已准备好"的分开,免得混入其中。未发射的导弹、弹翼和尾翼又重新密封于包装箱内,称之为 RFI 卸载。而包装箱破损则必须标识为"未准备好"转入合适的 NAD,NWS 或 NAWMU。而从包装箱取出的导弹系用于执勤,则其履历本需从箱中取出,放到航空弹药控制站 AOCS(Aviation Ordnance Control Station)备查,直至导弹发射或卸载。导弹确已发射出去,其履历本邮寄要到相应的 NAD 或 NWS。而卸载的导弹其履历本则放回包装箱内。

全备弹需进行全备弹试验(All-Up-Round Test,AURT),其功效(the figure of merit)乃是查出无用导弹(坏弹)的百分比和拒收可用导弹(好弹)的百分比。通常设计成 95% 的坏弹能查出,5% 的好弹被拒收。为了说明 AURT 的功效,假设有 300 发导弹进行试验,其中有 10% 的坏弹。

导弹总数	300;
坏弹/(%)	10;
确信查出坏弹/(%)	95;
误被拒收的好弹/(%)	5;
查出的坏弹数	$30×0.95=28.5$;
拒收的好弹数	$270×0.05=13.5$;

可使用的导弹数 $300-(28.5+13.5)=258$(其中混有 1.5 发坏弹,占 0.6%)。

送往部队导弹中混杂的坏弹比例很小,但有 13.5 发好弹误判为有故障需要返修,增加了贮存、重复试验和运输的花费,这当然是个缺点。如果把确信能查出坏弹的百分比下降至 90%,拒收好弹的百分比下降至 2.5%,有以下结果:

查出的坏弹数	$30×0.9=27$;
拒收的好弹数	$270×0.025=6.75$;

可使用的导弹数 $300-(27+6.75)=266$(其中混有 3 发坏弹,占 1.1%)。

送往部队导弹中好弹增加了 6 发,减少了 6.5 发误送修理的好弹。但坏弹也增加至 3 发。这个例子说明 AURT 功效的重要性,坏弹被查出比例对有效导弹数是个贡献,而好弹拒收率则增加了提供给部队规定数目导弹的成本。"鱼叉"和"不死鸟"两型导弹都使用了 AURT,然而在试验与评价中却举步维艰。他们各自的飞行试验都成功,证明性能优良。但每个型号都缺少可信的 AURT 计划。我们发现,严格地说 AURT 所做的并不可信。导弹计划相互抵触,用些落后的技术来解决 AURT 中的问题。"鱼叉"和"不死鸟"以及其他型号的试验表明,尽管只有相对较少数量的 AURT,在用作评价导弹的 AURT 必须考虑相同的因数。作为决定提供部队有效导弹的依据,AURT 在处理其根本的东西上是太重要了。

AURT 和试验者的经验已经看出,不很好设计选择和分析经验数据,要决定 AURT 功效是个困难的任务。由导弹承制商所制定的 AURT 必须假设物理和功能的统一,但工厂和外场的试验容差例外(先于政府接受的工厂试验,其容差一般要严格些)。最初承制商有责任设计硬件和软件配置,决定工厂和外场容差。试验流程分为两个部分:工厂和试验站。工厂用测试仪对舱段进行试验。合格的舱段送去装备成全备弹。舱段试验非常详细和精确,为了讨论方便可假设百份百合格。装备好的导弹先于试验站在工厂试验。有故障的导弹再用舱段测试仪试验。试验站接受的导弹在外场 AURT 上试验,以备进行试验与评价。被拒收的导弹和有故障的舱段按 T&E 维修守则送回工厂重新试验。

按此流程试验得到的数据用来评价 AURT。下例说明在试验站好弹拒收率和坏弹查出率是如何确定的。试验站拒收的导弹数可用下式表示,

$$R_{TS} = P_{RG} N_G + P_{DB} N_B$$

式中,$N_T = N_G + N_B$;R_{TS} 为在试验站 AURT 拒收的导弹数;N_T 为被试导弹总数;N_G 为好弹数;N_B 为坏弹数;P_{RG} 为拒收好弹的比例;P_{DB} 为查出坏弹的比例。

导弹总数等于试验站 AURT 拒收导弹数与通过导弹数之和:

$$N_T = (R_{TS})_G + (R_{TS})_B + (PASS_{TS})_G + (PASS_{TS})_B$$

式中,$(R_{TS})_G$,$(R_{TS})_B$ 为试验站拒收的好弹/查出的坏弹,由工厂试验定。

$(PASS_{TS})_G$,$(PASS_{TS})_B$ 为试验站通过的好弹和坏弹数,由飞行试验结果定。

$$P_{RG} = \frac{(R_{TS})_G}{(R_TS)_G + (PASS_{TS})_G}, \quad P_{DB} = \frac{(R_{TS})_B}{(R_{TS})_B + (PASS_{TS})_B}$$

理论上这两个方程决定 AURT 拒收的好弹比例和查出坏弹的比例。但实际上一些复杂的因数限制了方程的应用。

首先也是主要的是小子样(60~90)使用这种方法得到的结果不可靠。其次,在试验站、工厂和发射时由于吊装、运输和挂飞环境不同使导弹状态发生了改变。第三,导弹设计改变,AURT 设计和容差改变以及 AURT 出现的问题都影响到试验结果。

高可信的 AURT 应通过对导弹、AURT 以及全面研制中环境变化的了解来获得。某些典型的环境和影响如下:

(1)研制早期有过多的 AURT 导弹被拒收或通过与 AURT 功能设计、AURT 试验容差、AURT 维修等有关。

(2)与工厂 AURT 相比,试验站 AURT 有过多的导弹被拒收乃是因环境改变使未使用导弹失效;AURT 外场试验容差;AURT 硬件和软件配置等原因。

(3)短项 AURT 有过多拒收率与 AURT 功能失效/维修;未使用导弹多或环境;AURT 硬件或软件改变等有关。

(4)外场试验有过多坏弹被通过系 AURT 外场试验容差;AURT 硬件和软件配置。

由 AURT 性能可知,影响 AURT 的四个重要因数是:AURT 功能设计;合理的试验容差;AURT 维修和硬件及软件配置。

"木弹"全备弹在发射前仍然需要检查和试验。为了节省发射成本,抓住战机,有没有在发射前无需检查的状态?结论是有的。这对无视线发射尤其重要,因为它是处在发射筒内,一进入发射程序即自动开启箱盖,导弹向目标飞去,再进行射前检查是不可能的。现代出现的"开

箱即射弹"WR(Wooden Round)便是这种导弹。按照直译,应该是"木弹"或"呆弹"或"笨弹",显然没有反映其本来的意义。但是为了叙述的方便,用"木弹"也无不可。只要记清它的原意就行。国内有些资料译成"木制导弹",这就相距就更远了。美国军事术语对 wooden round 词条的注为:"A round(shell missile etc)requiring no maintenance or preparating time prior to loading for firing"和本书的理解一致。"木弹"减少了使用和维护的成本,是有数据可以说明的。见表 2-3-2。这里指的成本系"因不重视使用和保障而发生的费用"。

可以看出,"木弹"状态的导弹在使用和保障阶段费用所占比例最小。导弹设计成"木弹"状态,其下一级的系统一定也要设计成"木弹"。导弹的 5 大系统:弹体、导引导航和控制(GNC)、推进、战斗部(包括引信)、电气。弹体的维护很简单,战斗部在发射时也无需维护(在使用中依序打开三级保险即可)。电气系统主要是插接件容易出现故障,随着联接技术和防腐蚀技术的进步,也可以做到。所以,"木弹"的设计集中到动力系统和 GNC 系统上。

综上所述"木弹"具有以下特点:①储存寿命长,低成本生产;②独立系统;③敏感弹药;④最少的外场装配;⑤使用前最少的检查时间。

表 2-3-2 导弹各系统级研制阶段成本比例

系统	在 LCC 中所占的百分比例
导弹(开箱即射弹)	
研究、发展、试验和论证阶段	11%
生产和采购阶段	77%
使用和保障阶段	12%
船舶(平均)	
研究、发展、试验和论证阶段	3%
生产和采购阶段	37%
使用和保障阶段	60%
飞机(F-16)	
研究、发展、试验和论证阶段	2%
生产和采购阶段	20%
使用和保障阶段	78%
地面装置	
研究、发展、试验和论证阶段	2%
生产和采购阶段	14%
使用和保障阶段	84%

防区外导弹推进系统有三个型式:吸气式、喷气式和无动力滑翔已如前述。最花费人力维护的当属吸气式推进中的涡轮涡扇发动机。而喷气式几乎不需要维修,也不能维修。而导弹

为一次使用,发动机的设计也是为一次使用而做的。比如没有循环的滑油系统和风车启动等。法国的 TRI 涡喷系列,美国的 J402 涡喷、WR2/WR24 广泛用于导弹和靶机。J402 系为美国的"鱼叉"反舰导弹而专门设计的,一次性使用的涡喷发动机,寿命 1 小时。但它遇到"木弹"要求的挑战,即可在库房存放 5 年而不进行检查和维护(1988 年,最早生产的发动机已经达到 11年的储存寿命)。所以也是世界上第一型按"木弹"概念设计的发动机。它以 J69 为原型,空气动力构型不变。做了简化处理,减少独立部件的数目。如转子系统的部件由原型的 149 个减少至 16 个。采用高速压气机,一级轴流和一级离心联成一个整体。从压缩机出来的高速气流进入环形燃烧室,通过单极涡轮排出。油泵和直流发电机直接联在转轴上。为提高可靠性用烟火盒起动,电子燃油控制系统。已形成系列:J402 - CA - 400 为原型,用于"鱼叉"和 SLAM,J402 - CA - 100AGM - 158(JASSM),J402 - CA - 700,用于靶机"破坏者",已经可以多次使用和重复起动的性能,寿命也由 1 小时提高到 15 小时。正在改型的 J402 - CA - 702 推力提高45%,油耗减低 24%。据资料介绍,美国的战斧巡航导弹也具有"木弹"的性能。联合直接攻击弹药 JDAM 和多管火箭 M26 也是"木弹"。它们符合"木弹"的特征,如 JDAM 的任务参数可以在载机上加载。它由两个独立部件组成:"木弹"状态的制导段和战斗部,制导段可向战斗部加载。

而多管发射火箭(Multitiple Launch Rocket System,MLRS)更是一个具有 15 年储存寿命的武器。火箭的装配、检查和包装均可在双功能(发射和储存)管内于制造厂进行。火箭的战术加载和发射时无需由部队装配和详细检查,如图 2 - 12 及图 2 - 13 所示。MLRS 早在 1980 年已经出现,当时是作为一般支援火力的火箭系统,1983 年形成战斗力。具有在短时间向"时敏目标"(time - sensitive - target)和危险(critical)目标投掷大量弹药的功能。多管火箭用于对持、压制和为驱逐轻辎重和人员而布撒子弹药。MLRS 通过不断改进已经形成一个系列,见表 2 - 3 - 3。

图　2 - 12

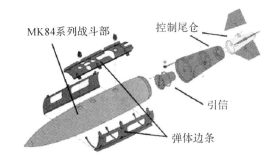

图 2 - 13

表 2 - 3 - 3　　多管发射火箭系列发展

MLRS 系列	特点
基本型 M26	射程 32 km,无控火箭
增程型 M26A1/A2	射程 45 km,518 型改良常规炸药,M77 榴弹
制导炸弹 DPICM M30	射程 70 km,惯性单元与卫星导航组合 IMU/GPS,404 改良常规炸药,M101 榴弹

续　表

MLRS 系列	特点
单一战斗部制导炸弹 UMR(XM31)	射程 70 km,IMU/GPS,双模引信单一战斗部
陆军战术导弹 ATACMS Block1A M39A1	射程 70～300 km,卫星与惯性导航 GPS/TNS,子弹药
单一战斗部 ATACMS	射程 70～300 km,卫星与惯性导航 GPS/TNS,精确瞄准,空中延迟单一战斗部 WDU - 18,三模引信

第 4 节　防区外导弹作战模式

防区外导弹是第三代导弹,它需要自主搜索和发现目标,故具有既可侦察又可对地打击的双重功能。它的作战方式先后有两种:探测目标和对地攻击。

一、探测目标

防区外导弹从防区外发射,在进入敌防区后的首要任务是搜索和发现目标。它执行侦察任务系在战区上空盘旋,搜索规定区域,发现目标。前一个称之为"防区外距离"(Stand - Off Range),它不同于导弹概念中的射程,而与飞机的作战半径相类似。后一个称之为搜索面积 Search Aero),等同于飞机的航时。侦察的主要目的是搜索目标。搜索目标应该依据一定规则,保证目标所在区域不重复也不遗漏。通常有三种搜索的类型:点搜索,面搜索和路径搜索。

(1)点搜索指已知可疑的目标点,在其周围小范围内的搜索。这种类型的搜索,只要防区外导弹能够准确(一定的精度)地飞到已知的目标点,打开传感器即可。一般传感器的波束能够捕捉到目标(由设计的定点精度决定,在导弹设计中称之为自控点终点散布)。当在开机的瞬间没有捕到目标,则要将传感器的天线做俯仰和方位的摆动,以扩大搜索区。这也与第二代导弹(精确制导导弹)不同,无需载机给它指示,即所谓"人在回路中",而是自主进行的。

(2)面搜索只在一定区域内,搜索目标和目标的活动。这个区域比点搜索的大。所以导弹在区域上空,一边游弋,一边用传感器进行捕获目标。它又可分为推帚式搜索和摆动式搜索。前者的传感器天线不做摆动;后者要做摆动。

(3)路径搜索指沿着一条道路、河流或者画定的路线进行搜索,在这条道路上有目标运动。还可以是以道路为中心扩展到道路两旁一定距离搜索。如果道路比较窄,传感器的波束可以覆盖,就用推帚式,否则用摆动式。

然而不管何种搜索方式,都需要定义搜索的概念。何谓搜索? 搜索乃是利用探测手段寻找某种指定的目标的过程。研究这个过程的优化方案的理论和方法称为搜索论。不难发现搜索过程需要三个要素:探测装置、搜索方式和搜索对象。

1. 防区外距离和搜索面积

遂行侦察任务有两个重要战术技术指标,防区外距离和搜索面积。这两个指标对于导弹作战方式有很大影响,举足轻重。侦察功能中,它既受搜索过程三个要素的制约,又对三个要素施加影响。导弹以速度飞行其传感器(激光、电视、红外)的波束角为 φ,以 θ 角照射,在地面

形成一个椭圆"脚印"(见图 2 - 14),长短轴分别为

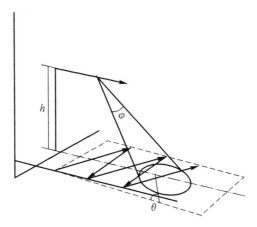

图 2 - 14　雷达向地面照射图

$$2a = h\left[\cot(\theta - \varphi/2) - \cot(\theta + \varphi/2)\right]$$
$$2b = 2\pi(h/\sin\theta)\varphi/360$$

$$(2 - 4 - 1)$$

式中,h 为飞行高度。向前飞行时,传感器光轴在方位上搜索,则"脚印"随之偏移。这样就增加了扫过的面积,可以用光轴合成速度积分求出。由于被积函数出现平方根比较麻烦。这里把增加的面积简化成两个三角形的面积,三角形的高等于底边为传感器一个扫描周期飞过的距离。这样处理扩大了搜索的区域,因为有重叠面积被计入。传感器扫描一个周期所覆盖的有效面积应该是椭圆脚印的包络线,可近似等于一个椭圆,其长轴为一个扫描周期飞过的距离,短轴为$(2\pi h/\sin\theta)(\dot\psi t/360)$。

这里分析的是激光、雷达等发出波束的传感器。而对于电视摄像机利用矩形芯片接受目标信号的,要用视场的概念。芯片上感受的是地面一个梯形面积上的图像(见图 2 - 15)。设飞行高度为 h,俯仰视场角为 ϑ,方位视场为 φ,照射角 θ,则可求出梯形上下边和高。

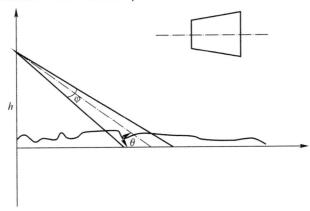

图 2 - 15　电视摄像机对地面照射图

上边
$$c_1 = 2\left[h/\sin(\theta - \frac{\vartheta}{2})\right]\tan\frac{\varphi}{2} + d$$

$$(2 - 4 - 2)$$

下边
$$c_2 = 2[h/\sin(\theta + \frac{\vartheta}{2})]\tan\frac{\varphi}{2} + d \qquad (2-4-3)$$

高
$$b = h[\cot(\theta - \frac{\vartheta}{2}) - \cot(\theta + \frac{\vartheta}{2})] \qquad (2-4-4)$$

梯形面积
$$s = (c_1 + c_2)b/2 \qquad (2-4-5)$$

式中，d 为 CCD 芯片宽度。显然照射角必须大于二分之一视场角，否则没有意义。因为脚印为无穷大。

飞行高度、照射距离、照射角之间有

$$R = h/\sin\theta$$

可以把照射距离作为传感器的作用距离，因此有

$$R = \frac{\sqrt{A}}{n_T\,\alpha} \qquad (2-4-6)$$

式中，A 为目标投影面积；n_T 为对应的电视线周数；α 为空间分辨率。

现在必须确定电视摄像头的电荷偶合器 CCD 的尺寸。通常有 $2/3''$，$1/1.8''$，$1/2.7''$，$1/3.2''$ 等十余种尺寸，标志芯片对角线的长度，以英寸计。在导弹上常用的是 $1/3''$，更小一点的芯片 $1/4''$，$1/5''$ 也已开发出来并商品化了。小尺寸是巡飞导弹追求的，所以先选 $1/4''$。决定导引头分辨率的是芯片的像素（pixel），愈多则分辨率愈高。38 万像素以上即为高分辨率。国内 $1/3''$ 芯片的有效像素为 512×512 仅 28 万，如果用实际的像素 760×600 则有 45 万。我们暂且认为 $1/4''$ 能够做到 512×512，如果配合好一点的镜头则得到好一点的成像灵敏度，满足黑白摄像机 $0.02\sim0.05$Lux 的要求。

那么扫过给定面积需要多少时间？这要依摄像机扫描方式而定。有两种方式：推帚式和摆动式。前者如同用扫帚扫街一样，沿着飞行方向推过去。后者摄像机做摆动（方位）和摇动（俯仰），通常只有摆动。一般是将两种方式结合起来。

设探测给定搜索面积 S 所需的时间为 T，无人机飞行速度为 V，摄像机脚印面积为 s，场周期为 t 则有

$$T = \frac{S}{s}t$$

似乎与飞行速度无关，这是没有计及脚印重叠造成的。我们知道，只有当飞行速度和场周期匹配时，才不会有重叠。也就是说场周期正好等于无人机飞过梯形高的时间。即使如此，搜索面积的形状也会使搜索重叠或者遗漏。假定以等效矩形沿飞行方向推进，等效矩形的面积与脚印相同。不难求出等效矩形以梯形高为一边，另一边为梯形中线。于是搜索给定面积的时间为

$$T = 2\frac{(S-s)}{(c_1+c_2)V} \qquad (2-4-7)$$

这里搜索的面积有重叠，实际搜索给定区域，就像用脚印丈量一样。每踏一个脚印，飞过梯形高的距离就没有重复了。由此得到搜索给定区域的时间为

$$T = \frac{b}{V}\frac{S}{s}$$

代入数据得 $T = 4\,748$ s，也相当可观。于是要扩大视场和采取摆动的方式。但是摆动速度对

信号的建立有很大影响,见图 2-16 所示。一般取 5°/s,有效信号 83%,我们在计算搜索时间上予以考虑。可以计算出脚印梯形面积,则搜索周期也可以求出

脚印横向移动的最大距离

$$L_p = 2\pi \frac{h}{\sin\theta} \frac{\varphi_{\max} - \varphi/2}{360} \qquad (2-4-8)$$

下面计算电视摄像机在做前飞和摆动时,其脚印在地面扫过的面积。初看起来似乎只要计算一个 1/4 周期就可以了,但仔细分析能发现在下一个 1/4 周期会重复上一个周期已经扫过的地方,不能计入有效面积。如图 2-17 所示,粗实线表示脚印,脚印四个顶点计以 m, n, p, q。细实线表示脚印运动轨迹,内部数字表示脚印的状态,0,1,2,3,4 分别表示初始、第一个 1/4 周期终点,第二个周期钟点,……,在下面的公式中则以脚注区别。

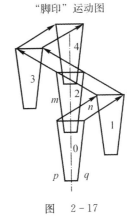

"脚印"运动图

图　2-17

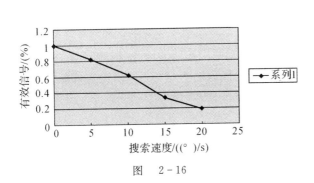

图　2-16

第一个 1/4 周期扫过的面积为 $s_0 = s_{01} + s_{02} + s_{03}$

式中第一项为脚印面积 $s_{01} = (c_1 + c_2)b/2$

第二项为平行四边形 $\overline{m_0 m_1 n_0 n_1}$ 的面积 $s_{02} = c_1 * B$

第三项为平行四边形 $\overline{n_0 n_1 q_0 q_1}$ 的面积,求解要麻烦一些。

$$s_{03} = (\overline{q_0 q_1})^2 \tan\angle n_0 q_0 q_1$$

$$\overline{n_0 q_0} = \sqrt{\left(\frac{c_1 - c_2}{2}\right)^2 + b^2}$$

$$\angle q_1 q_0 l = \arctan \frac{V}{u}$$

$$u = 4L_p / T_s$$

$$\angle m_0 n_0 q_0 = \arctan \frac{2b}{c_1 - c_2}$$

$$\angle m_0 n_0 q_1 = \angle n_0 q_0 l - \angle q_1 q_0 l$$

$$\overline{q_0 q_1} = L_P \tan\angle q_1 q_0 l$$

第二个 1/4 周期脚印扫过的有效面积应该减去重叠的面积,只是增加了第一个平行四边形面积和 1/2 第二个平行四边面积。第三个周期则增加两个平行四边面积,第四个周期与第一个周期增加同样的面积,如此类推有

$$s = \sum s_{01} + s_{02} + s_{03} + s_{02} + \frac{1}{2}s_{03} + s_{02} + s_{03} + s_{02} + \frac{1}{2}s_{03} + \cdots$$

$$= s_{01} + ns_{02} + \frac{3}{4}ns_{03} \qquad (2-4-9)$$

搜索给定面积需要的时间

$$t = nT_s/4$$

$$n = (s_s - s_{01})/(s_{02} + \frac{3}{4}s_{03}) \qquad (2-4-10)$$

事实上只要给定搜索面积,游弋时间可以设计出来。即对飞行速度和高度、传感器的照射角、视场、搜索方式、摄象机摆动角度和速度等参数进行权衡研究予以确定。

有效信号减少(5°/s),则有效信号只有 83%)和识别中的气馁因子、拥挤因子的影响。将搜索时间放长一些是合适的,则可以重新设计传感器的参数和搜索方式。但游弋时间增加,无人机的生存力降低,其质量亦需要增加。

2. 防区外距离与搜索面积的权衡

无人机越过防区外距离到达目标所在战区,有两段不同的任务:巡航与游弋。它们所用升阻比不同,游弋用最大的,巡航用其 0.866,是因为倾斜转弯时要损失升力。倾斜 30° 即 0.866。巡航段的质量系数为

$$\frac{W_3}{W_2} = \exp \frac{-RC}{V(L/D)} \qquad (2-4-11)$$

游弋段的质量系数为

$$\frac{W_4}{W_3} = \exp \frac{-EC}{L/D} \qquad (2-4-12)$$

注意到无人机的防区外距离只是航程的一半,整理得

$$2.31R/V + E + \frac{L/D}{C}\ln w = 0 \qquad (2-4-13)$$

式中,R 为防区外距离;E 为游弋时间;V 为无人机飞行速度;L/D 为最大升阻比;C 为耗油率;w 为质量系数,指无人机返回起飞点的质量与起飞质量之比。

游弋时间取决于搜索面积大小、搜索方式和探测器的有关参数,如波束角、作用距离、照射角等。所谓权衡就是在这些参数间进行选择,对探测效果进行评估;找到用给定的搜索耗费使搜索效果最大或者以最小的搜索耗费获得给定的搜索效果。

这只是在无对抗条件下的结果。事实上无人机在飞越防区外距离和进行搜索目标的时候,均会遇到对抗,例如敌方的高炮和地空导弹。无人机要降低突防的风险,要避开被地空导弹的雷达跟踪。航路规划和减少跟踪雷达的烧蚀距离便纳入了我们研究的范畴。

3. 干扰效率

我们讨论侦打无人机群利用电磁干扰避开敌人地空导弹雷达跟踪的情形。由侦打无人机自身发射电磁干扰,要比发射噪音更有效。此地定义干扰强度与信号之比 J/S 为主动干扰的干扰效率。配备有发射机和接受机的雷达接受从目标返回的信号为

$$S = \frac{k_s \sigma(\theta_{el}, \theta_{az})}{R_T^4} \qquad (2-4-14)$$

式中,k_S 为与雷达参数如波长、天线增益有关的系数;θ_{el} 为雷达波束的高低角;θ_{az} 为雷达波束的方位角;σ 为目标的雷达散射切面;R_T 为雷达作用距离。

无人机的干扰信号可以表示为

$$J = \frac{k_J G_{R,J}}{R_J^2} \qquad (2-4-15)$$

式中,$G_{R,J}$ 为线增益;k_J 为与无人机干扰设备有关的系数,取决于是天线主瓣还是旁瓣对准目标,差别很大。旁瓣对准的增益远小于主瓣。而在许多情况下雷达系用旁瓣扫描目标的,这就使无人机的干扰可以很有效。

如果由 m 架无人机组成的机群飞抵目标,并对其中一部跟踪雷达实施干扰,则有

$$J/S = \frac{\sum_{i=1}^{m} J_i}{S} \qquad (2-4-16)$$

联立式(2-4-14)、式(2-4-15)和式(2-4-16)解得

$$J/S = \frac{R^2 \sum_{i=1}^{m} k_{J,i} G_{R,Ji}}{k_S \sigma(\theta_{el}, \theta_{az})} \geqslant (J/S)_{burn} \qquad (2-4-17)$$

此地认为每架无人机到跟踪雷达的距离相等。显然干扰成功的条件是

$$\sigma(\theta_{el}, \theta_{az}) \leqslant \sigma_{burn}(R) = \frac{\sum_{i=1}^{m} k_{Ji} G_{RJi}}{k_S (J/S)_{burn}} R^2 \qquad (2-4-18)$$

式(2-4-18)右边是无人机成功干扰跟踪雷达的最大雷达散射切面,称为烧蚀雷达散射切面。可以看出它是距离以及担任干扰无人机的数量的函数。无人机相对于跟踪雷达的状态对其雷达散射切面有很大影响,侧面比迎面,追尾方向要大很多。由此可知,无人机做机动能够缩减其雷达散射切面。这就是航路规划的目的。这里先叙述航路规划需要的三种计算。

(1) 对任意方位角和高低角都是最大的散射切面,数学表达式为

$$\sigma_{max} = \max\max\sigma(\theta_{el}, \theta_{az})$$
$$\theta_{az} \in [-\pi, \pi], \theta_{el} \in [-\pi/2, \pi/2] \qquad (2-4-19)$$

(2) 对所有的方位角和某个高低角的最大的散射切面,数学表达式为

$$\sigma_{az}(R) = \max\min\sigma(\theta_{el}, \theta_{az})$$
$$\theta_{az} \in [-\pi, \pi], \theta_{el} \geqslant \theta_{el}^{min}(R) \qquad (2-4-20)$$

(3) 对任意方位角和高低角最小的散射切面,数学表达式为

$$\sigma_{min}(R) = \min\min\sigma(\theta_{el}, \theta_{az})$$
$$\theta_{az} \in [-\pi, \pi], \theta_{el}^{min}(R) \qquad (2-4-21)$$

当 $\sigma_{burn}(R) \geqslant \sigma_{max}$ 时无人机可以沿任何方向飞抵目标,以便实施它的干扰;

当 $\sigma_{burn}(R) \geqslant \theta_{az}$ 时无人机可以选定的高低角,沿任意方位角飞抵目标;

当 $\sigma_{burn}(R) \geqslant \sigma_{min}(R)$ 时无人机只可能在一些方向避免雷达跟踪,而小于这个最小的雷达散射切面时,干扰已经不可能了。

二、航路规划

导弹突防应该以最小的风险,以求得最大的生存率,然后才可能执行侦察的任务。从上一节的分析可知,无人机从空间的某个区域才能避开地空导弹、高炮火力,而不是所有的区域。

以对无人机威胁的程度来分,把空间的区域划分成红色、橙色、黄色和绿色,是以地空导弹的跟踪雷达为圆心,红橙黄绿距离为半径的圆。

(1) 红区
$$[0, R_{red}) \tag{2-4-22}$$
式中红色距离 R_{red} 为 $\sigma_{burn}(R)$ 和 $\sigma_{min}(R)$ 曲线的交点。

(2) 橙区
$$[0, R_{orange}) \tag{2-4-23}$$
式中红色距离 R_{orange} 为 $\sigma_{burn}(R)$ 和 $\sigma_{az}(R)$ 曲线的交点。

(3) 黄区
$$[0, R_{orange}) \tag{2-4-34}$$
式中红色距离 R_{orange} 为 $\sigma_{burn}(R)$ 和 $\sigma_{max}(R)$ 曲线的交点。

(4) 绿区
$$[0, R_{green}) \tag{2-4-35}$$
式中红色距离 R_{green} 为比 R_{max} 大的距离。

以上区域的边界取决于无人机群中执行干扰任务的架数和干扰的类型。很显然航路规划只在橙色和黄色区域内做。

航路规划是根据地形和敌人防区的火力配置构成的信息,如何以最小的风险经过有限点到达目标点。我们先定义一个区域

$$R \subseteq \Re^3 \tag{2-4-36}$$

在这个区域中配置了多部地空导弹雷达。然后计算一条航路

$$\rho : [0, T] \rightarrow R \tag{2-4-37}$$

满足从开始点经过有限点到达终点,无人机不被任何一部雷达跟踪的最大概率。也就是为无人机建立一个生存通道。那么它就可以简化成加权各向异性最短路径问题。

设无人机群中至少有一架被第 j 部雷达,在时间 dt 内被雷达跟踪的概率为

$$\eta_j(x, \dot{x}, z_j)dt \tag{2-4-38}$$

叫做对第 j 部雷达的跟踪密度函数,它是无人机位置和速度的函数,并与雷达的位置有关。函数值在 0 和 1 之间。对于绿区等于 0,红区为 1。
在橙区和黄区函数与高低角、方位角以及无人机与雷达的相对位置、无人机的运动方向有关。
由式(2-4-38)表示的风险模型可以推导出在航路的任意点上没有无人机被雷达跟踪的概率为

$$p_{survive}[\rho] = e^{-\int_0^T l(\rho(t), \dot{\rho}(t))dt} \tag{2-4-39}$$

式中,$l(x, v) = \sum_{J=1}^{n} \eta_j(x, v, z_j)$

因为式(2-4-39)表示为单值递减函数,所以航路可以根据概率最大或花费最小来优化,即

$$J[p] = \int l(\rho(t), \dot{\rho}(t))dt \tag{2-4-40}$$

由此我们可以计算出航路,它或许(不被跟踪的)概率最大,或许花费最小,此时要用耗油和路线长度做限制。

为计算此类问题,创立了一些算法,例如粒子群优化算法;遗传算法;动态规划法;电势理论法;启发式 A^* 搜索法;蚁群算法;细胞自动机法;递归算法等等。

这些方法都是优化方法,也就是在状态空间里,譬如无人机飞向某特定区域搜索和监视打击给定目标。定义一个目标函数,譬如达到给定搜索面积,防区外距离的代价,无人机的生存

力等。设置一些约束条件,譬如无人机的最小转弯半径,失速速度等。每一种方法并不一定适合所有的情况,难以满足实时性、航路可行性和最优性的要求。早期应用最多的是遗传算法(Genetic Algorithm,GA),系于 1962 年 Holland 教授提出的,其基本思路是应用生物遗传学的观点,通过自然选择、变异等作用机制,实现各个个体适应性的提高。这是一种全局优化的方法。遗传算法具有很强的鲁棒性,基本不需要搜索空间的知识和其他信息,而仅仅用适应度函数来评价个体。它的适应度函数无需连续可微的约束。遗传算法的第一步是编码,称染色体基因编码。察打无人机可以用航路顺序编码,从起点经过若干基因点代表的目标点最后回到起点的航程。第二步对航路进行光顺,以得到可执行的航路,即航路上每一点的曲率半径大于导弹的最小转弯半径。有一种光顺是按以下思路进行的(见图 2 - 18)。在初始线段 AB 的中点 D 向 B 点行进,分成相等的线段组成链路。同样 BC 段由其中点 E 向 B 点推进,也用等长的链路组成。得到的链路首尾连接 D,E 两点,组成一个动力学系统,迫使其上的每一点受到两类内力的影响,如图 2 - 18 所示。

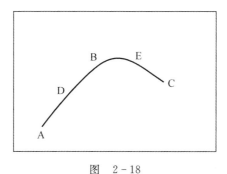

图　2 - 18

设
$$z_i = (X_i, Y_i)^\mathrm{T} \in \mathbf{R}^2$$
代表链路上第 i 个节点的坐标。
$$u_i = (F_x, F_y)^\mathrm{T} \in \mathbf{R}^2$$
代表链路上第 i 个节点的受力。

用曲率和长度限制链路上的内力。

(1) 曲率限制内力。减少节点两相邻线段的夹角,是飞行半径大于最小转弯半径。要求第 $i, i-1, i-2, i$ 共线。

(2) 长度限制内力。约束链路上的线段增长,保证多条链路有相同的长度,即把每一条线段看成是弹簧。

由两个约束得到
$$\left.\begin{aligned}
\overline{F}_\mathrm{S}(z_i) &= r_\mathrm{S}\left(\frac{z_i - z_{i+2}}{\|z_i - z_{i+2}\|} + \frac{z_i - z_{-2i}}{\|z_i - z_{i-2}\|}\right) \\
\overline{F}_\mathrm{l}(z_i) &= r_\mathrm{l}\left(\frac{z_{i+1} - z_i}{\|z_{i+1} - z_i\|} + \frac{z_{-1i} - z_i}{\|z_{i-1} - z_i\|}\right)
\end{aligned}\right\} \tag{2-4-41}$$
式中,r_S 和 r_l 为非负的控制因子,用来控制两种力的大小。
$$u_i = \boldsymbol{F}_\mathrm{S}(z_i) + \boldsymbol{F}_\mathrm{l}(z_i)$$
定义
$$\boldsymbol{X} = (Z_1, Z_2, \cdots, Z_n)^\mathrm{T} \tag{2-4-42}$$

$$\boldsymbol{U} = (U_1, U_2, \cdots, U_n)^{\mathrm{T}} \qquad\qquad (2-4-43)$$

则有动力系统

$$\boldsymbol{X} = \boldsymbol{U} \qquad\qquad (2-4-44)$$

便可利用差分方程求解了。

蚁群算法则是利用生物信息激素作为蚂蚁后续行为的依据。计算察打无人机航路时,用低于某一探测性指标而且可行的航路作为任务航路。按长短航路和最小可探测航路加权计算代价函数作为描述航路的性能指标。有

$$\min w = \int^l \left[K w_t + (1-K) w_f \right] \mathrm{d}s \qquad\qquad (2-4-45)$$

式中,l 为航路的长度;w_t 为航路威胁代价;w_f 为航路油耗代价;w 为广义代价函数;K 为系数表示航路规划人员对航路做的倾向性选择。

由方程计算航路边的权重。此时要规定代价权重与性能的关系。例如对探测雷达威胁代价可认为与无人机离雷达的距离成比例,按雷达方程表示为 $1/d^4$。

接着按蚂蚁转换规则从当前节点转移到下一点,是以边线间两节点的代价和储存的生物信息激素强度决定的,并用概率来表示

$$P_K(r,s) = \begin{cases} \dfrac{\tau(r,s)^a \eta(r,s)^\beta}{\sum \tau(r,s)^a \eta(r,s)^\beta} & , \quad s \in J_K(r) \\ 0 & , \qquad\quad 其他 \end{cases} \qquad (2-4-46)$$

式中,σ, β 为控制函数,控制生物信息激素强度和可见性的相对重要性;η 表示一节点相对另节点的可见性;τ 表示边上的生物信息激素强度;$J_K(r)$ 表示第 K 只蚂蚁由当前点到达所有可行点的集合。

蚂蚁从转移的概率随生物信息激素强度的增大而增大,随通路的代价增大而减少。所有蚂蚁转移完了以后要对节点上的生物信息激素强度进行修改,修改规则是

$$\tau(r,s) \leftarrow (1-\rho)\tau(r,s) + \left[\Delta\tau(r,s) + \mathrm{e}^{\Delta\tau}(r,s) \right] \qquad (2-4-47)$$

式中,$\Delta\tau(r,s) = \sum\limits_{K=1}^m \Delta\tau^K(r,s)$ 当经过候选边时,不是则为 0;ρ 是蒸发系数,为小于 1 的正数,它把边上贮存的生物信息激素蒸发掉以减弱原有信息。

三、探测目标的设备

目标侦察包括搜索、定位以及目标的探测、识别和确认。它基本由两个部分组成:目标的获得(搜索与定位),是一个动态的过程;目标的识别(探测、识别和确认)是一个静态的过程。目标探测与识别的过程即是信息特征的提起过程。目标的信息特征有两大类:图像特征和波谱特征。探测装置是利用这两种特征来获取和识别目标。

(1)图像特征表示目标的形状、颜色、尺寸。人认识世界靠五官,但80%靠视力获得。可见光探测器识别目标要依靠目标的图像特征。其实在整个电磁波谱内都可以成像,但人眼部能感知,要靠装置来完成。

(2)波谱特征。任何一个物体,它们都在向外发射和反射电磁波,都有其特定的发射谱和反射谱。利用谱的提起和分析可以识别目标,雷达就利用电磁波来测距。

对于探测装置,其根本要求是高时效和准确性。这取决于所采取的技术,如微光、红外、激

光、雷达等以及获得目标信息的设计原理和应用范围;还取决于对目标信息的处理能力。目标获取和识别的核心是通过目标信息的获取、处理、显示、传输以实现目标的探测、识别和确认。而且不同的技术针对不同的对象,目前尚没有一个万能的探测器能够适应所有的波谱和对象。

1. 微光夜视技术及微光夜视器件

微光夜视技术是指在微弱夜天光条件下,光-电子图像信息转换、增强、处理、显示的物理过程及其实现方法的一门技术。在自然界中景物辐射的电子波谱可以覆盖 15 个量级,即波长在 $10^{-12} \sim 10^3$ m 间的高能辐射、X 射线、紫外线、可见光、红外线到无线电电磁波。辐射能量强度有十几个量级,要求处理的时间为飞秒(10^{-15} s)。但人眼只能在有限光谱($0.38 \sim 0.76$ μm),有限照度($10 \sim 10^3$ lx)和有限时间($0.1 \sim 0.2$ s)范围内响应。

微光夜视器件应该具有以下功能:

(1)微光图像增强功能。微光管是夜视天光在目标景物上产生的微弱照度($10^{-4} \sim 10^{-1}$)增强 $10^4 \sim 10^5$ 倍。

(2)微光装换成像功能。通过光阴极像增强器将人眼看不见的电磁辐射装换成人眼可见的图像。

(3)光电高速摄影功能。能够实现瞬态高速摄影($10^{-15} \sim 10^{-9}$ s)。

(4)光电遥感、遥测和遥控的功能。

通常称一代为静电耦合倒像管,二代、超二代、三代为近贴管。微光夜视仪市面上有多种型号。

微光电技术及其器件经历了好几代的演进,见表 2-4-1。

表 2-4-1　几代微光器件特点和性能

代	器件特点	灵敏度/(μA/lm)	分辨力 lp/mm
零代	银氧铯光阴极红外变像管		
一代	三级级联耦合像增强器	$180 \sim 250$	$26 \sim 32$
二代	微通道板(MCP)像增强器	$220 \sim 350$	$32 \sim 45$
三代	负电子亲和势微通道板像增强器	$800 \sim 1\ 000$	$36 \sim 69$
超二代	高灵敏度多碱光阴极微通道板像增强器	$500 \sim 700$	$36 \sim 60$
四代	可以扩展到近、中、远红外的微光器件	$\geqslant 3\ 000$	$\geqslant 90$

在实际应用时,人们关心仪器的探测距离。已经有一些用光量子噪声起伏理论和线性滤波理论计算从目标、背景、大气、微光成像系统,直至人眼视觉链中亮度、对比度、信噪比、分辨角的关系,再以人眼相应的阈值特性作为目标能否被探测的标准,建立微光成像系统探测理论模型和探测方程。

$$R = h/(n\alpha_{\text{the}}) \atop \alpha_{\text{the}} = \alpha_{\text{ths}}/m_\text{s} \right\} \tag{2-4-48}$$

式中,R 为使用微光成像系统时,目标能够被探测、识别和确认的距离,m;h 为目标尺寸,m;n 为目标被探测、识别和确认的线对数,按 Johnson 准则,为 $1:4:8m_\text{s}$;为总放大率;α_{the} 为在阈值探测情况下,人眼能够分辨的目标背景对微光成像系统第一光敏面的张角。

在实际成像系统中,探测方程中人眼总的阈值分辨角为

$$\alpha_{ths} = (\alpha_{thp}^2 + \alpha_{thl}^2)^{1/2} \tag{2-4-49}$$

式中,目标背景图像对人眼所成的张角,或人眼分辨角这

$$\alpha_{thp} = \left[\frac{8\psi_{th}^2}{\pi P_i \eta_e t_e \varepsilon \tau_i \tau_e L_m C_{th}^2 D_e^2}\right]^{1/2} \tag{2-4-50}$$

系由光量子噪声起伏理论导出。而由线性滤波理论导出的人眼阈值分辨角为

$$\alpha_{thl} = m_s/(N_e f_0) \tag{2-4-51}$$

人眼总的阈值分辨角则为两种理论导出的均方根值,如式(2-4-49)所示。

方程中各参数的意义如下:

ψ_{th} 为人眼阈值信噪比;C_{th} 为与观察图像亮度相对应的人眼阈值对比度;D_e 为人眼瞳孔直径,m;τ_i 为目镜透过率;τ_e 为人眼透过率;ε 为目标的长宽比;η_e 为人眼的积分量子效率,随光谱变化,白光为 $1\% \sim 3\%$,入射光波长 $0.507~\mu m$ 为 8%;L_m 为目标面元的亮度,cd/m^2;f_e 为目镜焦距,m;m_s 为光学系统的放大率;N_e 为微光夜视系统和人眼极限分辨率,lp/mm;P_i 为目标背景图像发出的每秒,每流明光通量所含光子数,$pt/lm.s$。

2. 红外探测技术和红外探测器

红外线是一种电子辐射,它与可见光有相似特性,红外线是按直线前进,服从反射和折射定律。红外线也有干涉、衍射和偏振现象。同时它也具有粒子性,即可以用光量子的形式发射和吸收。红外线与可见光的不同特性有:

(1)红外线对人眼不敏感,必须用红外探测器才能接受。

(2)红外线的光量子能量比可见光小,$10~\mu m$ 波长的红外光子的能量大约是可见光的 $1/20$。

(3)红外线的热效应比可见光强得多。

(4)红外线更易被物质吸收,但对薄雾来说长波红外更易通过。通常把红外线辐射分成四个波段,见表 2-4-2。

表 2-4-2 红外波段

名称	波长范围/μm	简称	通过大气的波长范围/μm
近红外	$0.75\sim3$	NIR	$1\sim2.5$
中红外	$3\sim6$	MIR	$3\sim5$
远红外	$6\sim15$	FIR	$8\sim15$
极远红外	$15\sim1\,000$	XIR	

红外线在大气中的传输要受到气体分子、悬浮微粒、气溶胶的吸收。其衰减规律为

$$I = I_0 e^{-(\alpha+\gamma)L} = I_0 e^{-\beta L}$$
$$\beta = \alpha + \gamma \tag{2-4-52}$$

式中,I_0 为辐射功率,下标 0 表示初始点,距离初始点 L 处的辐射功率即为式(2-4-52)所示;α 为吸收系数;β 称为大气消光系数;γ 为散射系数。

1) 计算水蒸气对红外辐射的吸收比或透射比 τ_2，即是计算该路程长度内水蒸气的含量。办法是将路程上的水蒸气等效成相同切面水层的厚度，定义为"可凝水量"。每千米路程的大气可凝水量在树枝上等于结对湿度。代入经验公式即可求出透射比。

2) 计算二氧化碳对红外辐射的透过率 τ_3，计算出大气厘米数后查表。

3) 计算大气散射对红外的透过比，有一个经验公式

$$\tau_1 = \exp\frac{3.91L\,(0.55/\lambda)^q}{V_L} \qquad (2-4-53)$$

$$q = 0.585V_L^{1/3}$$

式中，V_L 为气象能见度。

红外线在大气中传输总的透过率为

$$\tau = \tau_1\tau_2\tau_3 \qquad (2-4-54)$$

目标辐射由两部分组成：自身辐射和由背景辐射的反射。目标和背景辐射的计算方法是一样的，关键是叠加。这里列出几种目标的辐射特性。

1) 坦克的热辐射。中型坦克发动机散热窗辐射表面的平均温度为 400 K，有效辐射面积近 1 m²，全发射率为 0.9，总热辐射通量为 1 300 W。

2) 人体热辐射。对于波长大于 4 μm 的热辐射，人体皮肤的发射率为 0.99。裸露人体的有效辐射面积等于人体侧面面积，成人为 0.6 m²，皮面温度 32℃，平均辐射强度 93.5 W/sr。

3) 太阳的辐射。与 5 800 K 的黑体类似。峰值波长 0.5 μm，98% 的辐射能量在 0.15～3 μm 波段。

4) 地面辐射。白天由两部分组成：反射和散射的太阳辐射，地球本身的热辐射。地球辐射的峰值在 10 μm 处，可视为温度为 280 K 的灰体。两部分叠加后有 0.5 μm 和 10 μm 两个峰值波长，最小值在 3.5 μm。夜间呈现于地球温度相同的灰体。

5) 天空的热辐射。3 μm 以下的热辐射为散射太阳辐射，以上是大气辐射。

红外探测器是利用红外线的热效应和光量子效应制成的，可以分成下列几类：

1) 热探测器。它是利用红外辐射的热效应引起材料的温度变化，进而产生某种可度量物理量的变化，得到与红外辐射相对应的信号。利用物质体积的热胀冷缩效应的水银温度计，石英共振频率对温度的敏感非致冷红外探测器阵列等。这种探测器不需要致冷、可靠性好、光谱效应与波长无关、工艺简单，是它的优点。但其缺点也很明显，如灵敏度不高，响应速度慢。开发出来而广泛应用的有测辐射热计和热释电探测器。

2) 光电探测器。红外辐射在半导体材料中激发非平衡载流子（电子和空穴）引起电学性能变化，将红外信号变成电信号。这就是光电探测器依据的原理，它的灵敏度高，响应速度快。但它的响应速度与波长有关，最长的波长称为截止波长 λ_c，所以是选择性探测器。为抑制载流子的热效应，探测器需要致冷。此类探测器有：光电导型、光伏型、肖特基势垒型、量子阱型。

3) 碲镉汞探测器。碲镉汞材料有三大优势：第一，改变碲汞和镉汞材料的配比可以精确调节材料的能隙，使探测器的光谱响应与大气窗口匹配。第二，碲镉汞是本征激发，具有较高的吸收系数和量子效率，因而探测器有高的探测率。第三，在同样的波段，碲镉汞探测器工作在 77 K 可达到背景限，可工作的温度宽。

4) 非致冷红外焦平面探测器。采用非致冷焦平面阵列（UFPA）的热像仪大幅度提高了系统的可靠性。现在制成的有热释电 UFPA 和微测辐射热计。

红外探测器的性能指标:

(1)响应率 R,均方根信号电压与均方根入射红外辐射功率之比。

(2)噪声等级功率 NEP,只有当探测器输出噪声小于目标热辐射信号时,目标才能被探测到。定义信噪比 1 的入射辐射功率为

$$NEP = \frac{P}{V_s/V_n} = \frac{V_n}{R} \qquad (2-4-55)$$

(3)探测率 D^*。由于探测器愈小,热灵敏度愈高,不符合人们的正常思维,故 1959 年建议用它的倒数并归一化光敏面积和带宽来定义探测率,单位为 $Hz^{1/2}/W$,亦称 Jones。

$$D^* = \frac{\sqrt{A_d} \times \sqrt{\Delta f}}{NEP} \qquad (2-4-56)$$

式中,A_d 为光敏面面积;Δf 为噪声等效带宽。

(4)光谱响应。探测器响应率随波长的变化称光谱响应,表示探测器工作的波段。

(5)频率响应与响应时间。探测器的响应率与入射辐射的调制频率有关,即

$$R(f) = \frac{R(f=0)}{[1+(2\pi ft)^2]^{1/2}} = \frac{R(f=0)}{[1+(f/f_c)^2]^{1/2}} \qquad (2-4-57)$$

式中,f_c 为高频拐角频率;$f=f_c$ 时响应率下降 3 dB;$t=1/(2\pi f_c)$ 为探测响应时间。

(6)窜音。某一光敏面因临近光敏面受光照输出的信号,包括光窜音和电窜音,以百分比表示。

$$CT = \frac{\sqrt{S_i^2 - N_i^2}}{\sqrt{S_j^2 - N_j^2}} \qquad (2-4-58)$$

分母是辐照元的输出信号和噪音,分子则是测试元的。

(7)调制传递函数(MTF)。反映探测器对目标几何尺寸的分辨能力。对一宽度为 w 的矩形探测器,响应率接近常数,在宽度以外为零,故

$$MTF = \frac{\sin(\pi kw)}{\pi kw} \qquad (2-4-59)$$

(8)噪声等效温差 $NEDT$。信噪比为 1 时,背景与目标的温度差。

单独的探测器没法在军事上应用,要根据不同目标组合成系统,称为红外系统。它一般包括光学系统、调制器或光学机械扫描器、红外探测器、信号处理系统、信号和图像输出的显示或记录装置。按功能分,有红外平仪、平台用热像仪、便携式热像仪、热成像制导系统、测辐射计、搜索与跟踪系统。

3. 热像仪

热像仪有三种扫描光机扫描、电子束扫描和固体电子学子扫描。它们的基本参数如下所述。

(1)光学系统的通光孔径 D_0 和焦距 f'。

(2)瞬时视场 w;光学系统和扫描器不动时,系统所能观察到的空间范围。如探测器为 $a \times b$ 的矩形,则 $\alpha = a/f''$ $\beta = b/f$ 单位为 mrad。并有 $'\omega = \alpha \cdot \beta$ 单位为 sr。

(3)总视场角 Ω。系统观察景物的空间范围,若 A 和 B 为相互垂直平面角,单位为 rad,则 $\Omega = AB$,单位为 sr。

(4)帧时 T_f 和帧速 F。系统产生一帧完整热图像的时间称为帧时,在一秒钟内产生的完

整热图像的帧数称为帧速。

(5) 扫描效率 η_{SC}。扫描一次景物时间与实际扫描一次景物的时间之比。

(6) 驻留时间 τ。瞬时视场扫过探测器所经历的时间要求它必须大于探测器的响应时间。

热成像系统的作用距离

$$S = [I\tau_a]^{1/2}[(\pi/2)D_0(NA)\tau_0]^{1/2}[D^8]^{1/2}[(\bar{\omega}\Delta f)^{1/2}(V_S/V_n)]^{1/2} \qquad (2-4-60)$$

式中,第一项表示目标辐射和大气透射特性。第二项表示光学系统性能,$NA = D_0/(2f)$ 表示数值孔径。第三项为探测器特性。第四项表示系统和信号处理特性。如果背景噪声超过探测器噪声,则

$$S^2 \leqslant I/(2\omega L_B) \qquad (2-4-61)$$

4. 红外制导系统

红外制导系统指能够自动搜索、跟踪并引导导弹命中目标的系统。它又可分为点源制导和成像制导两种。按照制导系统的发展来分,有采用图形扫描的红外亚成像系统和热成像系统。

(1) 图形扫描系统系用两个相对系统光轴有偏离的光学元件,以不同的转速或相反的方向绕光轴转动,可在物方形成"往复式螺旋线"或"多瓣玫瑰线"的图形扫描。它们要通过以下一些步骤识别目标。

1) 噪声和背景抑制,提取目标方位信息;

2) 信号波形的脉宽识别;

3) 双色识别以剔除假目标;

4) 用"空间相关,异步积累"的方式对目标进行分类排序,排在第一的就是真目标。

(2) 热成像制导系统,它利用目标的热像,由高速微处理机对景物图像做实时处理,模拟人对物体的识别。这种系统与非成像系统相比有突出的优点,如可以识别真假目标,并选择命中点;灵敏度和空间分辨力高,动态范围大,作用距离远;被动工作;发射后不管。

不能为每一个武器系统设计一个热像仪,所以出现了热像仪组件的概念。就是按照通用化、组件化、系列化的原则设计通用组件和专用组件。前者包括扫描器、探测器、致冷器、处理电子学和直接显示器等。后者包括红外望远镜、扫描转换器、高压气瓶及致冷转接器及电源。我国有 CNTICM-Ⅰ和 CNTICM=Ⅱ两种组件。

1) 激光技术和激光器。激光技术是 20 世纪的重大发明,自从 1960 年世界第一台激光器问世以来取得了突飞猛进的发展。所谓激光是"受激辐射的光放大",它具有亮度高、单色性(时间相干性)好、方向性(空间相干性)强的特点。在军事上利用激光器使部队战斗力提高了一个等级。下面叙述已经生产或经过外场演示不得激光器。

2) 激光测距器。脉冲能量 $10 \sim 100$ mJ;波长:0.69 μm,1.06 μm,1.54 μm,1.57 μm,10.6 μm;最大测距:22 km;测距精度:± 5 m,± 1 m。

3) 激光目标指示器。脉冲能量 100 mJ;波长:1.06 μm;最大测距:>10 km;测角精度:<200 mrad。

4) 激光雷达。最大作用距离:$3 \sim 5$ km;测距精度:<0.25 m;多卜勒测速精度:<5 Cm/s;测角精度:<50 mrad

5) 天基激光通讯。数据率:>1 Gb;功率:>1 W;波长:0.532 μm,0.532 μm,1.06 μm,

$10.6\ \mu\mathrm{m}$。

6)激光武器。连续输出功率:$>1\ \mathrm{MW}$;脉冲输出能量:$>1\ \mathrm{kJ}$;波长:$3\mu\ \mathrm{m}$($\mathrm{HF/DF}$),$1.2\ \mu\mathrm{m}$(OI),$10.6\ \mu\mathrm{m}$($\mathrm{CO_2}$)。

对激光测距器,其作用距离方程为

$$P_r = \frac{4KP_S T_{A1}\eta_t}{\pi\theta^2 r_1^2}\ \Gamma\ \frac{T_{A2}}{\pi r_2^2}\cdot\frac{\pi D^2\eta_\gamma}{4} \tag{2-4-62}$$

式中,P_r 为接受到的信号功率,W;P_S 为激光源的发射功率,W;T_{A1} 为激光源到达目标的大气透过率;T_{A2} 为目标到达接收机的透过率;η_t 为发射光学系统的光学效率;η_r 为接收机的光学效率;K 为激光光束的轮廓参数;θ 为光束束宽,rad;r_1 为发射机到目标的距离,m;r_2 为目标到接收机的距离,m;Γ 为目标的激光截面,m^2;D 为接收机接收系统的有效孔径,m。

距离方程(2-4-62)是普遍适用方程,如果是单站系统,对于大小目标该方程可进一步简化。当目标张角小于激光光束角时,即为小目标;当目标张角大于激光束发散角时,即为大目标。目标距离方程为

$$\left.\begin{array}{l} P_r = \dfrac{KP_S T_A^2\rho A_t D^2\eta_t\eta_r}{\pi\theta^2 r^4},\text{对小目标}\\[3mm] P_r = \dfrac{P_S T_A^2\rho D^2\eta_t\eta_r}{4r^2},\text{对大目标} \end{array}\right\} \tag{2-4-63}$$

当激光光束强度服从高斯分布,轮廓参数为

$$\left.\begin{array}{l} K = 2\exp(-\dfrac{2r^2\psi^2}{\omega^2(r)})\\[3mm] \omega(r) = \omega_0\sqrt{1+(\dfrac{\lambda r}{\pi\omega_0^2})^2} \end{array}\right\} \tag{2-4-64}$$

式中,$\omega(r)$ 为高斯光束在 r 处的束斑,ω_0 为高斯光束束腰。

激光在大气中传播会有衰减,由大气透过率表示:

$$T_A = \exp\{-[\gamma(r_1+r_2)+2\alpha<CL>]\} \tag{2-4-65}$$

式中,γ 为大气消光系数,即

$$\gamma = k_m + \gamma_m + k_a + \gamma_a + \gamma_{\mathrm{H_2O}} \tag{2-4-66}$$

式中,依次为分子吸收和散射系数,气溶胶粒子吸收和散射系数,水蒸气吸收和散射系数。

$<CL>$ 为战地烟尘等遮挡物的平均浓度-长度积,α 为其消光系数。

激光测距器的随机测距误差取各种统计误差的均方根值,见表2-4-3。

表 2-4-3 激光测距器

误差名称	均方根表达式
计数器起始时间误差	$\sigma_1 = \dfrac{c}{4\sqrt{3}f_c}$
计数器停止计时误差	$\sigma_2 = \dfrac{c}{4\sqrt{3}f_c}$
激光畸变和波动误差	$\sigma_3 = \dfrac{c\tau}{4\sqrt{3}}$

续　表

误差名称	均方根表达式
脉冲发生器频率波动误差	$\sigma_4 = \dfrac{1}{3}r\dfrac{\Delta f_c}{f_c}$
信号时延误差	$\sigma_5 = \dfrac{\sqrt{2}\,c\tau}{2\sqrt{SNR}}$

表内 c 为光速，f_c 为时钟频率；r 为作用距离；τ 为脉宽；SNR 系统信噪比；$\dfrac{\Delta f_c}{f_c}$ 为时钟频率的不稳定度。

激光雷达是无线电技术在光波段的延伸，具有波束窄，方向性好，抗干扰能力强，角分辨力高等特点，特别适于做近程制导精确制导。激光雷达种类繁多。按功能区分有

目标跟踪激光雷达；精密制导激光雷达；运动目标探测激光雷达；机器人三维视角；气象激光雷达环境检测，战场化学毒剂探测雷达；距离分辨成像激光雷达；多光谱检测成像激光雷达等。激光雷达利用数据测量获得目标的速度、方位和特征等信息以识别目标。

1）激光测速。对目标的距离进行连续测量，由距离对时间的变化率计算出目标的速度。这种方法的精度不高。利用外差多普勒频移效应，即目标的频移

$$f_d = \frac{2v_T}{\lambda} \qquad (2-4-67)$$

式中，λ 为激光波长；v_T 为目标径向速度。

2）角度测量。利用多元探测器，例如四象限探测器得到目标被激光照射后产生的回波光能量不同，从而得出角度位置。

3）目标特征识别。为了识别目标，可以对目标进行连续测量其距离、速度和回波强度，以确定它的三维图像。有了三维图像便可以找出目标的特征从而判断是否是需要的目标。把这种特征称为"目标像"，与我们通常所说的"像"不一样。用来成像的方法有：角分辨距离成像，速度角分辨扫描成像，距离多普勒成像。还有无扫描的激光成像雷达，可以获得较高的距离分辨率，因为系统的距离分辨率为

$$\Delta R = \frac{c}{4\pi f_m \sqrt{SNR}} \qquad (2-4-68)$$

式中，c 为光速；f_m 为光调制频率。

另有一种多普勒成像激光雷达系统，以 $1\sim 5\ \mu m$ 范围内波长连续可调的激光照射目标实现对伪装目标的识别。其作用距离可达 $20\ km$。还有利用目标特有的机械振动频率对激光照射产生的频率漂移

$$\Delta f = f_v \frac{4\pi A}{\lambda} \qquad (2-4-69)$$

式中，f_v 为目标的振动频率；A 为最大振幅。

经过计算并与数据库里的目标机械振动频率进行比较以识别目标。

用于武器的激光雷达见表 2-4-4。

表 2-4-4　激光雷达

激光雷达系统	发射机光源	调制波形	探测器	探测方式	成像类型
成像 CO_2 激光雷达	波导 CO_2 激光器	AM,FM,CW,脉冲	HgCdTe	相干	AAR,AAD,RD RRDI
成像固体激光雷达	二极管泵浦 Nd:YAG 1 μm	脉冲	SiAPD	非相干	AAR,ADI
成像二极管激光雷达	GaAs 激光二极管 0.7~0.9 μm,1.3~1.58 μm	AM 正弦波,FAM 线性调频	SiAPD InCaAs	非相干	AAR

　　AAR:角-角-距离成像,扫描工作;AAD 角-角-多普勒成像,扫描工作;ADI 角-多普勒成像,扫描工作;RD 距离-多普勒成像,RRDI 距离分辨多普勒成像;I-R 强度-距离测量;DIAL 差分吸收光雷达 DISC 差分散射光雷达。

　　以上介绍的激光器,利用激光照射目标,通过对目标回波的探测,获取目标回波的强度、频率、相位、偏振态、吸收光谱、反射光谱等信息,从而判别目标的距离、方位、种类、属性、速度、轨迹及外形。探测就是从混杂的噪声中提取有用的信号。激光发射器包括激光器、激光波形调制器、扩束望远镜。激光接收系统包括接收望远镜、视场光阑、准直镜、窄带滤光片、探测器及放大器和信号处理线路。激光探测系统所接收到的信号非常微弱,一般在 10^{-7}~10^{-8} W。它还要受到各种噪声的干扰,用系统的最小可探测功率,即等效噪声功率(NEP)表征系统的探测能力。系统的等效噪声功率就是信噪比为 1 的信号功率。系统的噪声有:背景干扰噪声、探测器的固有噪声(散粒噪声、热噪声、产生-复合噪声、温度噪声、电流噪声)、放大器噪声。

　　激光信号探测有两种方式:直接方式和外差方式。
直接探测系统的信噪比

$$SNR = \frac{M^2 P_r^2}{[P_d + M^2 F_M(P_b + P_r)](hv/\eta_q)B_n} \tag{2-4-70}$$

外差探测器系统的信噪比

$$SNR = \frac{P_r}{(hv/\eta_q)B_n} \tag{2-4-71}$$

求系统的等效噪声功率,只要令方程左边为 1 即可。
式中,P_r 为激光回波功率,W;M 为探测器雪崩增益;h 为普朗克常数;P_d 为探测器和前放引入的等效噪声功率;τ_P 为激光脉宽;P_b 为背景噪声等效功率;η_q 为探测器的量子效率;F_m 为探测器的过剩噪声。对雪崩管(APD),$F_m = M^{0.3}$;$B_n = \pi/2 \times 0.2/\tau_P$ 为噪声带宽,Hz。

　　为了识别目标,必须建立识别模式通过大规模运算。已经建立了很多种算法。还常常用多传感器进行目标探测,并对数据进行融合。最有效的是激光雷达和红外前视的融合系统。目标自动识别算法有以下几类:①经典的统计模式识别方法;②基于知识的自动目标识别方法;③基于模型的自动目标识别方法;④基于多传感器信息融合的目标自动识别方法;⑤基于人工神经网络和专家系统的目标自动识别方法。

四、对地攻击

　　导弹一旦探测到目标,经过识别和确认,它就要在地面指挥系统指挥下对目标采取行动:干扰、压制以及摧毁。这些都属于对地攻击的范畴。在电子战术语中,干扰是电子进攻的一种方式,是当电子支援探明有威胁目标存在的时候所做出的反应。

1. 干扰

传统的空对地作战是以 5 个梯队来完成的,即侦察、佯攻、干扰、压制、突击。现代把干扰、压制归于电子战。电子战的定义:冲突双方为了探测和电子攻击敌方部队和武器控制系统,包括高精度武器以及保护己方电子系统和其他目标免于被技术侦察、人为干扰和自然干扰而采取的措施和行动。干扰的方法有:①人为干扰,有源干扰、无源干扰和假目标;②减少雷达和热源的可探测性;③改变电磁波的传播环境。

一般把干扰的种类归纳为以下几种:

(1)通信干扰。以干扰机信号功率与被干扰设备接收机接收到的信号功率之比,即干信比(J/S)表示,它是干扰距离和通信距离的平方之比的函数。

(2)雷达干扰,也是以干信比来衡量,不过其数值应为雷达到目标距离的四次方除以干扰距离的平方。

(3)防区外干扰(Stand – off Jamming)指在敌探测雷达作用距离之外,利用功率更强大的干扰机发射干扰信号保护已经突防的飞机。但它也只能保护未被雷达锁定的目标,直到雷达的烧蚀距离前。而且干扰时从旁瓣进入的,比较不容易。

(4)自卫干扰(Self – protection Jamming)指干扰机装在目标机上的干扰,其优点是主瓣进入,但雷达转入干扰跟踪模式就相当危险。

(5)遮盖性干扰(Cover Jamming)用于降低接收机的信号质量,也就是一种噪声干扰。它包括阻塞式干扰(Barrage Jamming)让干扰信号覆盖所有通信电台和雷达的频段;瞄准式干扰(Spot Jamming)用于知道敌人设备的工作频率,就可以将干扰信号调窄对准那个频率周围;扫频式干扰(Swept Spot Jamming)干扰频段比敌人的频段窄得多,来回扫描并让敌人获得一些目标的信号,破坏敌人对目标的跟踪。

(6)欺骗性干扰。任何武器系统必须有一部雷达跟踪目标,以获得距离和角度的信息。欺骗式干扰(Deceptive Jamming)让这些信息偏离,有距离波门拖曳(RGPO)、返回距离波门拖曳(Inbound Range Gate Pull – off,RGPI)、覆盖脉冲(Cover Pulse)、逆增益(Inverse Pulse)、自动增益控制(AGC Jamming)、组合(Formation Jamming)、闪烁(Blinking)、交叉极化(Cross – eye)、地形反射(Terrain Boundce)等 10 种。

2. 雷达的有源干扰

当雷达接收机收到的干扰信号功率与有用信号功率之比(干信功率比)等于或大于遮蔽系数,干扰就会使雷达信号损失。设以干扰机对敌方雷达实施干扰,以掩护察打无人机编队突防。

决定遮蔽区及其边界的干扰条件为

$$K \geqslant K_j$$

式中,右端 K_j 为遮蔽系数。

对单站雷达干扰的干扰方程为

$$K = \left(\frac{P_j}{P_s}\right) = \frac{P_j G_j}{P_s G_s} \frac{\Delta f_{rec}}{\Delta f_j} \gamma_j F_j^2(\varphi_j, \theta_j) F_s^2(\varphi_s, \theta_s) \frac{4\pi}{\sigma_{BF}} \frac{D_s^4}{D_{II}^2} \frac{\Gamma_{JS,radar}^2}{\Gamma_{radar,BF}^4} \times 10^{-0.1aLj}$$

$$(2 - 4 - 72)$$

式中，P 为干扰机功率；G 为天线增益；Δf 为有效频谱宽度；γ 为极化差异系数；σ 为无人机编队雷达散射切面；$F(\varphi,\theta)$ 为天线归一化方向性图；D,φ,θ 为极坐标；下标 s 为受扰雷达，j 为干扰机。

依据式（2-4-72）可以绘出干扰信号功率比 K 与到干扰源距离的曲线，$K=K_j$ 则决定了干扰区的边界。很显然当 $K=K_j$ 时得到最小干扰距离。

3. 雷达的无源干扰

无源干扰是在被干扰接收机输入段产生大量类似目标散射的电磁波信号，而被散射的电磁波是由被干扰接收机发射的。

箔条干扰机是这类型的干扰。由于箔条云中箔条偶极子之间的距离是波长的几十倍到几百倍，它不会改变环境的电特性。所以，无源干扰的作用相当于噪声干扰的遮蔽背景遮蔽了被保护的目标。箔条由表面覆盖导电层的纸、玻璃纤维或卡普纶制成，也可以使用金属箔。它被包装在箱子里，从无人机发射后打开。一个箔条箱子里通常有数十万至数百万条。箔条箱的雷达散射切面等于每一个箔条偶极子散射切面之和

$$\sigma_j = \sum_{i=1}^{N} \sigma_i = N\sigma_1$$

事实上箔条云的散射切面小于箔条偶极子散射切面之和，故前面要乘一个系数 η。

$$\sigma_j = \eta \sum_{i=1}^{N} \sigma_i = \eta N \sigma_1 \tag{2-4-73}$$

（1）空间任意位置半波长箔条偶极子的雷达散射切面为

$$\left.\begin{array}{l} \sigma_1 = S_1 G_1 \\ S_1 = P_2/p \end{array}\right\} \tag{2-4-74}$$

式中，P_2 为偶极子的反射功率；p 为功率密度；G_1 为偶极子方向性系数。

假设入射波长为 λ，箔条长度为半波长，则求出偶极子的散射切面为

$$\sigma_1 = 0.8\lambda^2 \cos^4\theta \tag{2-4-75}$$

箔条云的雷达散射切面为

$$\sigma_j = 0.17\lambda^2 \eta N \tag{2-4-76}$$

箔条偶极子长度超过半波长时，其雷达散射切面会减少，但如果是半波长的整数倍又会增加。

（2）赫兹偶极子的雷达散射切面。箔条长度远小于波长称赫兹偶极子，其最大值为

$$\sigma_l = 0.57\pi^3 \frac{l^6}{\lambda^4} \tag{2-4-77}$$

实际上不是所有的箔条信号都进入被干扰雷达分辨单元的，因为箔条在空间自由移动，这种移动大部分是随机的。所以需要计算箔条在空间的运动规律，以期了解进入雷达分辨单元的信号。

先计算出偶极子漂移的概率，然后求出箔条云的雷达散射切面密度。于是根据给定时间段内发射箔条包的数目，便可以求出箔条云的雷达散射切面积

$$\sigma_v = \frac{n_j \sigma_j}{V_{JS}\tau_j} \tag{2-4-78}$$

式中，V_{JS} 为箔条云漂移的速度；n_j 为发射的箔条包数目。

到底要在多大的时间间隔内,发射多少箔条包才能确保干扰成功,则由下面的干扰方程决定

$$\frac{n_{j}\sigma_{j}}{V_{JS}\tau_{j}}l_{\tau} \geqslant K_{j}\sigma_{\delta j} \qquad (2-4-79)$$

式中,K_{j} 为干扰系数;$\sigma_{\delta j}$ 为被保护的无人机编队的雷达散射切面。

4. 干扰设备

干扰设备包括弹药、投放器等。此类设备对于作战飞机有很多型号,如资料中列举了 188 种。而对察打无人机却无现成的装置。但可以在无人机上配置箔条包、红外干扰弹。或者设计干扰无人机,编入无人机编队之中。

早期的箔条包例如英国空军使用的见表 2-4-5。

表 2-4-5　英国早期箔条

型号	目标频率/MHz	箔条尺寸/cm	每包箔条数量/条	箔条包质量/g
A	400~500	30×1.5	2 000	765
C	400~500	20×0.4	800	170
E	400~500	26×0.5	2 000	74
F	400~500	25×0.55	500	227
F_3	400~500	25×0.3	500	128
N	350~600	25×0.55	800	269
N_3	350~600	25×0.3	600	162
MB	70~200	180×5	600	822
MC_2	85~100/140~200	160×3.5	60	510
MD_2	65~100/140~200	157×2/210×2	60	397
MM	65~200	110×3.5/150×3.5/190×3.5	45	624

早期投放器型号见表 2-4-6。

表 2-4-6　箔条投放器型号

型号	尺寸/m	载包数量/个	载物质量/kg
MKⅠ	4.5×0.4×9.46	552	318
MKⅡ	2.5×0.8×0.5	1 200	636
MKⅢ		160	157
MKⅠA	4.5×0.4×9.46	850	455
MKⅢA		160	157

现代箔条型号及参数见表 2-4-7。

表 2 - 4 - 7　现代箔条型号

MK 5	1 型	2 型
使用频率	波段 1 - 2 10～10 000 MHz DDS 控制	波段 3 - 4 - 5 (3) 800～900 MHz (4) 1 750～1 870 MHz (5) 1 900～1 950 MHz
输出功率	250 W	30 W(总)
电源 12 V - 20 V DC 28 A 13.2 V	24 V DC	AC
信号类型 PRBS 噪音模式 FM/AM	模式:阻塞	
天线-各种类型有效	2 波段	
遥控使用	通过使用者按开关	
致冷	系统内热交换	
硬铝盒		
使用温度	－10/＋550C	
湿度	To 90% RH	
尺寸	348 mm W×117 mm H×259 mm D	
质量	TBA	
电源	内部	
Mk 4	1 型	2 型
使用频率	20～500 MHz	20～1 000 MHz
输出功率(W PEP)	100 W	100 W
电源 12～20 V DC(option for 24 V DC)	15 A	15 A
信号	FM	FM
单站天线	1.65 m	1.65 m
仅遥控使用		
致冷,双风扇		
硬铝盒		
使用温度	－200～＋550℃	－200～＋550℃
湿度	To 90% RH	To 90% RH
尺寸	265 mm×225 mm×135 mm	265 mm × 225 mm × 135 mm
质量	2.1 kg	2.3 kg
电源质量	1 kg	1 kg

5. 压制

压制的全称为"压制敌人的防空力量"(SEAD)。干扰只能影响敌方雷达正常工作,叫做软杀伤。而硬杀伤指投掷反辐射导弹,或定向能武器破坏敌人防空雷达的发射机,也就是压制。

定向能武器,依其被发射能量的载体不同,可以分为激光武器、粒子束武器、微波武器。无论能量载体性质有什么不同,作为武器系统其共同的特点是:首先,束能传播速度可接近光束,这种武器系统,一旦发射即可命中,无需等待时间;其次,能量集中而且高,如高能激光束的输出功率可达到几百至几千千瓦,击中目标后使其破坏、烧毁或熔化;另外,由于发射的是激光束或粒子束,它们被聚集得非常细,来得又很突然,所以对方难以发现射束来自何处,对方来不及进行机动、回避或对抗。因此它用于压制时非常合适。下面叙述几种这类武器。

(1)战术激光武器(TLW)。战术激光武器主要由高能激光器,精密瞄准跟踪系统和光速控制发射系统等组成。

1)高能激光器产生杀伤破坏作用。

2)瞄准跟踪系统用于目标探测、捕获和跟踪。激光武器对瞄准跟踪系统的要求则更高。由于激光武器是用激光束直接击中目标造成破坏的,所以激光束不仅应直接命中目标,而且还要在目标上停留一段时间,以便积累足够的能量,使目标破坏。为了使激光束精确命中目标和稳定地跟踪目标,跟踪精度要求高于 1 mrad。激光武器所要求的这种跟瞄精度是当前微波雷达无法达到的。必须发展红外跟踪、电视跟踪和激光雷达等光学精密跟踪。

3)光束控制发射系统,亦称发射望远镜。由激光器发出的光束经光束控制发射系统而射向目标。发射望远镜的主要部件是一块大型反射镜,它起着将光束聚集到目标上的作用。反射镜的直径越大,射出的光束发散角越小,即聚焦得越好。但反射镜的直径愈大,不仅加工工艺复杂,而且造价高昂。

(2)粒子束武器。粒子束武器是用高能强流加速器将粒子源产生的电子、质子和离子加速到接近光速,并用磁场把它聚集成密集的束流,直接或去掉电荷后射向目标,靠束流的动能或其他效应使目标失效。除了粒子加速器外,粒子束武器还包括能源、目标识别与跟踪、粒子束瞄准定位和指挥与控制等系统。其中粒子加速器是粒子束武器系统的核心,用于产生高能粒子束。

(3)微波武器。微波武器是一种采用强微波发射机、高增益天线以及其他配套设备,使发射出来的强大的微波束会聚在窄波束内,以强大的能量杀伤、破坏目标的定向能武器。其辐射的微波波束能量,要比雷达大几个数量级。

定向能武器正处在研制和发展阶段,但在无人机上有广阔前景。

利用定向能武器遂行防区外攻击能够足够早地捕获目标以便发起攻击,或者对开阔战场发射灵巧武器而又保证载机不被击落都是很困难的。这并不等于说,不再使用飞机对地攻击了。相反,需要用对地攻击来增强火力,如在突围和反攻的时候。与此相应的投掷子弹药的技术出现了。子弹药配备有传感器和数据处理系统,用来搜索、分配和攻击目标。美国陆军、英国陆军和一些国家装备的多管发射火箭系统就属于这种技术,其射程有 32 km。许多国家已经清醒看到,在开阔战场应尽可能地在敌人防区外发射对地攻击武器。选择防区外攻击的程度,应该在自主制导和成本两方面做出分析。成本随距离增加而增加。所以,防区外武器是分步开发的,无动力滑翔弹药,火箭发动机推动的近程导弹和小型涡轮喷气发动机的长射程巡航导弹。还有一种布撒器,里面装有许多子弹药,开仓后能在一个比较大的区域内攻击。防区外攻击需要一个优秀的地面系统在发射前捕获目标,获取接近实时的目标信息,解算设计方程为武器提供火力指示。

第5节 防区外导弹与防空武器对抗

一、兰切斯特战斗方程

兰切斯特方程描述战斗消耗,来源于人口增长模型,即人口的增长仅仅与人口的规模有关。将其应于战争来描述双方的作战消耗。有两种规律:线性律和平方律。古代战争短兵相接,手持矛、剑、斧杀伤对方,并用盾牌、盔甲以及脚步防御。在某一个时刻,一个士兵只能杀伤另一方的一个士兵。因此士兵的损失率仅与对方的战斗力有关。设有红蓝两军对垒,红军的战斗力为 R,蓝军的战斗力为 B,则有

$$
\left.\begin{aligned}
\frac{\mathrm{d}B}{\mathrm{d}t} &= -\alpha R \\
\frac{\mathrm{d}R}{\mathrm{d}t} &= -\beta B
\end{aligned}\right\}
\tag{2-5-1}
$$

双方实力相当的条件为

$$
\alpha R^2 = \beta B^2
\tag{2-5-2}
$$

表示任何一方的实力与其兵力的平方成正比,这就是平方律。近代近距离集中火力杀伤时也符合这个定律。但在远距离作战时,一方的损失律既和对方的兵力成正比也和己方的兵力成正比,即

$$
\left.\begin{aligned}
\frac{\mathrm{d}B}{\mathrm{d}t} &= -\alpha RB \\
\frac{\mathrm{d}R}{\mathrm{d}t} &= -\beta BR
\end{aligned}\right\}
\tag{2-5-3}
$$

双方实力相当的条件为

$$
\alpha R = \beta B
\tag{2-5-4}
$$

表示任何一方的实力与其兵力成线性关系,故称线性律。

式(2-5-1)为一阶微分方程,将两式合并并消除时间变量 t 得

$$
\beta B \, \mathrm{d}B = \alpha R \, \mathrm{d}R
\tag{2-6-5}
$$

积分得

$$
\beta(B^2 - B_0^2) = \alpha(R^2 - R_0^2)
\tag{2-6-6}
$$

当蓝军被消灭,红军取得胜利时,有

$$
\left.\begin{aligned}
B_{\mathrm{f}} &= 0 \\
R_{\mathrm{f}} &= \sqrt{R_0^2 - \frac{\beta}{\alpha}B_0^2}
\end{aligned}\right\}
\tag{2-6-7}
$$

当红军被消灭,蓝军取得胜利时,有

$$R_f = 0$$
$$B_f = \sqrt{B_0^2 - \frac{\alpha}{\beta}R_0^2}$$

$$(2-5-8)$$

只要知道红蓝两军的作战效率 α 和 β，就可以求解了。

二、作战效率

作战效率或称作战能力指数，是一个复杂的问题，牵涉很多方面。如何来评价武器的作战能力？比较公认的是指数法。有专家给出如下杀伤力指数公式

$$I = 0.0007VBMV\sqrt{0.01K}\,EA \qquad (2-5-9)$$

式中，V 为发射速度；B 为每次射击的目标数；MV 为运动速度；K 为口径；E 为精确度；A 为可靠性。

在应用时发现上述公式不够完善，于是利用幂指数来回归各种武器的作战能力指数。

$$I = C_1 X^\alpha Y^\beta Z^\gamma \qquad (2-5-10)$$

式中，X,Y,Z 为影响武器作战能力指数的元素；α,β,γ 为幂指数；C_1 为调整系数。

然而要得出每种武器的作战能力指数，需要做数字仿真。其步骤如下：

(1) 构造作战基本想定，选择作战典型武器集。

(2) 建立基准方案，模拟交战结果。

(3) 变化基准方案，模拟交战结果。

(4) 建立指数方程。求解线性方程组编可得出武器的作战能力指数。

(5) 利用 π 定律，即量纲分析方法得到不同武器的能力指数。

我们这里要做的仅仅是察打无人机与地面防空武器的对抗，可以从有关资料中找到这两类武器的作战能力指标。

三、防区外导弹对地攻击能力指数

防区外导弹对地攻击能力指数由两部分组成：航程指数和武器效能指数。

$$D = [\ln(当量航程) + \ln(当量载弹量)]\varepsilon_4 \qquad (2-5-11)$$

而当量航程为

$$当量航程 = RP_eR_mP_n \qquad (2-5-12)$$

式中，R_m 为远程武器系数；P_n 为导航能力系数；R 为防区外距离。

突防系数 P_e 的计算公式为

$$P_e = [0.25 \times \varepsilon_2 + 0.15 \times 装甲系数 + 0.01(n_{y\max}/9) +$$
$$0.25(100/H_突) + 0.25(V_突/12\,000)] \qquad (2-5-13)$$

式中，装甲系数对有装甲的取 $0.5 \sim 1.0$，对没有装甲的取 0.2。

生存力系数为

$$\varepsilon_2 = \left(\frac{10}{翼展} \cdot \frac{15}{全长} \cdot \frac{5}{RCS}\right)^{0.062\,5} \qquad (2-5-14)$$

远程武器系数

$$R_m = (武器射程/3)K_武\sqrt{n} + 1 \qquad (2-5-15)$$

式中，系数 3 是指自由落体炸弹的平均射程，常数 1 是为不加运程武器时武器系数不为零。武

器品种修正系数 $K_{武}$ 的取值标准为：普通炸弹 0；滑翔炸弹 0.5；半主动制导炸弹，如电视、激光炸弹为 0.5；全主动发射后不管导弹为 1。如挂不同武器取 R_m 最大者。n 为该类武器的数量。

导航能力系数 P_n 的取值标准为：机上有无线电罗盘的取 0.5，增加塔康取 0.60，再增加多普勒取 0.7 全球定位系统加 0.1～0.2，加惯性导航加 0.1～0.15，最多不超过 1。

$$当量载弹量 = W_B P_a \tag{2-5-16}$$

式中，W_B 为飞机载弹量；而系数

$$P_a = 0.2 \times 挂架数量/15 + 0.4 \times 武器精度系数 + 0.4 \times 发现目标能力系数 \tag{2-5-17}$$

武器精度系数的取值准则为：导弹 1，激光或电视制导 0.9，无线电指令 0.7，普通炸弹 0.5。

发现目标能力系数的取值准则为：目视 0.6，有微光测距加 0.1，有前视红外或微光电视加 0.1～0.15，只有对地雷达的 0.8～0.9，总的不大于 1。

至此飞机对地攻击的作战能力指数可以求解了。而将其用到察打无人机对地攻击上，还需依无人机的功能做些修改。最后得到表示的能力指数公式。

四、地面防空武器作战能力指数

地面防空系统有高炮和地对空导弹两类，下面分述之。

1. 高炮系统作战能力指数

高炮作战能力指数矩阵由发现概率、射击能力和毁伤能力构成。发现概率已于本章第 3 节介绍。

（1）高炮系统的射击能力。高炮射击能力分为三个层次 10 个指标。第二层的三项能力为：空域覆盖能力、快速反应能力和持续作战能力。

1）空域覆盖能力 3 个指标为：有效斜距、有效射高、最大射角。

2）快速反应能力 5 个指标为：系统反应时间、快速跟踪能力、弹丸飞行时间、点射长度、点射间隙时间。

3）持续作战能力 2 个指标为：携弹量、再装填时间。

用高炮射击能力指数来度量高炮射击能力，有

$$\left.\begin{aligned} P_{fa} &= K_S P_S \\ K_S &= \sqrt{K_\Omega K_r} \end{aligned}\right\} \tag{2-5-18}$$

式中，K_S 为考虑空域覆盖能力和持续作战能力的修改因子；K_Ω 为空域覆盖能力因子；K_r 为持续作战能力因子。

K_Ω 空域覆盖能力因子计算公式

$$K_\Omega = \begin{cases} \Omega/\Omega_{max}, & \Omega < \Omega_{max} \\ 1, & \Omega \geqslant \Omega_{max} \end{cases} \tag{2-5-19}$$

而

$$\Omega \approx \left[\frac{1}{3}\pi D_m^2 H_m - \frac{1}{12}\pi H^3 \tan(90 - \varphi_{max})\right]^{1/3}$$

$$\Omega_{max} \approx \left(\frac{1}{3}\pi D_{max}^2 H_{max}\right)^{1/3} \tag{2-5-20}$$

式中，Ω 高炮系统掩护空域；Ω_{max} 任务要求的掩护空域；D_m 高炮系统的有效射击斜距；H_m 高炮系统的有效射高；φ_{max} 高炮系统的最大射角；D_{max} 任务要求的有效射击斜距；H_{max} 任务要求

的有效射高。

K_r 持续作战能力因子定义为高炮系统原有携弹量加上 l_r 次再装填的总弹量可射击的时间。其计算公式为

$$K_r = \begin{cases} \dfrac{T - l_r T_{rl}}{T}, & [(l_r+1)T_{ft} + l_r T_{rl} - T > 0] \\ \dfrac{(l_r+1)T_{ft}}{T}, & [(l_r+1)T_{ft} + l_r T_{rl} - T \leqslant 0] \end{cases} \qquad (2-5-21)$$

式中，T 为战斗持续时间，其下注脚 rl 表示再装填时间，ft 表示一次携弹可维持的战斗时间；l_r 为再装填次数。

一次携弹可维持的战斗时间

$$T_{rl} = \frac{T t_{cf}}{t_{cfm}} \qquad (2-5-22)$$

而

$$t_{cf} = \frac{n_r}{mph} \qquad (2-5-23)$$

式中，n_r 为一次携弹量；m 为构成高炮系统的火炮门数；p 为每炮管数；h 为单管秒射速。

在战斗持续时间内，可进行弹药再装填次数

$$l_r = \inf\left(\frac{T}{T_{ft} + T_{rl}}\right) \qquad (2-5-24)$$

式（2-6-18）中还有一个服务概率 P_S 需要用排队论进行计算，这里只给出结果。在排队论里高炮对目标射击，称之为服务。只讨论有效服务的问题。因此，高炮系统对目标提供服务的定义的：如果高炮系统实施的一次或多次点射的全部射弹在火力范围内（$M_m M_0$）与目标遭遇，即提供了有效服务，称该高炮系统对目标提供了服务。

设进入高炮系统防御空域的目标数为 N，其中 $M(M \leqslant N)$ 个目标受到高炮的服务，即有效射击，则高炮系统的平均服务概率为

$$\left. \begin{array}{l} P_S(N) = \dfrac{M}{N}, N \text{ 足够大 } P_S \text{ 将趋于一个稳定值} \\[2mm] \lim\limits_{N \to \infty} P_S(N) = \lim\limits_{N \to \infty} \dfrac{M}{N} = P_S \end{array} \right\} \qquad (2-5-25)$$

服务概率的取值服从以 λ_a 为参数的的负指数分布，其范围

$$e^{-\lambda_a t S} \leqslant P_S \leqslant 1 \qquad (2-5-26)$$

（2）高炮系统的毁伤能力。该能力表示高炮系统对空中目标的射击效率，其指标有：命中概率、平均命中弹数、毁歼概率、毁歼目标平均数。

1）高炮系统的命中概率。弹丸与目标遭遇即为命中，但可能命中也可能不命中。所以，是一个随机事件。如对弹道为圆散布，命中以目标质心，R 为半径的圆内的概率为

$$P(r < R) = 1 - e^{-R^2/2\sigma^2} \qquad (2-5-27)$$

式中，σ 为弹丸的均方差。如果去矩形区域，或中心不与质心重合，公式将不一样。

2）平均命中弹数。发射 n 发炮弹，命中目标数显然与命中概率有关，也与发射数目有关。如果每发炮弹的命中概率均相同，平均命中数为

$$E[x] = nP \qquad (2-5-28)$$

3) 毁歼概率。高炮对空中目标的毁歼因程度不同分为几个等级：

KK级，严重损坏，目标空中解体；

K级，30 s内失控坠毁；

A级 5 min内失控坠毁或迫降；

B级 30 min内失控，不能返回基地或迫落；

C级被迫终止本次飞行任务，称任务夭折毁伤。

影响命中概率的因数有目标定位误差、瞄准误差、弹丸散布误差、气象、目标尺寸与形状等。而毁歼目标还与目标的易损性有关。所以也是一个随机事件。毁歼概率可表示命中概率 P_h 与在命中条件下击毁目标的概率 $P_{K/h}$ 的乘积，

$$P_K = P_h P_{K/h} \qquad (2-5-29)$$

4) 毁歼目标平均数。设目标流由 m 个目标构成，射击的结果可能是0个，1个直至 m 个，所以毁歼目标平均数是离散随机变量。

设 y_i 为第 i 个目标被歼与否的指示量，0表示未被歼，1表示被歼。又令 Y 为 y_i 之和，即

$$Y = \sum_{i=1}^{m} y_i \qquad (2-5-30)$$

可得毁歼目标平均数为

$$E[Y] = E\left[\sum_{i=1}^{m} y\right]_i = \sum_{i=1}^{m} P_{Ki} \qquad (2-5-31)$$

第3章 防区外导弹目标体系设计

设计是一门独立的学科。导弹设计更是一门独立的学科。它不同于着重分析的专业,诸如空气动力学、结构力学、热力学、材料学、机械学、电磁学、自动控制论等。导弹设计师无疑要熟悉上述的学科,也必须熟悉。但他不一定要花很多时间去做那些分析工作。设计师的专职是做称之为"设计"的事。什么是设计?对于刚开始设计的人来说,设计似乎就是画图,以为设计师要把大把的岁月打发在图板和计算机终端上,那就错了。设计追求完美,但不拘一格,满足要求的设计有多种构思和方案。设计师应该思考,系统思考。每一位设计师都要有自己的设计思想。现代管理大师彼得·吉圣在其《第五项修炼》中,论述未来的企业必须经过五项修炼:自我超越、改善心智模式、共同理想、团队学习和系统思考,特别把系统思考放在更重要的位置来叙述。经过这五项修炼造就一种称之为"学习型组织",在其中人人重新、从心学习,知识共享,为企业创新打下坚实基础。

设计是什么?设计的含义是在做一件事情之前的计划和打算,是设计者对对象做了周密的调查,有了深刻的认识而去表现它,改造它以达到一定的目的的过程。设计有工程设计和非工程设计之分。非工程设计,例如社会设计、创意设计、广告设计、形象设计、语言设计等等。它们都有各自的特点和规律,也就有各自的设计思想、设计方法和设计程序。导弹设计是工程设计,经过几十年的努力已经形成符合我国特点的设计规范和设计方法。本章打算叙述四个方面的内容:战术导弹的一般要求;防区外导弹的目标体系;阐述防区外导弹的特点分析及其设计思想;对防区外导弹进行功能分析。

第1节 战术导弹设计的一般要求

战术导弹作为火力单元部署,必须满足许多军事要求。这些要求是由效能(在特定环境中杀伤特定目标的能力)、生存力、物理相容性、勤务、环境适应性以及可购买性等因数构成,其中效能是本质的,其他一些因数都附属于它。上述因数对设计的影响很复杂,它们对设计往往产生限制。因此,我们必须先讨论有哪些军事需求,和军事需求对效能的影响。

我们知道,与导弹设计密切相关的诸因数中,下列这些是至关重要的:①效能度量;②生存力和目标特性;③发射平台;④部署与勤务;⑤自然环境与战斗诱发环境;⑥成本;⑦电子对抗。

一、导弹的效能度量

效能度量表示武器系统在规定条件下,达到规定目标的程度的度量。而效能则是指当要其击毁目标时,它便能做到的能力。也就是达到某个目标或某些目标的能力的等级或大小。

可以用不同的准则作为这种能力的度量,例如摧毁目标数。系统效能是指系统在给定时间内和规定的使用条件下能够成功地满足作战需要的概率。现代武器系统效能由能力、可用度(Availability)和可信度(Dependability)决定。近来美国空军还增加了可支援度(Supportability),这是技术效能。效能应该与系统的特性联系起来,如射程、速度、精度、威力等。还有所谓使用效能,表示航空武器系统数量、满足作战要求的程度、费用、要求战备水平、完成任务概率、完成任务代价、研制使用代价等。评价武器系统的作战效能的效能度量,即效能指标是与系统的有效性、可靠性、诸如毁伤目标,命中概率等能力有关。还与为达到毁伤目标所消耗的人力、物力\财力有关,最后归结为费效比。

武器系统效能还有一些定义,美国海军认为系统的效能由三个主要特征(性能、可用性、适用性)组成,它是在规定的环境条件下和确定的时间幅度范围内,系统预期能够完成其指定的任务的程度的度量。美国陆军认为由作战可使用性,探测能力和单发毁歼概率组成。美国工业界武器效能咨询委员会的定义则是,系统效能是预期一个系统能满足一组特定任务要求程度的度量,是系统的有效性、可信赖性和能力函数。

因此,效能是可用度、可信赖度和能力组成的,是与系统的可靠性有关的能力,而不仅仅只是一种能力。

武器系统的效能表达式为

$$E^T = A^T D C$$

式中,E 为系统的效能向量;A 为系统的有效性向量;D 为系统的可信赖矩阵;C 为系统的能力矩阵。

武器系统的有效性是指在其开始执行任务时的可能状态,是武器系统装备、人员、操作程序的函数。对于战术导弹,只有两种状态:系统在开始执行任务时处于可工作的状态,其概率记为 a_1,或系统在开始执行任务时处于可修理的状态,其概率记为 a_2。于是,有效性向量为一行向量

$$A^T = [a_1, a_2]$$

引入系统平均无故障时间 $MTBF$ 和平均修复时间 $MTTR$ 则有

$$a_1 = \frac{MTBF}{MTBF + MTTR}, a_2 = \frac{MTTR}{MTBF + MTTR}$$

武器系统的有效性是在特定状态下,系统完成任务的概率。它表示在执行任务过程中,系统的特性。导弹在发射时,它只可能处于可工作状态和故障状态。故可信赖矩阵只有四个元素

$$D = \begin{bmatrix} d_{11}, d_{12} \\ d_{21}, d_{22} \end{bmatrix}$$

式中,d_{11} 表示系统在开始执行任务时处于可工作状态,完成任务时处于可工作状态的概率;d_{12} 表示系统在开始执行任务时处于可工作状态,完成任务时处于故障状态的概率;d_{21} 表示系统在开始执行任务时处于故障状态,完成任务时处于可工作状态的概率;d_{22} 表示系统在开始执行任务时处于故障状态,完成任务时处于故障状态的概率。

如果系统的故障率为 λ,并服从指数分布有

$$D = \begin{bmatrix} e^{-\lambda T}, 1 - e^{-\lambda T} \\ 0, 1 \end{bmatrix}$$

能力矩阵

$$C = \begin{bmatrix} C_1 & & & 0 \\ & C_2 & & \\ & & \ddots & \\ 0 & & & C_n \end{bmatrix}$$

但是,单发导弹对单个目标的对抗,可以用杀伤概率来表示,即

$$P_{SSK} = P_a P_r P_{SSK/r}$$

式中,P_a 导弹系统的有效度;P_r 导弹的可靠度;$P_{SSK/r}$ 单发可靠导弹杀伤单个目标的概率。

导弹的可靠度则表示导弹从发射到击中目标整个过程中,各个子系统可靠度的乘积。一枚可靠导弹的杀伤概率可以用导弹的均方根脱靶量来表示。而允许的脱靶量与射程、飞行高度、目标特性、战斗部的毁伤概率有关。这是很显然的,因为对于目标的毁伤,是战斗部威力和命中精度的函数。一般军方采购武器装备,应该是采购毁伤装备(战斗部和引信)和对典型目标的命中精度。导弹设计师的主要任务,一个是把导弹的命中精度转化成导弹的机动性和性能,另一个任务则是有效毁伤目标。这两项任务的成果,就构成了导弹系统的效能度量。

二、导弹的生存力

导弹生存力是指导弹到达目标之前,不被敌方发现、探测甚至击落的能力。生存力与载机的特性,导弹发射时的环境,导弹飞行轨迹以及导弹本身的特性有关。导弹本身也是目标。所以可以把生存力和目标特性一道叙述。

所谓目标特性可以归结为:① 易损性;② 运动特性如速度、机动性等;③ 辐射特性如红外、可见光、电磁等;④ 目标类型。

易损性是指目标被战斗部碎片、喷流、冲击波穿透时,目标被毁伤的难易程度。它取决于目标的形状、尺寸、结构强度、防护能力。当然也取决于战斗部性能以及战斗部与目标的交汇条件。

目标的辐射特性,主要是红外辐射和电磁散射。红外辐射与目标的表面温度、视在面积和辐射率有关。红外辐射的波长在 $0.75 \sim 1\,000\ \mu m$ 之间。通常把它分成近红外、中红外和远红外三个波段。物体单位面积红外辐射的功率为 $W = \varepsilon\sigma T^4 (W/cm^2)$。$\varepsilon$ 为比辐射率,对黑体等于 1,一般在 $0 \sim 1$ 之间。σ 为玻耳兹曼常数。大气中对红外辐射是有吸收作用的,吸收小的称为窗口。目前有三个窗口:$1.1 \sim 27\ \mu m$,$3 \sim 6\ \mu m$,$8 \sim 14\ \mu m$。

目标的电磁辐射是以雷达的散射切面表示的。其含义是"在给定方向上返回或散射功率的度量"。雷达散射切面与下列因数有关:①目标的结构;②频率;③入射场的极化形式;④目标和电磁波入射方向的夹角。

导弹在向目标飞去的时候,要经过不同的地形地貌,会受到敌人防空系统的干扰和阻击。因此要采取各种方式来提高生存力。隐身保证导弹低可探测性,使敌人不易发现,以减少敌防空雷达的探测距离,也就是减少了防空武器的反应时间。隐身已经算不上一项新技术,采取涂吸波材料、外形设计、阻抗匹配以减少导弹的后向散射从而能不同程度地达到隐身之目的。这时对雷达而言,还需要红外隐身,也就是减少导弹上的热源的红外辐射。导弹还可以利用机动来规避防空导弹的袭击,航路规划就是一种很有效的方法。航路规划的定义是,以各种机动避开敌人的火力点和不利地形地物飞向目标,保证导弹最大的生存概率。这就要求设计师考虑机动所需要的过载,在射程上应有规划的余地。

三、防区外导弹的发射平台

发射平台是飞机。设计时应该考虑载机的性能以及载机与导弹之间的相容性。防区外导弹的载机一般为攻击机、歼击轰炸机、轰炸机等,也可以装配歼击机。美国的 F/A18,F16,JAS,A6,A7,A10,B52,B1-B,B2;俄罗斯的 SU27,SU30,中国的 JH7,H6 等都可以装配防区外导弹。在设计导弹时应该考虑载机在空间、能源、机械力学和电磁环境等方面对导弹的影响。尤其要考虑载机火力控制系统是否相容,设计探测、捕获、跟踪、指挥、杀伤等功能的匹配性。计算武器系统精度,并对载机火控系统提出要求。例如,防区外导弹所采用的控制策略对火控系统的要求是不同的。如系"发射后不管"(Fire & Forget),则必须保证导弹末制导开始工作时,导弹的位置在捕获目标的精度之内。而"人在回路中"(Man In The Loop)就要有数据链,以保证导弹和载机的联络,由武器操纵手将导弹引导到能准确击中目标。通常是要有图像与指令等数据的传输线路。近代正在发展"非直接瞄准发射系统"(Non Sight Of Line Launch System,NOSL-LS),则需要一个网络,导弹要具有从网络中获取信息的能力。

机弹相容性有一系列的标准,设计师的工作乃是通过计算分析和实验保证导弹和载机都符合这些标准。如关于外挂物的 GJB1、关于飞机/悬挂物电气连接系统要求的 GJB1188A、关于环境的 GJB150《军用设备环境试验方法》等。这本标准归纳了军用设备必须经受的环境考验,在设计时需要考虑环境的影响,有自然的和战斗环境诱发的。一般通过试验验证,现代导弹研制,已经把环境试验提前了,从设计定型阶段提前到工程设计阶段。AIAA 出版了一本武器系统试验与验证的书,书名为《试验与评价》(TEST AND EVALUATION)共十二章。第八章指明了环境试验比可靠性试验更靠前,如下:

概念设计	论证与确认	全面研制	生产与服役

环境试验

可靠性试验

使用评价

为了确保环境试验成功,在概念设计阶段就应该计及环境应力。导弹环境应力可分为两类:确定的和统计意义的。前者主要有:机动加速度、弹射冲击、点火冲击、推力加速度、着陆冲击、潮湿和盐雾。而外挂振动、爬升温度变化、降雨和传递冲击则只是统计意义上的。GJB150《军用设备环境试验方法》规定了 19 种试验,依其先后顺序为:低气压(高度)、高温、低温、温度冲击、温度-高度、太阳辐射、淋雨、湿热、霉菌、盐雾、矽尘、爆炸性大气、浸渍、加速度、振动、噪声、冲击、温度-湿度-高度、飞机炮振。并不是每一种导弹都要考虑以上环境应力,需要根据战技指标进行剪裁。

机弹相容性另一个重要方面是电磁兼容性。发射平台与导弹都有众多电磁设备,其辐射能量会产生干扰。电磁兼容(EMC)是指系统或设备本身及其相邻的,在规定的电磁环境(EME)所允许的设计容差之内的使用能力。电磁环境影响试验与评价的目的就在于确认武器在规定的电磁环境中使用不产生降低等级和失效的情况。电磁环境影响(E^3)包括不相容的电磁干扰(EMI),电磁破坏(EMV),电磁脉冲(EMP),静电放电(ESD),电磁辐射对弹药\人员、燃料的危害(HERO,HERP,HERF),静电沉积(P-Static)等等。只有通过试验和分析证明它们都没有影响到系统的正常工作,才能称为电磁兼容。E^3 的要求以及试验和分析通常都规定在导弹的研制任务书上,应该包括在导弹子系统(黑盒子级)、孤立导弹以及导弹作为发射平台的一个分系统的等级上进行。系统的电磁兼容性要求可按 GJB1389 执行,其中规定了在设计上达到系统兼容必须包括的方面:系统的关键类别、性能降低准则、干扰和敏感的控制以及上文提到的电磁环境影响的诸方面内容。

现代军用飞机和导弹已由模拟式进步为数字式,软件的可靠性将比硬件更受到重视。机弹相容性也表现为软件的相容性,也就是载机开发的软件和导弹开发的软件相容。软件规格书应该表明软件具有可测试性、完整性、明确性(不存在语义上的二义性)、一致性和弹性(工作环境发生变化时,定义的功能说明能相应地扩充或压缩)。

四、部署

部署规定导弹如何运输和布置,即一种装备投入外场、移交、移交完成、编入机群的活动,是对武器系统及其保障设备进行规划、协调和实施的过程。勤务则规定了导弹在战场上如何使用。部署与勤务是设计师在设计导弹武器系统时必须考虑的因数之一。它影响到运输车辆和人员的数量,设备的类型等等。因此导弹设计师要解决质量、尺寸限制、设计载荷和着力点这一类信息的标志问题。防区外导弹能否由地勤人员挂到飞机上,试验、数据加载是否方便。这些问题都需要认真考虑。导弹在飞机上值勤可能要很长时间,悬挂的可靠性就成为突出的设计问题。勤务要求增加了对导弹的物理要求,如发射时的喷流(防区外导弹一般是离机后点火,点火时机就要仔细选择)、噪音、安全都要符合规范。对使用维护提出了要求。部署阶段在武器系统已经定型,但部署与勤务设计思想应在概念设计阶段形成。这是综合后勤保障(ILS)所考虑的问题。按照综合后勤保障定义,它需要完成诸如定义保障、保障设计、采办保障、提供保障等工作。显然它是有次序的,统一的并反复进行的管理和技术工作。

提出综合后勤保障的初衷是使新武器系统的研制者重视武器的战备完好性。战备完好性是用户最为关心的,他们会提出战备完好性目标,标识勤务和保障资源并使研制方将可靠性和维修性纳入设计,鼓励他们提出增加武器可靠性和保障性的办法。

五、环境

环境因数可分为自然环境因数和战斗诱发环境因数。自然环境如温度、压力、湿度、密度、风、雨、砂尘等。导弹系暴露在上述环境之中,规范规定了导弹能正常工作的数值。美国有 MIL - STD - 810,中国有 GJB150。防区外导弹投放高度从 500 m 到 9 000 m,飞行高度可以自海平面到 1 500 m 自然环境因数变化很大。海平面的密度为 0.125,而 8 000 m 为 0.053 仅 1/5。压力降低了 65%,如果海平面温度为 15°,则 8 000 m 的为 -37°。还有四季和地区的变化。例如冬天海平面的密度可能会提高 15%,风速和风向随高度变化,称之为风切变系地区和季节的函数。

战争诱发环境指发射导弹诱发的环境和战场诱发的环境。前者有导弹发动机喷流产生的压力、温度和噪音。后者为污染及辐射所产生的烟和电磁干扰,它影响到弹载传感器的使用。如果发生核战争,导弹在核环境下工作,就必须考虑冲击波、电磁辐射、粒子辐射、高温以及次生场的影响,如冲击波产生的碎片和大气电磁等。

六、成本

成本因数以全寿命周期费用(LCC)来表示。它表示政府为采办、拥有和处理该系统所花费的总费用,包括研制、采购、后勤、维护和退役的费用。费用是一项与技术保障性要求及进度同等重要的参数。研制武器都要建立费用的目标值和门限值,以设计较低的 LCC,并且使得在费用、进度、性能、可靠性和保障性之间取得平衡。有一种设计思想叫做定费用设计(DTC),需在研制任务中规定费用设计的目标值和门限值。初始的费用低并不能保证全寿命周期费用低,相反它的大头在使用和保障阶段。在设计的早期是降低 LCC 的最佳时机。从图 3-1 和图 3-2 可以看出 60% 的费用是在使用与保障阶段发生的,而 70% 的费用已在设计的早期锁定,此时发生的费用却不足 5%。从费用的角度,在系统工程的各个阶段,其技术活动是不一样的,例如在方案阶段,主要对被选方案估算 LCC,而在后面的几个阶段主要是进行定费用设计,以保证费用不超出所能承受的范围。期间当然要对 LCC 做出评价,分析是否合理并在性能上平衡,发出工程修改的建议。这里隐含了一个往往被武器设计者所忽略的性能,即可买得起性(Affordability)。作为设计师应该了解 LCC 的组成,各个阶段的变化,分系统的价格/性能比,材料和成件的价格,人员工时等等。

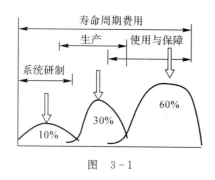

图　3-1

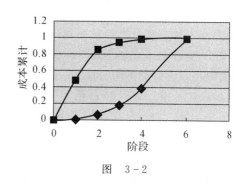

图　3-2

七、电子对抗

电子对抗是因为新武器和战场愈来愈依赖电子系统,所以它的地位不断提升。早在 1904 年的日俄战争期间,电子战就出现了。有记载表明:1904 年 4 月 14 日俄国的一位电信兵用电火花发报机成功地干扰了日本的无线电通信。雷达的发明和用于战争,使得电子战的主战场在对雷达的干扰和反干扰方面。电子战是"使用电磁能和定向能来控制电磁频谱或攻击的任何军事行动"。它包括电子战支援(ESM)、电子对抗措施(ECM)和电子反对抗措施(ECCM)三个方面。电子战支援也叫电子侦察,系对敌方电磁波进行搜索、收集、标定并分析其性能。电子对抗措施是依据侦察得到的信息,对敌方使用的电磁波进行干扰和欺骗,削弱或破坏敌方电子设备的效能。电子反对抗措施是为了保障己方电子设备能够正常工作的措施。防区外导弹武器系统的设计主要考虑反电子对抗措施,系在战术和技术两个方面进行。战术上采取避开敌方电磁照射,进行辐射管制。在技术上则是提高武器和发射平台电子设备的反探测、反侦察、抗干扰和抗摧毁的能力。

现代战争是在陆、海、空、天、磁五维战场上进行的体系对体系的战争。电子信息系统成为夺取战争胜利必要手段。这就是一体化指挥、控制、通信、计算机、情报、监视和侦察(C[4]ISR)

系统的由来,它是信息系统的"融合者"和"力量倍增器"。

本节叙述了防区外导弹设计需要考虑的 7 个因数。每一个因数又要受其涉及到的学科和技术的制约。我们以后会看到,设计就是对这些因数的权衡研究,以找到一个最符合战术技术指标的方案。而战术技术指标又是设计师与用户不断磨合的结果。

第 2 节　防区外导弹设计的目标体系

导弹武器系统的目标体系是指导弹的作战性能、技术性能、经济性能和继承性能的总汇,它由战术技术指标决定。一种新武器的出现总是由威胁引起的,所以设计武器应该从目标特性分析和作战环境开始,关注目标的物理特性(光、电、热、声)、运动特性(比如可以有固定目标、运动目标和移动目标)、几何特性(形状、大小)。作战环境中我们特别关心的是火力配置和对抗。为了毁伤目标,需要确定导弹武器系统的技术性能,诸如射程、速度、突防能力等。作战也需要讲求效能,也就是以最小的损失获得最大的效果,因此在攻防对抗中要以最大的效费比取得胜利。经济上能,即花多少钱,用多少时间把武器研制出来,并且使用户买得起用得起。武器是在不断更新的,不能指望每一次都重新开始,所以有一种新的设计思想,即预规划产品改进(P^3I)。按这种方法设计能使产品有继承性。

防区外导弹武器系统的作战性能分为持续作战能力、单发杀伤能力。持续作战能力由有效发射次数决定,即在防区外导弹遂行攻击任务时,载机能够发射的导弹数目和次数。显然与导弹的射前准备时间、击中目标的时间和再次发射的时间有关。单发杀伤能力系指导弹的命中精度和对目标的毁伤能力。命中精度是射击密集度和准确度的总称。前者为导弹落点与散布中心的离散程度。后者为散布中心与目标中心的偏差,一般以命中典型目标的圆概率误差 CEP 表示。导弹对目标的杀伤能力与其战斗部类型有关,防区外导弹攻击地面加固目标,常配置侵彻战斗部,其威力由侵彻效应表征。所谓侵彻效应指战斗部爆炸后形成的杀伤元素(弹头、破片、聚能射流)凭借其动能,侵入目标引起毁伤的机理、现象与效果,以侵彻深度衡量。它与侵彻速度和目标特性有关。

导弹的技术性能主要有飞行性能、突防能力。飞行性能指导弹的射程、速度、高度、稳定性和机动性。防区外导弹的主航段一般为等速等高飞行(这也是巡航导弹的特点),其射程主要由弹翼的升阻比、发动机耗油率(或比冲)以及燃料的质量系数按布雷盖方程决定。速度主要由发动机(或助推器)的推力确定。高度则取决于发动机的性能或载机发射导弹的高度。稳定性是指导弹受到的扰动解除后恢复到扰动前状态的能力,由导弹的气动布局和制导系统品质决定。机动性指导弹所能达到的过载数值,它与导弹的气动布局、发动机性能、制导系统品质密切相关。导弹的稳定性和机动性有一系列的指标和规范,设计时可以根据战术技术指标选用。

技术性能还表现为导弹的突防性能。突防能力与导弹的抗干扰能力和隐身能力有关。雷达使空中作战变得更为精密,也是战场上最大的电子威胁。干扰和抗干扰成为武器系统设计中必须研究的难题之一。军方的战术技术中都会有抗干扰的条款。电子战也是围绕干扰和抗干扰展开的。"箔条"是最早用于干扰雷达的工具。1938 年英国科学家林德曼教授提出,散布在发射波束中的"振子"会以大量假回波使接收机饱和而掩盖掉真正的目标回波。这就是"箔条"的出处。干扰分为有源干扰和无源干扰,而有源干扰又可细分为有源压制和有源欺骗。压制指通过大功率发射机把噪声施加到载波上,从而强制接受机分辨不出有用信号。欺骗则是提供给目标辐射源以假信息。

对雷达探测的隐身能力是采取吸波材料、外形和阻抗匹配等措施减少目标"逆向散射"而减少雷达探测距离的一种能力。隐身能力以"雷达散射切面"RCS 来衡量。RCS 的定义是:"任何一个反射体的雷达散射切面可以用其当量的孤立反射体在同一个方向上的投影面积表示,两反射体单位固体角反射相等的功率。"它的单位以面积单位计,也可用对数表示的相对值计算。应该记住,隐身能力都只适应某一个频段,或者叫做"带宽"。

经济性能是导弹生命周期和使用性能的综合反映。导弹的生命周期系指研制、生产、部署、服役、保障直至废弃的时间序列。全寿命周期费用是衡量导弹经济性的重要指标,在导弹研制中必须做费用-效能分析。同时导弹武器系统的生存力又是经济性的另一方面。生存力指导弹突防时不被击落,弹上系统保持功能的能力,当然与导弹的可靠性(称可信赖度)、隐身能力、机动性有关。防区外导弹由载机发射,载机的生存力与其自身的装甲、机动性、获取和处理信息的能力有关。使用性能表示为全天候作战能力、可靠性、操作自动化、维护简便等。

防区外导弹本来就是系列发展的新一代导弹,所以会有较好的继承性。但是,导弹的继承性还表现为预规划产品改进 P^3I,部件设计模块化,零部件规格化和原材料和元器件的国产化。

防区外导弹的设计目标体系可分为几个层次。顶层为目标特性与战场环境、指标符合程度、研制承受能力、持续发展路线图。

1. 目标特性与战场环境

(1)目标种类:地面目标;地下隐藏目标(Buried Target);水面目标;空中目标。

(2)目标运动特性:静止目标(固定的);运动目标(正在运动的);可动目标(可移动的)以及时敏目标(Time Critic Target)。

(3)目标的几何特性:点目标(孤立的建筑物、车辆、堡垒);线目标(桥梁、机场跑道、公路、铁路);面目标(城市、导弹发射阵地、坦克集群、舰队)。

(4)目标的物理特性:力学特性(坚固程度、目标构成物材料和结构);光学特性(颜色、亮度、对比度);红外特性(红外辐射热图像、红外光谱分布、红外辐射强度);电磁特性(电磁辐射波长、电磁辐射功率、雷达散射切面、雷达图像)。

(5)作战环境:火力对抗(敌防区规模、兵力部署、火力控制);光电对抗(雷达对抗、激光对抗、红外对抗、微光夜视、伪装、干扰、压制、网络等电子战)。

2. 指标符合程度

导弹发射质量;导弹尺寸;挂机数量。

3. 研制承受能力

研制费用;研制周期;研制风险。

4. 持续发展路线图

改型计划;武器系统的通用性;结构模块化。

第二层的目标体系可归纳为技术性能、经济性能和继承能力三个方面。

1. 技术性能

(1)武器系统作战性能:持续作战能力(系统反应时间、射前准备时间、射击时间);导弹杀伤能力(命中概率、命中精度、战斗部威力)。

(2)导弹性能:飞行性能(射程、速度、高度、防区外距离和防区内搜索面积);突防能力(抗干扰性能、隐形性能、航路规划、飞行剖面);生存能力(伪装、部署、机动、撤离);使用维护能力(综合后勤保障)。

2.经济性能

费用与周期分析;费效比。

3.继承能力

P^3I 设计;导弹质量、尺寸、强度、能源的可扩充性;导弹载机和武器系统的潜力。

第三层设计目标为具体指标。

1.实现导弹的技术指标

起飞质量;弹翼面积;导弹密度;发动机推力;推重比;质量系数;翼载;升阻比;GNC 系统的稳定性;GNC 系统的操纵性;GNC 系统的鲁棒性;防区外距离与防区内搜索面积的权衡(即航程与航时的折中);固体燃料比冲和总冲;吸气式发动机类别、高度速度特性;战斗部效能(战斗部质量和命中精度的权衡);可靠度;综合后勤保障。

2.实现导弹突防能力的指标

抗干扰能力;压制;欺骗(假目标、信息歪曲、谎言和骚扰);网络(黑客、木马、蠕虫、病毒);隐形能力(雷达、红外、伪装);吸波材料;外形与变形;阻抗匹配;有效度。

3.实现导弹生存能力的指标

导弹的抗毁伤能力;导弹航路规划(翼最大的生存率飞抵目标);可信度。

第 3 节　防区外导弹功能分析

防区外导弹与其他的战术导弹一样,是用来杀伤目标的。但防区外导弹更强调杀伤高价值目标。为了最终毁伤目标,导弹武器系统必须具备以下一些功能:①搜索目标;②捕获目标;③跟踪目标;④将目标分配给指定的导弹,并初始化;⑤发射导弹;⑥将导弹推进到目标区;⑦引导导弹至目标;⑧控制导弹响应制导指令;⑨杀伤目标;⑩毁伤评估。

导弹设计的目的就是将这些功能分解到执行系统和部件。通过权衡研究进行最合理的综合。这些功能是由导弹武器系统的不同部件来完成的,可能一种功能由一个部件完成,如推进功能由发动机来执行。也可由几个部件完成,如制导功能就需要传感器、计算机共同来完成。同样一个功能由不同的系统在不同的时间来执行。例如,对目标的搜索、捕获以及跟踪功能,开始由火控系统的探测设备执行。当它锁定目标以后,便将目标的位置、运动参数下载给导弹,引导导弹飞至目标区域上空。然后改由导弹上的导引头搜索和捕获目标,一旦锁定就按设计的制导律攻击目标。随着导弹技术的进步,导弹向自主和智能发展,有一些功能会向其他部件转移或集中到一个系统上完成。美国陆军正在研制的"非直瞄发射系统",导弹可以通过网络随时改变攻击目标的任务。也就是说,目标的位置并不是在发射前就锁定了的。智能化使系统的功能扩充,引信本来是用来引爆战斗部的,但智能引信却能识别目标。例如能够感受目标硬度的引信,低于一定硬度则不起爆战斗部,让导弹弹起实行二次攻击。还有能识别空腔的引信,让战斗部在目标内部起爆。最为奇妙的是智能化材料,本来弹身和弹翼所用材料的功能只是构形、承载和传递运动。而智能结构集中了传感器、驱动器的功能,使得材料能在电、磁、热、力等因数的作用下,使其自身的物理性质发生变化,从而可以感受外界激励、处理所获得的信息、适时做出反应。因此,智能结构具备了控制结构几何形状,改变运动、空气动力流场、结构阻尼和振动的功能。多功能结构是将导弹上的电子设备和结构做成一体化,如智能蒙皮、保形承载天线等。

上面叙述了防区外导弹的功能,然而一次成功的对地攻击过程却要复杂得多,它所需要的系统也要复杂得多,系统的功能也就更全面。我们将其称为防区外精确对地攻击武器系统。众所周知,空军作战有三个方面:夺取制空权、远程奔袭打击敌方战略要地和近距对地支援。制空权,即空中优势是后两种作战的必要前提,也是阻止敌人遂行近距支援和战略轰炸的重要基础。防区外导弹是在第二次世界大战以后,为解决局部争端,打击纵深高价值目标而发展起来的武器。这样的对地攻击任务要求旁及损伤减至最小。一般对地攻击的战术特点为多梯队分工协作,顺序进攻。由于电子技术和信息技术的迅猛发展,传统的编队已经被统一的天地一体化作战所代替。传统的侦察、干扰、压制等功能已经转化为获取信息和电子对抗,即信息战和电子战。信息与物质、能量一起构成系统,称为系统的三要素,缺一不可。信息既不是物质,也不是能量,信息就是信息。武器系统的功能之一是探测、获取、分析、利用和干扰信息。这在任何战争中都是不可缺少的,我国古代军事家孙子曰:"知己知彼,百战不殆;知天知地,胜乃可全。先知者必取于人,知敌之情者也。"信息战形成概念并赋予定义是在1985年。美国参谋长联席会议将信息战描述为:"保护自己的信息和基于信息的过程、信息系统和基于计算机的网络;影响敌人的信息和基于信息的过程、信息系统和基于计算机的网络,以获取信息优势所采取的行动。"美国还将平时信息战与战时的信息战在名词上予以区别,前者称信息使用IO(Information Operations),后者才叫信息战IW(Information Warfare)。信息战由战争安全、军事欺骗、心理战、电子战、网络战和实体摧毁等6个部分(或要素)组成。信息战的作战环境在层次上系围绕感知层、感知结构层和物理层面上展开;在范围上可以是全球、国家和国防内;在空间上可达海陆空天。信息战分为进攻信息战和防御信息战。

信息战的概念虽然是近代提出来的,然而早在1904年日俄战争中就偶然发现并使用了。1904年4月14日,当日本兵跑轰阿瑟港时,俄士兵发现用电火花发报机可以干扰日本人的无线电通讯。1938年英国科学家林德曼认为:"散布在发射波中的振子会用大量假回波使接收机饱和而掩盖真正的目标回波。"他是用实验证实的,现在称为"箔条干扰"。第二次世界大战中发挥了作用。信息战中的电子战通常包括电子攻击、电子防护和电子支援三个方面。电子攻击指以削弱、抵消、摧毁敌方战斗力为目的,使用电磁能和定向能攻击敌人员、设施和装备的行动。主要手段是电子干扰、电子欺骗、反辐射武器、定向能武器和目标隐身。电子支援是指搜索、截获、识别和定位敌电磁辐射源,以达到辨认威胁目标的目的而采取的行动。电子支援包括信号情报、电子告警和战斗测向三部分。电子防护是指在己方对敌方实施电子战或敌方运用电子战削弱、抵消或摧毁己方战斗能力时,为保护己方人员、设施和装备不受影响而采取的各种行动。它包括电子抗干扰、电磁加固、频率协调、信号保密、反隐身等。

一次成功的对地攻击行动包括侦察、佯攻、干扰、压制和突击等5个方面,但不一定需要5个编队来完成。1982年6月,以色列为了摧毁叙利亚的导弹阵地,发动了"贝卡谷地之战"。本次战斗以色列精心组织了具备上述5种功能的空中编队,取得了完全胜利。叙利亚19个地空导弹阵地(配备苏制 SA－6 导弹)全部被摧毁,81 架飞机被击落。战前以色列派出无人机在贝卡谷地上空引诱叙利亚发射导弹,从而确定了阵地的位置。尔后预警机和电子干扰机升空将情报送给攻击飞机。装备有反辐射导弹的 F－4 飞机和电子干扰机对叙利亚的 C³I 系统进行干扰和压制,最后发射"百舌鸟"反辐射导弹将叙利亚的地空导弹阵地摧毁。

　　防区外精确对地攻击事先要经过周密的部署,1991 年的海湾战争在发生前 5 个月,美国就开始了电子战,在海湾地区部署了高、中、低三个层次的侦察和监视系统。高层两颗同步卫星监视伊拉克的电磁环境,在赤道上空有两颗信号情报卫星与地面情报截获系统相配合,获取伊军坦克之间的无线电通讯。中层有美国空军的 7 架 U－2R、6 架 TR－1A、9 架 RC－135V/W,1 架英国空军的"迷猎"R.1 及 1 架法国的"加布里爱尔"电子侦察机。这些飞机进行空中摄影侦察或利用战术电子侦察系统获取伊拉克雷达和通讯情报。底层则利用设在阿曼、塞浦路斯和意大利的地面站进行远距离监听。还引诱伊拉克地面雷达开机,以获取雷达及通讯设备的数量和位置。从对地攻击系统顶层上讲,它必须具备侦察、佯攻、干扰、压制、击毁和评估的功能,包括为完成对地面目标侦察、识别、跟踪、控制、攻击、观察战果等全部功能所需发射平台、武器、设备和设施及其软件。

一、侦察

　　侦察是指为军事斗争的需要对敌方人员、装备等信息搜集、截获、识别、确认所采取的行动。侦察的目的是做到"知己知彼"。通讯侦察装备是获取情报的重要手段。它是用于对无线电通讯信号进行搜集、截获、分析、识别从而得到各类情报的一类设备。第二次世界大战期间,美军截获并破译了日军太平洋司令山本五十六将于 4 月 18 日视察所罗门群岛的电文。派出18 架战斗机拦截其座机,一举击落。侦察的手段有多种多样,观察、照相、摄影、窃听、目测、雷达测距和测向、火力、调查、搜集文件等。侦察可以从空中和地面进行,对地攻击前的侦察主要从空中,利用雷达和斜距摄影的方式。1991 年的海湾战争,多国部队利用卫星、侦察机无人机对伊拉克的战略、战术目标进行了不间断的侦察,保证了攻击的有效性。开战前美国调整卫星轨道,使其飞越海湾上空。他们部署了 7 颗锁眼－11 侦察卫星(这是美国第 5 代侦察卫星,现已为第 6 代的锁眼－12 代替)。锁眼－11 侦察卫星是一个直径为 4.5 m 的圆柱形结构,内装类似"哈勃"望远镜的镜头。分辨率为 0.15～0.3 m。筒内还装有火箭发动机。卫星长 15 m。还有 5 颗"长曲棍球"雷达成像侦察卫星也在海湾上空。卫星上装备有合成孔镜雷达,分辨率在标准模式下为 3 m,精扫模式下为 1 m。两旁太阳能电池天线展开有 50 m 长,功率为 10～20kW。后来又对卫星进行了改进,使其分辨率达到 10 cm。两颗"大酒瓶"电子侦察卫星用于监听伊拉克的军事和民间通讯。这是一种地球静止轨道卫星,三颗就可以覆盖全球。卫星有两副天线:前向碟状天线最大直径 152 m,可以截获 0.1～20 GHz 的无线电信号、雷达信号、导弹遥测信号、电台通讯信号。后向天线则担负向地面站发送截获的信号。

　　侦察的手段还有侦察机,如海湾战争中多国部队出动了 U－2,TR－1,RF－4C 从空中摄取地面目标照片。U－2 是美国洛克西德公司于 20 世纪 50 年代发展的高空战略侦察机,质量7 348 kg,翼展 24 m,升限 21 340 m,航程 4 180 km,速度 804 km/h。它带有 4 台航空照相机,可以拍摄两侧各几十米范围内的地面目标。机上电子设备可以侦察 600 km 以内的地面雷达和无线电通讯信号。U 这种间谍飞机通身涂黑,没有标记,故被成为"黑色幽灵"。冷战时期美国利用它深入苏联境内,获取导弹发射场等战略目标的资料。U－2 还多次入侵我国,被我地空导弹击落 4 架。TR-1 是利用 U-2 改装成的高空战术侦察机,起飞质量 18 t,翼展 31 m,最大续航时间 12 h。机上装有天文罗盘、侧视合成孔径雷达、T-35 跟踪照相机。所获得的目标信息可以实时发送到地面。无人机更是战场侦察的好工具,与有人驾驶飞机相比,它具有结构简单、质量轻、尺寸小、成本和使用费用低、机动性好、可探测性低之特点,尤其是能完成有人机不能完成的大过载机动,危险性大的任务。无人机的用途十分广泛,如侦察、监视、通讯、反潜、骚扰、诱惑、校靶、测绘、电子对抗和对地攻击等。目前用途最广的要数侦察了。在海湾战争中,多国部队利用"指极星""先锋"无人机深入纵深获取情报,前者可深入 5.6 km,后者 185 km。

当今用于侦察的无人机以以色列制小型无人机"侦察兵"、美国制中空长航时无人机"捕食者"、美国制大型长航时无人机"全球鹰"最为著名。侦察兵系遥控操纵活塞式飞机,起飞质量 159 kg,任务载荷 38 kg,速度 176 km/h,升限 4 575 m,航程 100 km,最大航时 7 h;主要用途为战场侦察与监视。捕食者也是活塞式飞机,主要用于小区域或谷地的侦察监视任务,也可攻击和做诱饵;起飞质量 1 066 kg,任务载荷 204,升限 7 620 m,任务半径 5 560 km,最大续航 40 h。全球鹰是美国乃至世界最大的无人机,与上述两种无人机不同,配备涡扇发动机,起飞质量 11 612 kg,速度 635 km/h,升限 19 810 m,任务半径 5 556 km,续航 24 h,最大航时 42 h。其特点是任务载荷大,任务载荷达 907 kg,可同时携带光电、红外和合成孔径雷达三种传感器。传感器作用距离远,覆盖面积大,合成孔径雷达作用距离 20~200 km,广域搜索时,每天可监视 137 320 m² 范围内的地面目标。图像分辨率为 0.9 m,可分辨出小汽车和卡车。以点模方式工作时,可对 1 900 个约 2 km×2 km 大小的地区实施详查,图像分辨率为 0.3 m。光电摄像机的工作波段为 0.5~1 μm。红外成像仪的工作波段为 3~5 μm,可发现伪装的目标,区分静止与移动目标。图像传输采用卫星通讯或微波接力线路,以 50 Mb/s 的传输速率实时送到地面处理。

防区外导弹遂行侦察任务需要从就位点发射,飞过一段距离到达敌战区。然后在敌战区上空盘旋,搜索规定区域,发现目标。前一个称之为"防区外距离",它不同于导弹概念中的射程,而与飞机的作战半径相类似。后一个称之为搜索面积,等同于飞机的航时。侦察的主要目的是搜索目标。搜索目标应该依据一定规则,保证目标所在区域不重复也不遗漏。通常有三种即,点搜索,面搜索和路径搜索。

然而不管何种搜索方式,都需要定义搜索的概念。何谓搜索?搜索乃是利用探测手段寻找某种指定的目标的过程。研究这个过程的优化方案的理论和方法称为搜索论。不难发现搜索过程需要三个要素:探测装置、搜索方式和搜索对象。

二、佯攻

佯攻是指对敌人进行的一种欺骗性活动,目的是迷惑敌人使其产生错觉,做出错误的判断。三十六计之"声东击西"就是佯攻。佯攻的例子很多,东汉时期班固收复莎车国,用的就是此计。他以 25 000 兵力击溃了两倍于己的龟兹援兵,从而使莎车国臣服。1944 年盟军反攻欧洲大陆,将加莱和布伦两地作为佯攻地点。盟军布置假目标,在英吉利海峡多福尔与布伦之间的海面上,用小木船加装角反射体,使德军误认为是大型舰队。又实施雷达欺骗,在空中释放涂敷金属的气球、人体模型,建造假司令部。德军忙向加莱和布伦地区调集兵力,而放松了对其南面真正的登陆地诺曼底半岛的卡昂的警戒。此举保证了登陆成功,盟军 2127 艘军舰仅被击沉 6 艘。日本偷袭珍珠港也是在"和平"的烟幕下获得成功的。被罗斯福称为世界上最无耻的日本驻美国大使与美国国务卿谈判"和平"时,他已经接到开战的指令。而日军的舰队也已开拔。舰队是在"无线电静默"状态下向东,然后向南悄悄接近珍珠港。因而美国是在毫无防备的情况下迎战的,损失巨大是不可避免的了。在现代高技术战争中,佯攻与干扰、压制一起,是电子战的范畴。再具体一点,是电子攻击之电子欺骗,包括电子伪装、模拟欺骗和冒充欺骗。第二次世界大战后武器装备的发展,是以提升信息技术在战争中的作用为前提的。而海湾战争等局部冲突中则是从大规模摧毁转变为精确打击,这也促使战争掠夺的对象更注重于控制物资与能量的信息上。

三、干扰与压制

干扰波段的使用情况见表 3-3-1。

表 3-3-1　干扰波段的使用情况

20 世纪 60 年代前	20 世纪 60 年代后	波长/cm	频率/MHz
VHF	A/B	300～100	30～300
UHF	B/C	100～30	300～1 000
L	C/D	30～15	1 000～2 000
S	E/F	15～7.5	2 000～4 000
C	G/H	7.5～3.75	4 000～8 000
X	I/J	3.75～2.5	8 000～12 000
Ku	J	2.5～1.67	12 000～18 000
K	J/K	1.67～1.11	18 000～27 000
Ka	K	1.11～0.75	27 000～40 000

表　2-3-1(续)

波段名称	波长	频率/MHz
P	1.5～0.6 m	200～500
L	60～20 cm	500～1 500
S	20～6 cm	1 500～5 000
X	6～2 cm	5 000～15 000
K	2～0.75 cm	15 000～40 000

冷兵器时代,交战双方使用击打兵器不过在数米之内。古代希腊步兵的主要武器是长矛,有 2.4～3 m 长合一丈,和我们古代的矛、戟差不多长。而弓箭手可及的距离算它百步,如百步穿杨,也就 50 m 左右。火药的发明使战争进入了热兵器时代,枪炮的射击距离从几百米到几十千米。而目视和望远镜所能及的探测、瞄准距离也有限,不是雷达的一个数量级,因为雷达是以无线电波来测量距离的,只要口径和功率足够大,其作用距离是可以很远的。雷达的作用距离由雷达方程决定,与发射功率的 1/4 次方,波长的 1/2 次方,天线增益的 1/2 次方,目标散射切面的 1/4 次方成正比;与信噪比 1/4 次方成反比。现代机载合成孔径雷达的作用距离有

200 km 之遥。美国的 F/A-22 战斗机装备了有源相控阵雷达(AESA),其对地面目标具有防区外远距离高分辨率地图绘制和同时多工作方式之能力。而 JAS(F-35)战斗机将装备的雷达 APG-81 系多功能射频系统/多功能阵(MIRFS/MEA)计划的一部分。该雷达的质量和成本都有大幅度降低(约 3/5)。雷达也是按隐身要求设计的,并且满足买得起性(Affordability)、毁伤性(Lethality)、生存率(Survivability)和保障性(Supportability)的要求。

雷达使空对地攻击发生了变化,必须对防守一方的地基雷达实施干扰和压制,否则达不到预期目的。1940 年德国出动 2 600 架飞机轰炸英国,战果不大却损失了 600 架飞机。原因是英国建立了"本土链"雷达网。这是由侦察警戒雷达、地面引导雷达、飞机截击雷达、高炮瞄准雷达、探照灯雷达组成。当德国飞机距英国还有 100 km 时就被雷达发现和跟踪。但是雷达也极易受到自然和人为干扰。雷达的性能与许多参数有关,如波束宽度、工作频率、脉冲尺寸、接收机增益和信噪比、扫瞄形式、天线口径和形状、输出功率、波长和脉冲重复频率。其中尤其重要的是波长,它与频率成反比。按照频率大小第二次世界大战期间分 5 个频段,战后扩展至 9 个频段。

雷达的波长决定了它能探测到目标的大小,小于波长一半的目标是不能被探测到的。波束宽度与天线尺寸有关,天线愈大,波束愈窄。波长也对"多径效应"敏感。雷达的特性还与接收机的信噪比有关,因为它表示区分信号与噪声的能力。噪声是一种干扰,频率愈高,抗噪声的能力愈强。然而频率高易受气象的干扰。雨、雪、雾以及水分以与信号频率成正比的比率吸收辐射。正因为雷达的特性受到上述因数的制约,就成了制造对雷达干扰的根据。雷达的探测与干扰构成了雷达对抗的两个方面。干扰差不多在雷达问世的同时就出现了。英国科学家林德曼在 1938 年指出:"散布在发射波中的振子会用大量的假回波使雷达接收机饱和而掩盖掉真正的目标回波。"这就是"箔条干扰"的理论依据。另一位科学家伯恩提出向接收机发射一连串雷达脉冲似的信号,在显示屏上会出现栅栏状的图像,使目标回波很难被区分。这种"杂波干扰"是有源干扰的鼻祖。事实上第二次世界大战期间"箔条"已经取得了很好的战果。1943 年 7 月 24～25 日英国 1 000 架轰炸机在"箔条"的掩护下空袭德国汉堡。英国投放了 250 万盒(每盒 2 000 根)箔条,每盒可以在雷达屏幕上停留 30 min。干扰使德国雷达迷茫,防空高炮的命中率大大降低,防空系统陷于瘫痪。后来英国组建了 100 航空大队,下辖干扰、信号情报和压制三个中队,任务是支援轰炸机中队。美国也组建了第八和第二十二航空大队投放箔条。但是一种型号的箔条只对一些频率的雷达有威胁,所以研究了多种型号的箔条,主要是长度和宽度不同,质量不同。又因为箔条只能掩护随后的航空编队,所以不得不扩大投放的范围,例如从 56km 外开始,延续到另一边的 21km 处。

箔条是无源干扰,另一类通过发射破坏性电磁波来影响雷达接收信号的,称为有源干扰。它还可以分为两类:强制性的和欺骗性的。向接收机发射杂波以掩盖所有回波信号的为强制性;发射收集到的信号以模拟大的飞行编队的为欺骗性。我们知道,射频载波是携带信息的信号,它是通过改变调治的载波波形以便携带所需要的信息来完成的。载波调制有两类:调频和调幅。两种调制都会形成一定的带宽和载波不曾有的频率,对其辐射能量产生杂波干扰效应。杂波干扰机有两种:阻塞式和瞄频式。两者结合称扫频式。有源干扰也是在第二次世界大战期间发展起来的。1940 年英国皇家空军战略轰炸机配备有"丁字镐"(Mandrel)和"碎片"(Shiver)雷达干扰机以及"金属箔"(Tinsel)通讯干扰机。杂波干扰机的性能与其发射机天线的特性、发射机与目标间的距离有关。20 世纪 40 — 70 年代,杂波干扰机取得了很大进展。

但为适应雷达设计的改进,出现了双工态杂波/欺骗干扰机。欺骗干扰系向辐射源提供虚假信号,结构较为复杂。但它有两个明显优点:功率小、隐蔽性好。欺骗式干扰机有许多工作方式,如发射假目标信号掩盖机群;在相同的距离上产生多个目标回波;调节干扰机的输出功率,以便让它随接收机的信号强度产生相应的变化,从而抵消反干扰措施;通过使虚假信号不对称出现在空间某一点的周围,以便增加干扰的真实性;用脉冲调制系统的输出功率来很快改变位置的方式也可以达到欺骗的目的。这类干扰在越战及其以后的局部战争中都使用过,尤其在中东、海湾和科索沃等战争中发挥到了极致。干扰常常使落后的一方极端被动,兵家便将此类战争称为不对称战争。然而新体制雷达,如相控阵雷达、脉冲多普勒雷达、合成孔径雷达的问世使传统的干扰措施失效。新体制雷达采用了诸如空间选择(低副瓣天线、副瓣对消)、时间选择(重复捷变)、频率选择(频率捷变、跳频)和自适应抗干扰技术。但是攻防总是交替进步的,针对新体制雷达,新的干扰技术如分布式干扰技术和灵巧干扰技术应运而生。分布是指用一些小功率干扰机散布在被干扰雷达的附近,从其主瓣进入和多方位干扰主瓣,效率提高万倍甚至百万倍。灵巧干扰指干扰的样式可以随干扰的对象和环境变化的自适应干扰,或指干扰信号的特征与目标雷达回波信号十分相似的高逼真欺骗干扰。还有相控阵干扰技术、高精度瞄频窄带噪声干扰技术。

压制的全称是"压制敌人的防空力量"(SEAD),简称防空压制。它与干扰不同的是"硬杀伤",即通过飞机发射或投掷爆炸武器破坏或摧毁敌人的发射机而达到目的。硬杀伤技术起源于英国的"阿普度拉"寻的接收机,即被动雷达,是 1944 年为支援诺曼底登陆,盟军欲摧毁位于法国境内的德军雷达而研制的。防御压制需要一个压制平台和一类武器。压制平台由战斗机改装,武器则主要是反辐射导弹和防区外导弹。无人机用于作战以后,出现了平台与武器结合的反辐射无人机的设计构思。不过此类飞行器正在研究之中,还未见于作战。

最早的压制平台是"超佩刀"喷气式飞机改装的,美国人叫它"野鼬鼠"。1965 年改装,1966 年参加越战。改装包括"向量"Ⅳ型雷达寻的与告警系统(RHAW),IR-133 扫调接收机,WR-300 地空导弹发射告警系统。飞机的后座舱也作了改装,以便容纳一名系统操作手。武器则是"百舌鸟"反辐射导弹。在一次行动中,4 架"野鼬鼠"发射反辐射导弹,摧毁了北越 9 个地空导弹阵地,然而也被击落 3 架飞机。战斗中暴露了"百舌鸟"反辐射导弹的致命缺点:射程短(12 km),不能在地空导弹的防区外发射,从而遭至飞机被击落的厄运。另一个缺点是导弹的寻的头要预先选定目标,又因是刚性连接在机体上,故不能"离轴发射"。当地空导弹发觉受到攻击时,可以关机。导弹失去了信号只好沿弹道继续飞行而脱靶。实战的经验迫使美国研制更新的反辐射导弹:"标准"与"哈默"。"哈默"是美国于 20 世纪 70 年代研制的高速反辐射导弹,最大速度 3.5 Ma,使用高度 12 000 m,战斗部重 66 kg,全弹重 366 kg,弹长 4.148 m,弹径 254 mm,翼展 1 130 mm。它具有射程远、速度高、反应快、射界宽、精度高等特点,特别是克服了"百舌鸟"导弹的缺点,能够抗雷达关机,能够攻击随遇目标。1991 年的海湾战争中,美国发射了约 2 000 枚,有效地压制了伊拉克的地面雷达。

没有专门研制的压制平台,一般用战斗机改装。美国的三种压制平台虽然都叫"野鼬鼠",但分别是"超佩刀"F-100,"雷公"F-105 和"鬼怪"F-4 改装的,用Ⅰ型,Ⅲ型和Ⅳ型予以区别。以Ⅳ型为例,系由"鬼怪"F-4E 改装,代号 F-4G。所增加的电子设备有:雷达寻的与告警系统 AN/APQ-38、前置计算光学瞄准具 AN/ASG-30、火力控制雷达 AN/AQP-120(V)、武器投放计算机 AN/ASQ-91、姿态参考与轰炸系统 AN/AJP-7、照相枪 KB-18A 等。

系统的工作过程是,由雷达寻的与告警系统测出被攻击雷达的距离与方位并显示给驾驶员和火力控制设备。该雷达的位置信息在瞄准具上以一个红十字线表示。驾驶员不必目视捕获的目标,只要机动飞机,是绿色瞄准光环套住红十字线,然后实施各种武器投放动作就成。当然也可以目视截获和攻击目标。

压制系对地攻击不可缺少的重要功能,尤其在电子战中。压制使敌人的防空力量削弱甚至瘫痪。但是在早期的压制行动中,由于电子设备和武器的局限不一定成功。例如越南战争中,美国人于1965年12月的头19天中,一天两次派出由一架F-100F和4架F105D组成的狙击小分队,企图压制越南的地空导弹阵地。尽管飞机配备了能够探测苏制SA-2地空导弹的S和G波段发射机、S波段地面引导截击预警雷达、X波段截击雷达的告警和定位系统,还是没有避免被击落的危险。12月20日,一架F105D被北越高炮击中,两名飞行员跳伞逃生。着陆时一名被击毙,另一名做了俘虏。飞机是被高炮而不是地空导弹击落的,事实上越南人研究了一种战术,在地空导弹阵地周围布置高炮群,一旦发现小分队接近,关闭地空导弹雷达,让飞机进入高炮射程后开炮。如果用防区外导弹则不会有此种事情发生。1982年贝卡谷地之战更充分显示了压制在对地攻击中的作用。以色列以E-2C预警机、无人侦察机和携带有反辐射导弹的F-4G战斗机对叙利亚部署在贝卡谷地的SA-6导弹阵地和C^3I系统进行干扰和压制,摧毁19个SA-6导弹阵地。

美国1991年发动的海湾战争则把干扰与压制发挥到了极致,使伊拉克无力抵抗,节节败退。1991年1月17日美国对伊拉克及其占领的科威特境内实施电子干扰。然后出动预警机、电子战飞机对伊拉克防空火力和通讯、指挥、控制与情报系统进行干扰与压制。这种任务分为三类:远距支援,指160 km以外的目标;近距支援,48 km和随队支援。美国有专门用于电子战的飞机如亚音速的EA-6B和超音速的EF-111A。前者只做近距支援,后者可以编入执行三种支援的分队。但两者均属大功率电子战飞机,安装了AN/ALQ-99战术干扰系统,共有10部干扰机,覆盖频率64 MHz～18 kMHz,整个干扰机的功率达兆瓦级。这些设备质量达1 360 kg。E-6AB用了5个吊舱,而EF-111A为了保持超音速飞行是安装在内部的。

压制在空中打击的作用已在海湾和科索沃的战事中得到了肯定。它作为电子战的一部分是因为①很多国家都有先进的防空系统,必须对其进行压制以后,才能保证攻击机的安全;②不能依赖隐身突防,即使是隐身飞机也需要用压制为其扫清道路;所以电子战飞机的需求在增加。E-6A电子干扰飞机自1968年改装成功后,生产了170架。飞机的最大速度为1 048 km/h,升限12 550 m,作战半径1 769 km,起飞质量29 000 kg。除了上述的干扰设备以外,还可携带4～6枚"哈默"反辐射导弹,所以是唯一"软硬兼施"的电子战飞机。在现代战争中它频频出动,取得很好战果,然而研制年代毕竟较早,美国打算用F/A18FC^{2}W指挥控制战飞机代替。在新的电子战飞机出现以前,美国对EA-6B加装了ICAP-Ⅲ组件。它有较大的处理能力,具备反应式干扰机的定位精度与速度,因而能够将能量集中到威胁方向,而不是只进行连续干扰,并且还能探测到敌方雷达波形的变化,而不是认为出现了新雷达。EA-6B还加装了改进的Link-16数据链,多任务先进技术终端(MATT)和改进的数据调制解调器(IDM)。所以能够经IDM与F-16CJ通信,进行瞄准。

近来出现了一个新名词"摧毁敌人的防空力量"(DEAD),与SEAD不同的是要摧毁敌空防。压制要靠精确打击来实现,这就必须精确确定打击目标的准确位置,当然也需要足够的弹药摧毁目标。当前的反辐射导弹的战斗部较小,对敌方雷达的破坏小,能够很快修复。而用飞机投掷 GBS 或激光制导炸弹是件很危险的事。这两种战术需求促使两项技术的兴起,即确定远程发射机的精确位置和无人对地攻击机。美国发展了利用多平台联网确定发射机 GPS 坐标的技术,称之为 AT3 技术。这实际上是无源定位的一种,它要利用雷达波的到达时间差和频率差和双曲线交点确定位置的方法。另外还可利用雷达告警接受机(RWR)来定位。据说在 92.5 km 外 10 s 确定的位置误差在 50 m 内。为对付雷达关机,美国在研制微型空射诱饵飞行器(MALD),机身长 2.3 m,直径 15 cm,起飞质量 45 kg,航程 463 km,续航时间 20 min。其特征增强子系统(SAS)可增加飞行器的雷达散射切面,引诱敌雷达开机。最大速度为 $M = 0.92$,在 10 500 m 高空的航时为 37 min,精度 150 m,并可设置 256 航路点。

四、对地攻击

对地攻击是防区外导弹的第二大功能。一旦侦察到目标,辨识并确认为威胁即可发起攻击。飞机执行空对地作战由来已久,形成了好几种模型。它是依目标的种类、要想达到的破坏效果而进行选择的。飞机对地攻击,或者叫做投弹有五种理论模式。

(1)深度俯冲轰炸(high - dive bombing)(见图 3 - 3)。其作战剖面为高度在 1 500~5 000 m 急剧俯冲至目标上空,投弹后迅速拉起。这种方式的优点是可以减少地心吸力产生的误差,因为如果平投下去,地心吸力作用在弹道的横向,拉偏弹道。对着目标,地心吸力沿着弹道方向,影响小。对此种投弹方式影响大的是风,尤其是高高度,随着高度的改变,风的方向和速度也会改变,修正起来比较困难。按地区不同,积累了一些风切变的资料,称之为风切变模型。第二次世

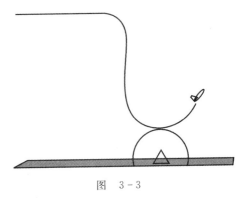

图　3 - 3

界大战期间是利用视线修正的,即利用观察先头下去的弹道,来进行修正。

深度俯冲轰炸的优点表现在精度和侵彻力上,大的侵彻力是必须的,因为可以避免跳弹。一般在好天气利用上述的飞行剖面,即飞机以中等速度水平直线巡航至目标上空,急剧俯冲至目标区,投弹,迅速拉起。但在有雾的天气,视线受到限制,就要改用沿飞机飞行方向投弹。即飞机高速对着目标飞去,投弹或发射武器。炸弹沿着飞机俯冲速度方向,穿过雾层飞向目标。以开始俯冲的高度又分为大俯冲角轰炸和小俯冲角轰炸。

(2)平投(laydown)。当深度轰炸遇到很大危险的时候,一种平投方式代替了它。在这种方式中,飞机以很低的高度飞近目标,低到只有 40~50 m,已经在地面防空雷达的死区,不会被它捕获。炸弹投下以后,在阻力作用下,落在飞机的后面大约 3~4 s。因此飞机不会被炸弹的爆炸碎片和冲击波伤及。又因为是在低高度投下,弹道的误差很小。主要的误差在距离上。但是利用一种先进的投弹系统,可以把误差限制在允许的范围之内。如图 3 - 4 所示,表示低空投弹飞机有可能落在炸弹碎片的爆炸半球内(见图 3 - 4),而遭到损伤。如果延迟投放,例如用降落伞延长炸弹到达目标的时间,对飞机就很安全(见图 3 - 5),但布撒子弹药,这不必担心,因为子弹药碎片半球半径小,不足以损伤飞机(见图 3 - 6)

图 3－4　　　　　　　　　　　　　图 3－5

（3）上抛投弹（toss or loft bombing），如图 3－7 所示。这是一种由战斗轰炸机投放核弹的方法，它可以使载机在投弹后脱离核弹爆炸的影响。飞机以低高度飞抵目标区，然后迅速拉起。做一个纵向筋斗同时把核弹抛出去。此时，弹在离心力的作用下飞向目标。在做筋斗时不滚转，飞机倒飞脱离称 TOSS，而做滚转正飞脱离称 LOFT。很显然 TOSS 是利用过载投弹（见图 3－8），而 LOFT 却不需要。

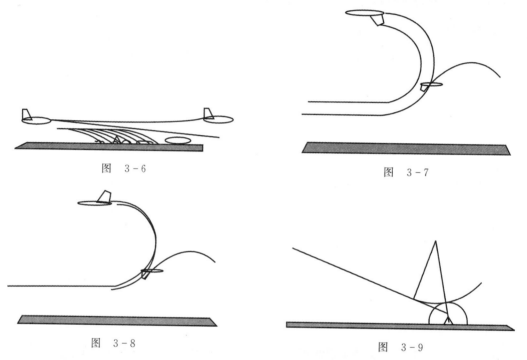

图　3－6　　　　　　　　　　　　　图　3－7

图　3－8　　　　　　　　　　　　　图　3－9

（4）浅度俯冲轰炸（shallow dive bombing）。虽然俯冲轰炸不太受欢迎，但在有些情况下，还有应用的必要。比如对已被包围的敌人，需要直接投送弹药和对其射击。捕获目标用深度俯冲方式就不太合适。一种俯冲角为 20°～30°的轰炸方式得到应用，称之为浅度俯冲轰炸。飞机以小俯冲角向目标飞去，到一定距离投弹（或开炮，发射火箭等），拉起脱离。可以按图 3－9 计算开始攻击的时间，投放武器的时间，拉起脱离目标的时间，以避免被地面火力击落和炸弹碎片伤及。设飞机速度 V，发射武器时间为 0.6 s，武器反应时间 0.5 s，飞机以过载为 n，拉起半径为 R，碎片发散半径 r，则最小攻击距离

（5）防区外攻击（stand off attack）。足够早地捕获目标以便发起攻击，或者对开阔战场发射灵巧武器而又保证载机不被击落都是很困难的。这并不等于说，不再使用飞机对地攻击了。相反，需要用对地攻击来增强火力，如在突围和反攻的时候。与此相应的投掷子弹药的技术出现了。子弹药配备有传感器和数据处理系统，用来搜索、分配和攻击目标。美国陆军、英国陆军和一些国家装备的多管发射火箭系统就属于这种技术，其射程有 32 km。许多国家已经清醒看到，在开阔战场应尽可能地在敌人防区外发射对地攻击武器。选择防区外攻击的程度，应

该在自主制导和成本两方面做出分析。成本随距离增加而增加。所以,防区外武器是分步开发的,无动力滑翔弹药,火箭发动机推动的近程导弹和小型涡轮喷气发动机的长射程巡航导弹。还有一种布撒器,里面装有许多子弹药,开仓后能在一个比较大的区域内攻击。防区外攻击需要一个优秀的地面系统在发射前捕获目标,获取接近实时的目标信息,解算设计方程为武器提供火力指示。

这五种方式广泛应用于有人驾驶作战飞机对地攻击中,主要是轰炸。然而对防区外导弹,不是每一种都能应用的。像深度俯冲,因其上配置的探测设备的作用距离小,因而没有在高空搜索目标的能力。而上抛式仅用在投掷核弹中,根本就不是防区外导弹所能承担的。防区外导弹在防区外发射,突防到敌人防区再进行搜索、捕获、识别,确认后遂行攻击。但在载机上,基本上是靠平投和浅俯冲。

第4章 防区外导弹总体参数设计

防区外导弹设计当然是导弹设计，导弹设计的一般原理也实用于它。例如分为概念设计和系统设计，设计所涉及的专业也一样。然而防区外导弹一般是系列设计的，所以有它自己的特点。所谓系列，是指用一个外形，一套武器系统，设计出不同射程的导弹。通常是吸气式推进的长射程导弹，喷气式推进的中程导弹和滑翔飞行的短程导弹。这样做的目的是因为"防区"是一个不确定的概念，其空间随防区的兵力配置而变。在进行参数计算以前，需对防区外导弹攻击的目标做一说明。

防区外导弹攻击的目标有坦克等装甲车辆、掩体、地空导弹发射阵地、有生力量。现代地面战争中，装甲兵是主要突击力量，其武器装备包括主战坦克、轻型坦克、水陆坦克、步兵战车、装甲运输车、两栖突击车、指挥车、装甲侦察车等。部队进攻的时候，其正面和纵深是有规定的（相信也不是一成不变），见表4-0-1。

表4-0-1 苏军师、团、营、连、排、班的正面和纵深　　　　单位：km

	师	团	营	连	排	班
正面主攻	10～15	2	2	1	0.3	0.05
正面助攻	20～30	2～2.5	2～2.5	0.8	0.2	0.05
突破地段	4～8	1～2	1～2	0.5		
纵深当前	29～30	7～10	2～4	0.1	0.1	
纵深后续	50～70	20～30	7～10	0.1	0.1	

师团从待机地域出发，在距敌前沿8～12 km处形成营纵队，4～6 km处形成连纵队，最后坦克在1.5～4 km处，摩化部队在1.5～2 km处展开临时队形，行进中的坦克间距为25～50 m。一个坦克师可以得到2～4个地面炮兵营、1～3个防空兵营，1～3个步兵连，一个防化连的加强，见表4-0-2。

表4-0-2 防御作战的正面和纵深　　　　单位：km

	师	团	营	连	排	班
正面	20～30	10～15	3～5	1～1.5	0.3～0.4	0.06
纵深	15～20	7～10	2～3	0.5～1	0.2～0.3	0.1

从表 4-0-2 可以看出，一个师的防御阵地 300～600 km²，而连的防御阵地 0.5～1.5 km²。而且到达师阵地和连阵地的距离，一般称为防区外距离，是不同的。这需要规划好，选择不同防区外距离和搜索面积。这与巡航高度、速度以及传感器的视场大小有关。导弹飞行高度影响搜索面积。传感器搜索还要考虑操作员首次没有发现目标，再次发现目标降低了注意力的"气馁因子"(Discouragement)。另一个情况，通常视频场景中有与目标尺寸相当的混杂物。操作员必须要多看几眼才能区分，又要花去一些时间。引入"拥挤因子"来考虑，其定义为视频场景中混杂物个数与目标数之比，如拥挤因子为 3，目标 19 个则混杂物为 57 个。拥挤因子低于 3 的表示混杂程度低。在设计时要加以考虑。例如对导引头识别目标的能力，跟踪目标的能力。导引头搜索目标的距离、速度提出要求。

无论是进攻中的师团，还是防御中的师团，都是面目标。单枚防区外导弹只能攻击单个目标，因此需要武器系统具有多目标攻击能力，也就是能够探测、捕获、跟踪、分配多个目标的能力。

但是，对于坦克这样的单个目标，也是防区外导弹首选的攻击目标。各军事大国的主战坦克多为第二代、第三代，正在发展第四代。俄罗斯主战坦克 T-72，是第三代，其平均越野速度为 45～55 km/h。第三代坦克的防护系统重视体形防护，降低车高，采用复合装甲。第三代坦克的防护水平正面 30°范围内，防御垂直穿甲厚度为 500～600 mm，防御破甲厚度为 800～1 000 mm。然而在其他方向则大大降低，如车体侧面甲板，穿甲 50～60 mm；炮塔侧面甲板 250～300 mm；车体和炮塔后部 40～70 mm；50～60 mm；车底顶部 20～30 mm。坦克的防护能力是指三种能力：装甲防护性能、伪装防护性能和三防（防核、化学和生物武器）性质。前面叙述的破甲和穿甲厚度还与装甲的质材、结构、形状以及倾角有关。而伪装措施是为了减少被光学、雷达发现的概率。伪装措施主要有涂料、遮障和烟幕。一般迷彩涂料被发现的概率为 40%～50%，烟幕为 25%～30%。还可以用光点干扰反坦克武器，用假目标欺骗也是防护的有效手段，如告警以后通过控制系统控制伪装投影仪工作，将本车的红外、激光光斑或雷达波束投影到离坦克一定距离的地方，形成假目标。最后还有拦截式主动防护系统，一般由雷达、控制组件和弹药发射装置三部分组成。坦克是"矛"与"盾"的结合，所以坦克本身又是极好的反坦克武器。然而它对空的防护能力比较差，也可以说没有。因此，在对付坦克这样攻防兼备武器时，巡飞导弹是有所作为的。表 4-0-3 给出了反坦克武器的一般性能。

表 4-0-3　反坦克武器的性能

反坦克武器		主战坦克弹		反坦克导弹	步兵火箭弹
性能参数		穿甲弹	破甲弹		
穿(破)甲厚度 mm	20 世纪	400～500	500～600	500～600	300～400
	改进	>600	>800	800～1 000	>500
作战距离/m		≤2 000	≤2 000	3 000～4 000	≤500
命中概率		0.7～0.8	0.7～0.8	0.8～0.9	0.5

可以看出，防区外导弹末制导距离 7～10 km 是很安全的。也可以据此来调整防区外距离和搜索范围。攻击地面工事一类目标，要分析其抗力。所谓抗力是指工事能抗某中弹药的

距离。表4-0-4给出了一般永备混凝土工事抗力。

表4-0-4　永备混凝土工事抗力

顶部与侧部	苏军弹药	美军弹药	抗低空核爆炸距离
轻型　400 mm	12.7 mm 机枪,120 mm 迫榴炮	12.7 mm 机枪,106 mm 迫榴炮	2 000 吨级 360 m 20 000 吨级 780 m
加强　600 mm	122 mm 加榴炮,50 kg 炸弹,40 mm 火箭弹	105 榴弹炮,100 磅炸弹	2 000 吨级 220 m 20 000 吨级 780 m
重型　800 mm	152 加榴炮弹,100 kg 炸弹,107 无坐力炮破甲弹	155 加榴炮弹,250 磅炸弹,107 无坐力炮破甲弹	2 000 吨级 120 m 20 000 吨级 350 m
超重　1 200 mm	203 mm 加农炮榴弹,250 千克炸弹	203 mm 加农炮榴弹,500 千磅弹	2 000 吨级 120 m 20 000 吨级 260 m

第1节　防区外距离和搜索面积

防区外导弹有两个指标非常重要,它们决定导弹的尺寸和质量。这两个指标是,防区外距离和搜索面积。它们之间的关系如图4-1所示。

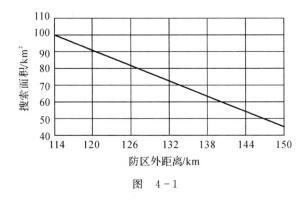

图　4-1

防区外距离即导弹到达目标的航程,而搜索面积表示在战区寻找目标的可能范围,消耗的是导弹的航时。我们来分析与这两个指标有关的参数。

导弹以速度 V 飞行,其上传感器(激光、电视、红外)的波束角为 φ,以 θ 角照射,在地面形成一个椭圆"脚印",长短轴分别为

$$2a = h[\cot(\theta - \varphi/2) - \cot(\theta + \varphi/2)]$$
$$2b = 2\pi(h/\sin\theta)\varphi/360$$

(4-1-1)

式中,h 为导弹飞行高度。导弹向前飞行时,传感器光轴在方位上搜索,则"脚印"随之偏移。这样就增加了扫过的面积,可以用光轴合成速度积分求出。由于被积函数出现平方根比较麻烦。这里把增加的面积简化成两个三角形的面积,三角形的高等于底边为传感器一个扫描周期飞过的距离。这样处理扩大了搜索的区域,因为有重叠面积被计入。传感器扫描一个周期所覆盖的有效面积应该是椭圆脚印的包络线,可近似等于一个椭圆(见图4-2),其长轴扫

描周期飞过的距离,短轴为

$$(2\pi h/\sin\theta)(\dot{\psi}t/360) \tag{4-1-2}$$

这里分析的是激光、雷达等发出波束的传感器。而对于电视摄像机利用矩形芯片接受目标信号的,要用视场的概念。芯片上感受的是地面一个梯形面积上的图像(见图 4-3)。

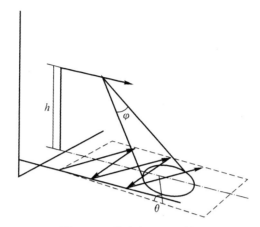

图 4-2　雷达向地面照射图

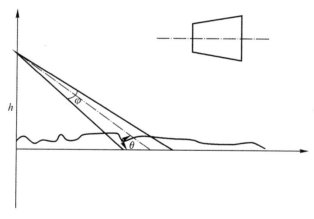

图　4-3

设飞行高度为 h,俯仰视场角为 ϑ,方位视场为 φ,照射角 θ,则可求出梯形上下边和高

上边
$$c_1 = 2\left[h/\sin\left(\theta - \frac{\vartheta}{2}\right)\right]\tan\frac{\varphi}{2} + d \tag{4-1-3}$$

下边
$$c_2 = 2\left[h/\sin\left(\theta + \frac{\vartheta}{2}\right)\right]\tan\frac{\varphi}{2} + d \tag{4-1-4}$$

高
$$b = h\left[\cot\left(\theta - \frac{\vartheta}{2}\right) - \cot\left(\theta + \frac{\vartheta}{2}\right)\right] \tag{4-1-5}$$

梯形面积
$$s = (c_1 + c_2)b/2 \tag{4-1-6}$$

式中,d 为 CCD 芯片宽度。显然照射角必须大于二分之一视场角,否则没有意义。因为脚印为无穷大。

飞行高度、照射距离、照射角之间有(见表 4-1-1)

$$R = h/\sin\theta \qquad (4-1-7)$$

表 4-1-1　照射距离

	5°	10°	20°	30°
$h = 300$ m	3 442 m	1 728 m	877 m	600 m
$h = 600$ m	6 884 m	3 456 m	1 754 m	1 200 m

可以把照射距离作为传感器的作用距离,因此有

$$R = \frac{\sqrt{A}}{n_{\mathrm{T}}\alpha} \qquad (4-1-8)$$

式中,A 为目标投影面积;n_{T} 为对应的电视线周数;α 为空间分辨率。

由此可以看出,导弹的搜索面积与导弹的飞行高度为 h,俯仰视场角为 ϑ,方位视场为 φ,照射角 θ 有关。还与搜索方式和传感器的尺寸有关。所以在设计系统之前,必须确定电视摄像头的电荷偶合器 CCD 的尺寸。通常有 $2/3''$,$1/1.8''$,$1/2.7''$,$1/3.2''$ 等十余种尺寸,标志芯片对角线的长度,以英寸计。在导弹上常用的是 $1/3''$,更小一点的芯片 $1/4''$,$1/5''$ 也已开发出来并商品化了。

摄像机扫描方式有两种:推帚式和摆动式。前者如同用扫帚扫街一样,沿着飞行方向推过去。后者摄象机做摆动(方位)和摇动(俯仰),通常只有摆动。一般是将两种方式结合起来。

设探测给定搜索面积 S 所需的时间为 T,导弹飞行速度为 V,摄像机脚印面积为 s,场周期为 t 则有

$$T = \frac{S}{s}t \qquad (4-1-9)$$

似乎与飞行速度无关,这是没有计及脚印重叠造成的。我们知道,只有当飞行速度和场周期匹配时,才不会有重叠。也就是说场周期正好等于导弹飞过梯形高的时间。即使如此,搜索面积的形状也会使搜索重叠或者遗漏。假定以等效矩形沿飞行方向推进,等效矩形的面积与脚印相同。不难求出等效矩形以梯形高为一边,另一边为梯形中线。于是搜索给定面积的时间为

$$T = 2\frac{(S-s)}{(c_1 + c_2)V} \qquad (4-1-10)$$

仔细分析是由于重叠过于多了,实际搜索给定区域,就像用脚印丈量一样。每踏一个脚印,花费飞过梯形高的距离就没有重复了。由此得到搜索给定区域的时间为

$T = \dfrac{b}{V}\dfrac{S}{s}$ 可是传感器的有效信号与其搜索速度成反比,如图 4-4 所示。

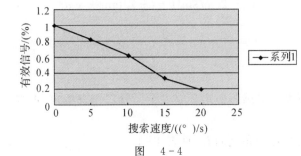

图　4-4

因此在确定上述参数是需要考虑这个因数。电视摄像机以它留在地上的脚印扫过搜索地区。设导弹以速度 V 向前平飞,脚印的轨迹如图 4-5 所示。

图中各边长和面积为

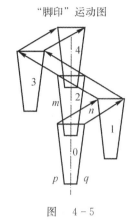

"脚印"运动图

$$s_{03} = (\overline{q_0 q_1})^2 \tan\angle n_0 q_0 q_1$$

$$\overline{n_0 q_0} = \sqrt{\left(\frac{c_1 - c_2}{2}\right)^2 + b^2}$$

$$\angle q_1 q_0 l = \arctan\frac{V}{u}$$

$$u = 4L_p / T_S$$

$$\angle m_0 n_0 q_0 = \arctan\frac{2b}{c_1 - c_2}$$

$$\angle m_0 n_0 q_1 = \angle n_0 q_0 l - \angle q_1 q_0 l$$

$$\overline{q_0 q_1} = L_P * \tan\angle q_1 q_0 l$$

图 4-5

第二个 1/4 周期脚印扫过的有效面积应该减去重叠的面积,只是增加了第一个平行四边形面积和 1/2 第二个平行四边面积。第三个周期则增加两个平行四边面积,第四个周期与第一个周期增加同样的面积,如此类推有

$$s = \sum s_{01} + s_{02} + s_{03} + s_{02} + \frac{1}{2}s_{03} + s_{02} + s_{03} + s_{02} + \frac{1}{2}s_{03} + \cdots$$

$$= s_{01} + n s_{02} + \frac{3}{4} n s_{03} \tag{4-1-11}$$

传感器的搜索方式已如上述,导弹搜索目标的方式也有点搜索、区域搜索和路径搜索之分。点搜索指对已经有其它侦察系统发现了拟似目标的位置,导弹在改坐标周围几百米的地方搜索过程。区域搜索的范围则要大一点,为若干平方公里。路径搜索则是沿着一条道路对其两旁几百米范围内的搜索。上面推导的计算搜索面积的公式即是路径搜索。

第 2 节　防区外导弹射程方程

防区外导弹与传统空地导弹的根本区别在其系列发展上,即一个气动外形,共用发射系统衍生出三型导弹,喷气推进、吸气推进和无动力滑翔。我们注意到,防区外导弹之所以系列发展,是因为防区是一个不确定的概念,需要在射程上权衡。

飞行器的航程(射程)深受热效率(热值)、气动效率(升阻比)和结构效率(质量比)的影响,布雷盖方程表达了这些参数与航程的关系。

$$R = H\eta_P \frac{L}{D}\ln\frac{1}{1 - W_f/W} \tag{4-2-1}$$

式中,H 为热值,即每单位质量燃料的含热量,m;η_P 为效率,燃料燃烧转化为推力的比率;L/D 为升阻比;W_f 为燃料质量,kg;W 为导弹总重,kg。

航空煤油的热值 4.35×10^6 m,含热量为 2.88×10^6 J/kg(空气),比重为 7.9×10^3 N/m³,比容为 0.124×10^{-2} m³/kg。

德国空气动力学家屈奇曼教授认为 $(L/D)\eta_P =$ 常数 (M),大致为 π(未经证明),随着发动机技术的进步可以达到 5。他给出的一组数据见表 4-1-2。

表 4-1-2　屈奇曼数据

M	0.7	1.2	2	10
η_P	0.2	0.3	0.4	0.6
L/D	16	10	8	5

我们对布雷盖方程改写适合喷气推进、吸气推进和无动力的型式。

引入燃料比冲 I

$$I = H\eta_P/V \tag{4-2-2}$$

或其倒数耗油率 c，则有

$$R = IV\frac{L}{D}\ln\frac{W}{W_f} \quad (\text{m}) \tag{4-2-3}$$

和

$$R = \frac{V}{c}\frac{L}{D}\ln\frac{W}{W_f} \quad (\text{km}) \tag{4-2-4}$$

上两式即有动力防区外导弹射程方程。采用固体火箭发动机微动力的喷气式防区外导弹用比冲。而以涡喷、涡扇为动力的吸气式防区外导弹用耗油率。对于滑翔型，因为没有动力，其航程只与升阻比和投放高度有关，其射程方程为

$$R = \frac{L}{D}h \tag{4-2-5}$$

R 与 $\dfrac{W}{W_f}$ 的关系可由表 4-1-3 得到。

表 4-2-3　R 与燃油系数的关系

W/W_f	R/km
0.1	144.027 8
0.2	305.037 2
0.3	487.574 6
0.4	698.299 6
0.5	947.532 2
0.6	1 252.569
0.7	1 645.831
0.8	2 200.102
0.9	3 147.634

　　因为防区外导弹为战术导弹,最大射程在 300～500 km,显然只有吸气式可以达到。当然我们要排除多级火箭布局,那是战略武器的考虑。我们知道气动效率随飞行速度增加而降低,而发动机的热效率随之升高。它们的乘积逼近某一个常数,并随技术的进步而提高。热值因采用的燃料而不同,一旦选定也是常数,故布雷盖方程只能够剩下一个变量,即燃油系数。我们以用航空煤油为例,计算航程随燃油系数变化见表 4-2-3。我们看到燃油系数 0.3～0.4 即可满足射程 500 km,这只是理想的情况。一般防区外导弹的升阻比不会用到如表中列出的数据。以速度马赫数 0.7 为例,升阻比取 5,耗油率取 1.1～1.3。计算结果如图 4-7 所示。可以看出只有当燃油系数为 0.4 才能满足 500 km 的射程。

　　曲线如图 4-6 所示,图标三角\矩形\菱形分别代表耗油率等于 1.1,1.2,1.3 的情况。再来计算利用比冲的射程曲线,得出形态一致的曲线(见图 4-7)。对于固体火箭发动机,其燃料带有氧化剂的比冲在 250～280 s 之间。

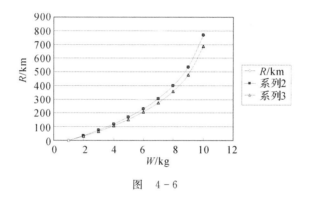

图　4-6

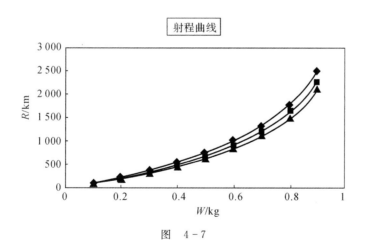

图　4-7

　　无动力防区外导弹,其射程只与投放高度和升阻比有关。设升阻比等于 5,则投放高度 500～9 000 m 的射程为 2 500～45 000 m。投放高度太高,对导弹的命中精度有不利影响。太低则对会危及载机安全。故一般定在 1 000～3 000 m,射程相应为 5～15 km。

　　作为防区外导弹设计,推荐按此射程序列匹配升阻比,燃油系数则按导弹速度。

第3节　防区外导弹任务剖面

空地导弹的任务剖面非常简单:投放、下滑、平飞、俯冲(见图4-8)。防区外导弹要飞过一段防区外距离,在战区还要有一个搜索、捕获、识别和确认目标的过程,所以它的的任务剖面要复杂得多。飞越防区外距离时它要避开敌火力威胁,规避地形地貌。因此一般要做航路规划。所谓航路规划是以最大的生存概率突破敌防区,而且路程最短。攻击目标的时候,为增加杀伤力,需要选择攻击方向和角度(着弹角)。这样在弹道末端除以给定的导引规律运动外,还需要机动、跃升、倾斜、加速。严格地说,应把载机起飞前后的任务计算在剖面之内。导弹挂到载机上以后,有一些勤务:弹上系统检查、惯导对准、与火控系统对接等。

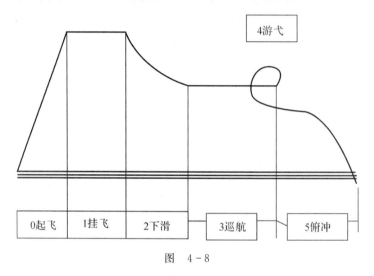

图　4-8

滑翔型的任务剖面这要简单得多。因为没有动力飞行速度随时间减速,导弹只能沿抛物线着地。有一些导弹设计家,致力于研究增加航程的办法,例如保持一段平飞,甚至做一点跃升。然而,这种违反力学原理的"创新"只有策划,并无实现的实例。尽管他们依据"能量转换"原理,深信导弹下滑的动能可以再转换成势能,使导弹升起来,姑且称为"无动力跃升"。有某某权威"震荡弹道"的设计为证。我们知道爬升角正弦

$$\sin\theta = \frac{T}{W} - \frac{1}{L/D}$$

上式第一项为推重比,无动力时等于零,第二项为升阻比倒数。注意它前面的负号表示弹道倾角为负数,不论升阻比多大,不可能爬升。即使无穷大也只能平飞,当能无法做到。

创新者们更举出"打水漂"和航天器再入大气层有"弹回去"的例子,坚持无动力跃升的可能。打水漂是孩子们玩的一种游戏,用一块破瓦片向水面捆下去,如果角度合适,瓦片会在水面弹跳数十次落水。距离比较远。我们注意到,瓦片弹跳轨迹逐渐贴近水面,而且不会高过捆出去的那一刻的高度。这符合能量转化的原理,瓦片的弹跳发生在两种介质(空气和水)之间,当瓦片接触水面时,由于水的密度比空气大得多,不可能压缩,故得到水的压缩能量(势能),瓦片就飞起来了。又因摩擦和阻力,获得的势能愈来愈小,所以瓦片的轨迹消失在水面。

航天器再入,是从稀薄大气进入稠密大气,也可看成两种介质。当再入角不合适时,弹回去时稠密大气赋予的弹力使然。

第 4 节   推重比与翼载

在飞机设计中推重比和翼载是两个重要的参数,它决定飞机的尺寸,影响飞机的性能。推重比指发动机推力和飞机质量之比,记为 T/W。翼载则表示飞机质量和机翼面积之比,记为 W/S。因为防区外导弹采用飞机外形,所以可以把这两个参数引入总体设计中,仍然用上面两个符号。

推重比不是一个不变的常数,随着燃料消耗,导弹的质量减少,推重比增加。在做水平匀速飞行时,推重比等于升阻比的倒数

$$T/W = 1/(L/D) \tag{4-4-1}$$

将此式作些变化

$$\frac{T}{W} = \frac{1}{L/D} = \frac{qC_{D0}}{(W/S)} + \left(\frac{W}{S}\right)\frac{K}{q} \tag{4-4-2}$$

于是可以求出平飞的最小推力,亦最小阻力和最大升力对应的速度为

$$\left. \begin{aligned} V_{min} &= \sqrt{\frac{2W}{\rho S}\sqrt{\frac{K}{C_{D0}}}} \\ C_{Lmax} &= \sqrt{\frac{C_{D0}}{K}} \end{aligned} \right\} \tag{4-4-3}$$

式中,K 为诱导阻力因子。升力伴生的诱导阻力和升力平方成正比,比例系数即为 K。

防区外导弹要求的防区外距离和敌防区大小和防空武器的作战距离有关,其值可用布雷盖方程求出,与导弹的升阻比成正比,也就隐含了与推重比的关系。搜索面积本质是航时,

$$E = \frac{L}{D}\frac{1}{c}\ln\left(\frac{W_i}{W_j}\right) \tag{4-4-4}$$

式中,E 为搜索某个飞行段所掠过的地区花费的时间;c 为小时耗油率;W_i 为搜索开始时刻的导弹质量;W_j 为搜索结束时刻导弹的质量。

爬升角

$$\sin\theta = (T/W) - 1/(L/D) \tag{4-4-5}$$

对应的速度为

$$V = \sqrt{\frac{2}{\rho C_L}\left(\frac{W}{S}\right)\cos\theta} \tag{4-4-6}$$

对上式求导并令其等于零,可求出最优爬升角

$$\frac{\partial V_\perp}{\partial V} = 0 = \frac{T}{W} - \frac{3\rho V^2 C_{D0}}{2(W/S)} + \frac{2K}{\rho V^2}\left(\frac{W}{S}\right) \tag{4-4-7}$$

式中,$V_\perp$ 为垂直速度。用方程解出最优爬升率,但它是隐函数故要用数值解,或者图解。

持续盘旋时,不损失高度。所以,推力等于阻力,升力等于盘旋过载乘以质量。故持续盘旋时的最大过载等于推重比与升阻比的乘积,即

$$n = (T/W)(L/D) \tag{4-4-8}$$

转换成与气动力系数的关系有关的方程,即利用

$$C_L = nW/qS$$

得到

$$n = \sqrt{\frac{q}{K(W/S)}\left(\frac{T}{W} - \frac{qC_{D0}}{W/S}\right)} \tag{4-4-9}$$

直线下滑。利用爬升角公式,推力为零则有

$$\frac{L}{D} = -\frac{1}{\sin\theta} \cong -\frac{1}{\theta} \tag{4-4-10}$$

对滑翔机,滑翔比等于向前飞行距离与损失高度之比,即升阻比。高级滑翔机的滑翔比可达40。也就是说,在损失 3 000 m 高度,可越过的水平距离为 120 km。滑翔型防区外导弹是无动力导弹,其升阻比不可能做到这么高,充其量也就 10 左右。为了尽可能大的射程,需要在最大升阻比下滑翔,即

$$\left(\frac{L}{D}\right)_{\max} = \frac{1}{2\sqrt{C_{D0}K}} = \frac{1}{2}\sqrt{\frac{\pi A e}{C_{D0}}} \tag{4-4-11}$$

对应的速度为

$$V_{\max L/D} = \sqrt{\frac{2W}{qS}\sqrt{\frac{K}{C_{D0}}}} \tag{4-4-12}$$

升力系数

$$C_{L\max L/D} = \sqrt{\frac{C_{D0}}{K}} \tag{4-4-13}$$

滑翔型防区外导弹停留在空中的时间由"下沉率",即导弹的垂直速度确定。

$$V_\perp = \sqrt{\left(\frac{W}{S}\right)\frac{2}{V(C_L^3/C_D^2)}} \tag{4-4-14}$$

式(4-4-14)是对小滑翔角推导的,为的是把三角函数消除,便于计算。为了让导弹在空中停留的时间长,下沉角就必须小。从上式可以看出,只有分母的(C_L^3/C_D^2)小才行。于是作

$$\frac{\partial}{\partial C_L}\left(\frac{C_L^3}{C_D^2}\right) = \frac{\partial}{\partial C_L}\left(\frac{C_L^3}{(C_{D0} + C_L^2)^2}\right) = 0$$

得到

$$C_{L\max\perp} = \sqrt{\frac{3C_{D0}}{K}} \tag{4-4-15}$$

最小下沉速度

$$V_{\min\perp} = \sqrt{\frac{2}{\rho}\left(\frac{W}{S}\right)\sqrt{\frac{K}{3C_{D0}}}} \tag{4-4-16}$$

最大升阻比

$$\left(\frac{L}{D}\right)_{\max\perp} = \sqrt{\frac{3\pi A e}{16 C_{D0}}} \tag{4-4-17}$$

我们在选择推重比和翼载时可以对照上面列出的公式进行权衡。开始可以根据统计数据选取一个初步的数据,在确定导弹部件尺寸的时候进行整。

翼载强烈影响导弹的失速特性,所以,翼载基本是按失速速度来确定,它对导弹的质量和尺寸的影响也是至关重要的。翼载大,则弹翼小,弹身相应会大一些,影响到导弹的质量。增加的浸湿面积又使阻力增大,而需要更大的推力。翼载大,无动力飞行的下沉速度大,其飞越距离也就小。另一方面翼载大,机动过载小,从强度的角度可以减轻导弹的质量。

失速翼载

$$W/S = \frac{1}{2} \rho V_{\text{stall}}^2 C_{L\max} \qquad (4-4-18)$$

游弋翼载

$$W/S = q \sqrt{\pi A e C_{D0}} \qquad (4-4-19)$$

式中,A 为展弦比,e 为 Oswald 系数。

转弯翼载

$$W/S = q C_{L\max}/n \qquad (4-4-20)$$

相应推重比

$$T/W \geqslant 2n \sqrt{\frac{C_{D0}}{\pi A e}} \qquad (4-4-21)$$

爬升与下滑翼载

$$W/S = \frac{[(T/W) - \sin\theta] \pm \sqrt{[(T/W) - \sin\theta]^2 - 4C_{D0}/\pi A e}}{2/q\pi A e} \qquad (4-4-22)$$

相应推重比

$$T/W \geqslant \sin\theta + 2n \sqrt{\frac{C_{D0}}{\pi A e}} \qquad (4-4-23)$$

此时,过载和动压要根据战技指标列表计算。

推重比影响导弹的最大速度,和加速到最大速度的时间。大推重比有理与爬升,也可以用大的转弯速率巡航。这些优点对战斗机是必须的。对防区外导弹却不怎么显著。它不需要那么大的机动。推重比强烈地影响发动机,大推重比要求大尺寸的发动机,大推力发动机的油耗大,势必增加燃油储存量。这样又需要大的油箱,又使导弹的质量增加。

平飞推重比等于升阻比的倒数,防区外导弹的升阻比一般为 $5 \sim 10$,故其推重比为 $0.2 \sim 0.1$。

爬升推重比

$$T/W = 1/(L/D) + \sin\theta \qquad (4-4-24)$$

飞机的翼载和飞行马赫数有一个统计公式

$$T/W = A M_{\max}^C \qquad (4-4-25)$$

此处 A 和 C 为系数,对于军用运输机分别为 0.244 和 0.341,导弹接近于军用运输机故可以用它作为参考(见图 4-9)。

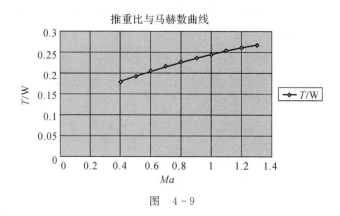

图 4-9

这是平飞的推重比,还要对机动做校核。

然而用上面的公式计算翼载有一个困难,即开始设计的时候并不知道导弹的零阻,和最大升力系数以及外形参数如展弦比等。一般的做法是按导弹结构材料的强度限制粗选一个翼载,然后在设计过程中校核,一般取空地导弹为 $500 \sim 600 \ \mathrm{kg/m^2}$ 与军用运输机($586 \ \mathrm{kg/m^2}$)接近;

空空导弹为 $300 \ \mathrm{kg/m^2}$ 与喷气教练机($244 \ \mathrm{kg/m^2}$)、战斗机($342 \ \mathrm{kg/m^2}$)接近。

这里搜集一些导弹的翼载与推重比数据作为选择的参考,见表 4-4-1 和表 4-4-2。

表 4-4-1 导弹翼载

导弹	RB04E	GBU15	RBS15	SKYSMARK	PEWGOIM	TOMHAWK
$W/S/(\mathrm{kg/m^2})$	334	472	444	1 000	226	804

表 4-4-2 导弹推重比

导弹	天空鲨鱼	飞马座	SLAM	TSSAM	JASSM
T/W	$0.584 \sim 0.65$	0.346	0.477	0.435	0.266

翼载与推重比均在统计数据之内。翼载超出统计数据很多的,如天空鲨鱼和战斧,是因为尺寸限制,不能选取大机翼。推重比在 0.5 左右,则导弹平飞需要的升阻比不大。这并不能说,防区外导弹所谓升阻比可以取得很小。它必须要有储备实行机动。

第 5 节 导弹密度

导弹设计中很少讨论导弹密度,但应用导弹密度的概念可以快速确定弹体尺寸。导弹密度定义为导弹发射质量除以导弹容积。但是导弹的容积却很难定义,因为其外形复杂,由许多部件组成。而容积本意是能容纳的物质大小。可是导弹弹翼和控制面往往做成实心,并不能容纳其他部件。所以,不妨以导弹弹身的长度乘以弹身横切面积作为导弹的容积。我们注意到导弹空气动力系数常常也用导弹弹身横切面积为参考面积,弹身长度为参考长度。我们这样定义就有意义了,于是导弹密度定义为导弹发射质量除以弹身横切面积与弹身长度之积

$$\rho_M = \frac{W}{S_b L_b} \tag{4-5-1}$$

式中,S_b 弹身横切面积,m^2;L_b 弹身长度,m。

密度与导弹弹身横切面积有关,又因大多数导弹的弹身为圆切面,所以有以弹身直径为变量的统计曲线,如图 4-10 所示。图中连续线由资料给出的数据绘制,散点系利用方程(4-5-1)计算了 82 种空地导弹的结果。由图可看出,导弹密度与弹径成反比,如图 4-11,符合导弹发展趋势。早期导弹采用大弹径,才可以容纳为导弹功能所要求的系统设备。而早期弹载设备的体积大,又需要大的空间。随着技术的进步,弹载设备功能扩大,体积缩小,所以弹径也就小。为使用方便将导弹密度曲线拟合求出

$$\rho_M W = 38 \tag{4-5-2}$$

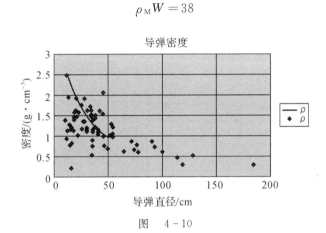

图 4-10

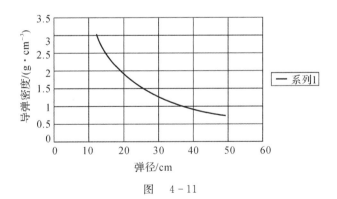

图 4-11

第 6 节 质量方程

确定了导弹的推重比、翼载和密度以后,就可以开始计算导弹的质量。

导弹的质量可以分解为

$$W_0 = W_w + W_{GNC} + W_f + W_e \qquad (4-6-1)$$

注脚 0,W,GNC,M,f,e 分别为发射、战斗部、导引导航和控制、发动机、燃油、结构(或空弹)。燃油质量和空重可以写成占发射质量比例的形式,于是

$$W_0 = \frac{W_w + W_{GNC}}{1 - (W_f/W_0) - (W_e/W_0)} \qquad (4-6-2)$$

式中分子两项质量,确定战术技术指标以后是已知的,对于导弹设计,其数值固定不变,通常叫做有效载荷。因为导弹的主要功能系准确击中目标和毁伤目标。有研究表明导弹毁伤目标的能力与战斗部质量和命中精度有关,即

对目标的毁伤能力 = 战斗部质量$^{1/8}$ × 命中精度$^{3/8}$

我们统计了 82 种空地导弹,发现战斗部质量系数与发射质量有一定关系。当发射质量大于 2 000 kg 时,战斗部质量趋近于 0.2,而发射质量小于 2 000 kg 时,系数分散度很高,几乎没有什么规律,如图 4-12 所示。然而这 82 种导弹战斗部质量系数的平均值为 0.3,如果以发射质量 1 000 kg 和战斗部质量系数 0.3 为中心,可以看到出一个随机分布曲线,以 0.3 的概率最高。这样看来,战斗部质量系数系根据摧毁的目标特性而定,没有太多规律可循。在概念设计时可以参考这个系数。

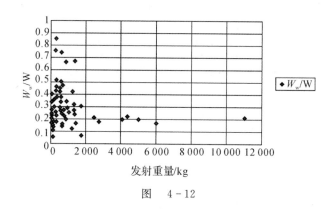

图 4-12

GNC 系统的质量比较难以确定,因为这个领域的技术发展太快,同等功能下的质量愈来愈轻。在 GNC 系统技术中,有三项关键技术:传感器、计算机和计算软件(方法)。相对来说,传感器质量的变化不是太大。例如电视导引头的光学设备、机械传动部件。但计算机芯片的处理速度却日新月异,计算方法也进步很快。这部分的质量根据选用而定,将在后面的章节予以讨论。

方程(4-6-2)右边分母两项:燃油和空重需要按下面的方法计算出。空重的定义需要说明一下。在飞机设计中,空重指结构、发动机、起落架、仪表、固定设备以及除开乘员、有效载荷、燃油以外的所有质量。有时也叫做"剩余质量"。飞机的空重用统计数据求出,空重系数在 0.3 ~ 0.7,随起飞毛重增加而减少,其函数关系为

$$W_e/W_0 = A W_0^C K_{vs} \qquad (4-6-3)$$

式中,参数 A,C 因飞机类型而变,与导弹外形和功能相近的飞机数据见表 4-6-1。K_{vs} 为变后掠系数,变后掠飞机取 1.04,固定翼飞机取 1。

表 4 - 6 - 1　决定飞机空重的系数

飞机类型	A	C
喷气教练机	1.59	-0.1
喷气战斗机	2.34	-0.13
军用运输机 / 轰炸机	0.39	-0.07
喷气运输机	1.03	-0.06

　　防区外导弹的空重应该如何定义? 传统导弹设计中,只把燃料质量当成变量,没有空重的概念。但防区外导弹外形与飞机接近,为非圆切面弹身,一字翼,非轴对称控制面等。但它与飞机又有显著区别,没有起落架和增升装置。所以,我们定义防区外导弹的空重为:

　　导弹空重 ＝结构质量＋动力装置质量或 ＝除有效载荷(战斗部＋GNC 系统)和燃料以外的所有质量

　　这样定义与飞机设计所定义的空重类似,只是把 GNC 系统从仪表和固定设备中分离出来,并且不要包括起落架。事实上在导弹设计中,有人就将 GNC 系统归于有效载荷,在战技指标中予以规定。因此,我们把空重放到分子上去,式(4 - 6 - 2)成为

$$W_0 = \frac{W_e + W_w + W_{GNC}}{1 - W_f / W_0} \tag{4 - 6 - 4}$$

　　根据任务剖面决定燃油的质量。因为防区外导弹有三种推进方式。第一,利用涡轮喷气发动机,涡扇发动机的吸气式推进。燃油为航空煤油。第二,利用火箭发动机的喷气式推进,其燃料为固体火药。第三,无动力的滑翔飞行。

一、吸气式推进导弹的燃料质量公式

　　吸气式防区外导弹耗油主要在巡航段,即飞过防区外距离的那一段(见图 4 - 8 的 3 巡航段)

$$\frac{W_4}{W_3} = \exp\frac{-RC}{V(L/D)} \tag{4 - 6 - 5}$$

和游弋段,即在敌战区搜索的那一段(见图 4 - 8 的 4 游弋段)

$$\frac{W_5}{W_4} = \exp\frac{-EC}{L/D} \tag{4 - 6 - 6}$$

我们知道,游弋是用最大升阻比,而巡航时用 0.866 最大升阻比。于是需要对巡航段和游弋段的耗油进行权衡,即对航程和航时进行权衡。引入参数 $\overline{W}$ 表示巡航段质量系数与游弋段质量系数之积 $\overline{W} = \dfrac{W_4}{W_3} \times \dfrac{W_5}{W_4}$ 上两式合并为

$$1.155R/V + E = C_1 \tag{4 - 6 - 7}$$

$$C_1 = -\frac{L/D}{C}\ln(\overline{W}) \tag{4 - 6 - 8}$$

载机起飞和飞抵就位点发射导弹这一段,即图 4 - 8 中的 0～1 段和 1～2 段导弹发动机尚未启动,故不耗油。下滑段即图 4 - 8 的 2～3 段和俯冲段即图 4 - 8 的 5 段耗油较小,一般不做详细计算,而是利用统计数据,大约 2%。

二、喷气式推进导弹的燃料质量公式

喷气式推进导弹的质量方程和上一节没有差别,也可以用布雷盖方程。

$$R = IV \frac{L}{D} \ln \frac{W}{W_f} \quad (\text{m})$$

喷气推进防区外导弹射程中等,一般没有在战区搜索目标的任务,故只有防区外距离消耗大多数的燃料,则有

$$\frac{W_4}{W_3} = \exp \frac{-R}{VI(L/D)} \tag{4-6-9}$$

式中,I 为比冲,即单位时间内消耗单位质量的燃料产生的推力(各种发动机的此冲见表 $4-6-2$),

$$I = \frac{Tt}{W_m} \tag{4-6-10}$$

比冲对导弹末速影响很大,

$$V = g C_{D,g} I \ln \frac{1}{1 - W_f/W_0} \tag{4-6-11}$$

用它来求达到给定末速的推进剂质量。

比冲和耗油率为倒数关系

$$I = \frac{3\ 600}{c} \quad (\text{S})$$

表 4 - 6 - 2 发动机比冲

发动机	冲压	涡喷	涡扇	液体火箭	固体火箭
比冲 /s	$1\ 000 \sim 1\ 200$	$3\ 000 \sim 4\ 000$	$7\ 200$	450	$250 \sim 280$

滑翔型防区外导弹没有动力,故无所谓燃料消耗之说。

求导弹燃料消耗的更一般的公式可以用纵向运动方程推导出。设导弹平飞时的攻角很小,于是

$$T = m \frac{dV}{dt} + C_D q S + mg \sin\theta \tag{4-6-12}$$

再引入比冲

$$\frac{dm}{dt} = -\dot{m} = \frac{T}{Ig} \tag{4-6-13}$$

对上式积分得到燃料

$$m_e = \frac{1}{Ig} \left(\int m\, dV + \int C_D q S\, dt + \int mg \sin\theta\, d\theta \right) \tag{4-6-14}$$

可以用数值积分方法求解。

三、吸气式防区外导弹动力装置质量系数计算

吸气式防区外导弹发动机为涡喷、涡扇,推力在 400 kg 以下,推重比 6 左右。发动机的推重比系指发动机的推力与发动机质量之比。我们统计了几十种小型发动机的数据,制成如图

4-13 所示和见表 4-6-3。

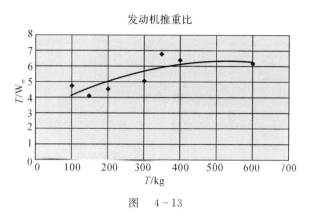

发动机推重比

图　4-13

利用这个图,我们可以粗略确定发动机的质量系数,步骤如下:

(1) 按本章第三节确定的导弹推重比 T/W_0;

(2) 按选定的发动机推力,由图 4-9 查出发动机推重比 T/W_m;

(3) 两个推重比相除得到发动机质量系数 W_m/W_0。

表 4-6-3　吸气式防区外导弹质量系数

T/W (T/W_m)	3.5	4.0	4.5	5.0	5.5	6.0
0.25	0.071	0.063	0.056	0.050	0.045	0.042
0.30	0.085	0.075	0.067	0.060	0.054	0.050
0.35	0.100	0.087	0.078	0.070	0.063	0.058
0.40	0.114	0.100	0.089	0.080	0.072	0.067
0.45	0.128	0.113	0.100	0.090	0.081	0.075
0.50	0.143	0.125	0.111	0.100	0.090	0.083
0.55	0.157	0.137	0.122	0.110	0.100	0.092
0.60	0.171	0.150	0.133	0.120	0.109	0.100
0.65	0.185	0.163	0.144	0.130	0.118	0.108

在本章第 3 节中指出飞机和导弹的推重比与其飞行马赫数成指数关系。指数与飞机的种类有关。还统计了几种导弹的推重比。防区外导弹大部分为亚音速,而导弹按任务剖面比较接近于军用运输机和轰炸机。推重比在 0.25~0.65 之间。而发动机推力在 50~400 kg,所以吸气式防区外导弹的发动机质量系数在上面表格范围之内,即 0.042~0.185。

四、喷气式防区外导弹动力装置质量系数计算

固体火箭发动机质量包括两大部分,燃料和壳体。燃料质量是变化的,可以根据战技指标计算确定,而壳体则利用统计数据确定。根据 31 种小型固体发动机资料发现固体发动机的推重比与推力的相关度不高,不能做为统计归纳的依据。我们转向另一个参数质量比,它与推力的相关度比较高,如图 4-14 所示。

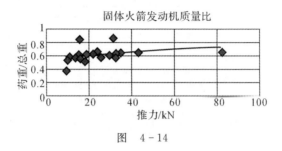

固体火箭发动机质量比

图　4-14

除个别点以外,均在一条对数曲线附近,数值 在 0.55~0.72 之间。喷气推进防区外导弹推力大致在 30~40 kN,故其质量比取 0.6 左右。根据这个结论,我们把质量方程修改一下,更方便于概念设计阶段确定导弹的质量。

设固体火箭发动机的质量比为 ζ,按质量比的定义

$$\zeta = \frac{W_f}{W_f + W_m} \tag{4-6-15}$$

代入式(4-6-1),又 $W_e = W_S + W_m$ 得

$$W_0 = W_w + W_{GNC} + W_f + W_e = W_w + W_{GNC} + W_S + (\frac{1-\zeta}{\zeta} + 1)W_f$$

两边除以 W_0,则

$$W_0 = \frac{W_w + W_S + W_{GNC}}{1 - \frac{1}{\zeta}\overline{W}_f} \tag{4-6-16}$$

$$\overline{W}_f = W_f/W_0$$

于是我们利用布雷盖方程求出喷气推进防区外导弹燃料系数 $\overline{W}_f$,代入式(4-6-16)求出发射质量。其中战斗部质量 W_w 根据战技指标确定,导引、导航与控制质量 W_{GNC} 根据选择的制导方式、控制策略和设备不难确定。至于结构质量 W_S 下面即将论述。

导弹结构包括弹翼、尾翼、舵面和弹身以及将它们连接成整体的部件和另件。还有些部件,如动力系统的油箱、氧气瓶、压缩气体瓶、管道。武器系统中的吊挂接头、供发射用的滑块。GNC 系统中的整流罩,固定电缆发的接头、卡箍等等。这些部件和零件又有不同的划分方式。固体火箭发动机常常作为整体式结构,它的壳体质量并不算在弹身上,而归于动力系统。导引头的整流罩的质量也是算在导引头中,而不花在弹身上。因此导弹的结构质量也就剩下弹身、弹翼、尾翼和控制面了。其他一些连接部件可以用一个系数来修正。

五、弹翼结构质量

一般弹翼有三种结构型式:蒙皮骨架式、整体结构和夹层结构。整体式结构又分为:辐射梁式加强筋整体结构、辐射网格式加强筋整体结构、菱形网格式加强筋整体结构和实心结构。前三种是用带有筋条的上下壁板构成一个壳体,又称为壳体结构。所以,本质上弹翼结构只有

壳体式结构和实心结构两类。我们可以针对这两类的结构特点来分析质量计算方法。

实心结构的质量可以用非常简单的方法算出

$$W_{sw} = \rho \, V_w \tag{4-6-17}$$

式中，ρ 为弹翼所选材料的比重。

V_w 为弹翼体积

$$V_w = S_{exp,w} \bar{t}_{ave} c_{Gexp} \tag{4-6-18}$$

式中，S_{exp} 为外露翼面积；$\bar{t}_{ave} c_{Gexp}$ 为弹翼平均厚度。

这里的平均厚度指翼剖面沿弦向的平均厚度，依所选翼型而定。导弹一般用对称翼型。亚音速用 NACA 层流翼型，超音速用菱形和六角形。只要知道翼型的面积就可以求出平均厚度。

NACA4 位数、5 位数以及 6 族的厚度分布为

$$\bar{y} = \pm 5\bar{t}(0.269\,6\sqrt{\bar{x}} - 0.126\,0\bar{x} - 0.351\,6\bar{x}^2 + 0.284\,3\bar{x}^3 - 0.101\,5\bar{x}^4)$$

翼型曲线所围面积为

$$\bar{S} = 2\int_0^1 \bar{y}\,\mathrm{d}\bar{x} \tag{4-6-19}$$

求出相对平均厚度为

$$\bar{t}_{ave} = 0.695\bar{t} \tag{4-6-20}$$

同样可求出菱形翼剖面和六角形翼剖面的相对平均厚度为

$$\bar{t}_{ave} = 0.5\bar{t} \tag{4-6-21}$$

式中，$\bar{t}$ 为翼型相对厚度。

尾翼和操纵面与弹翼类似。

壳体式结构弹翼的质量，因为内部挖空不能用式（4-6-17）计算。但如果能求出壳体式结构的折算密度，就可以用该公式。

壳体结构弹翼有两种加工方法：整体铸造和厚板铣切。弹翼壁板经加工后形成筋条和蒙皮受力。铸造蒙皮厚度为 2～2.5 mm，而化学铣切可做到 1.2 mm。而筋条的尺寸与数量根据设计和工艺的要求而定。我们在估算壳体结构弹翼的质量时，认为这种结构系由实体结构掏空，剩下一层蒙皮形成。蒙皮的展开面积为外露弹翼面积，乘以平均相对厚度减去蒙皮厚度就得到弹翼的体积，它小于式（4-6-18）表示的弹翼体积。两个体积相除即可得到壳体结构弹翼的折算密度。由于筋条的存在，还需乘以一个大于 1 的系数。用数学公式表示为

$$\rho_{Tra} = k\rho \, \frac{V_w}{S_{exp,w} t_S} = k\rho \, \frac{S_{exp,w} \bar{t}_{ave} c_{G,exp,w}}{S_{exp,w} t_S} = k\rho \, \frac{\bar{t}_{ave} c_{G,exp,w}}{t_S} \tag{4-6-22}$$

系数视筋条的数量和尺寸而定，约在 1.05～1.12 之间。

另一种确定弹翼质量的方法，是给出一个弹翼的单位面积质量 q_w。比如壳体结构弹翼为 9～10 kg/m²；单梁结构弹翼为 15～18 kg/m²。

对小型飞航式导弹也可以按

$$q_w = 12 + 0.018 p_0 \tag{4-6-23}$$

求出。

弹翼的质量等于

$$G_{\mathrm{w}} = q_{\mathrm{w}} S \qquad\qquad (4-6-24)$$

或质量系数等于

$$k_{\mathrm{w}} = \frac{q_{\mathrm{w}}}{p_0} \qquad\qquad (4-6-25)$$

尾翼和舵面亦用同样的方法。

因为防区外导弹与飞机的外形相似,例如非圆切面弹身,大展弦比一字翼,其弹翼质量也可以用飞机设计中用的质量统计公式求解。

弹翼质量

$$W_{\mathrm{w}} = 0.000\,563\,(W_0 N_Z)^{0.557} S_{\mathrm{w}}^{0.649} A^{0.5}\,(t/c)_{\mathrm{root}}^{-0.4}\,(1+\lambda)^{0.1} \qquad (4-6-26)$$

平尾质量

$$W_{\mathrm{H}} = 0.001\,535 K_{\mathrm{rht}}(1+F_{\mathrm{w}}/B_{\mathrm{h}})^{-0.25} W_0^{0.639} N_Z^{0.1} S_{\mathrm{ht}}^{0.75} L_{\mathrm{t}}^{-0.1} \times$$
$$K_y^{0.704}\,(\cos\Lambda_{\mathrm{ht}})^{-1} A_{\mathrm{h}}^{0.166}(1+S_{\mathrm{e}}/S_{\mathrm{ht}})^{0.1} \qquad (4-6-27)$$

垂尾质量

$$W_{\mathrm{V}} = 0.000\,164(1+H_{\mathrm{t}}/H_{\mathrm{v}})^{0.225} W_0^{0.556} N_Z^{0.536} S_{\mathrm{vt}}^{0.5} L_{\mathrm{t}}^{-0.5} \times$$
$$K_Z^{0.875}\,(\cos\Lambda_{\mathrm{vt}})^{-1} A_{\mathrm{v}}^{0.35}(t/c)_{\mathrm{root}}^{-0.5} \qquad (4-6-28)$$

式中,N_Z 为导弹法向过载系数;L_{t} 为平尾力臂长度,弹翼 1/4 平均气动力弦到平尾 1/4 平均气动力弦的距离;K_{rht} 为对全动尾翼取 1.047,否则为 1;K_Z 为俯仰转动半径,约等于 1/3 平尾力臂长度;K_y 为偏航转动半径,约等于平尾力臂长度。

式(4-6-26)到式(4-6-28)三个公式中原文为英制,本书改为公制,所以公式前的系数与原文不同。

六、弹身结构质量

导弹的弹身有一部分为燃料储箱,一部分为战斗部。所以这里讨论的弹身质量仅指除开以上两部分的质量。一般认为它只占全弹质量的 $9\% \sim 15\%$。我们用另外一种简便的方法求出弹身质量。当我们确定一个导弹设计项目时,军方一般会指定弹身直径 D 和发射质量 W_0。而弹身切面的厚度为

$$\delta = \frac{4M_{\mathrm{B}}}{\pi D^2 \sigma}$$

式中,M_{B} 为切面的弯矩;σ 为切面的许用应力,由选用的材料确定。

切面弯矩

$$M_{\mathrm{B}} = NL/c \qquad\qquad (4-6-29)$$

式中,系数 c 与导弹的外载荷分布有关,如图 4-15 所示。

图 4-15 中 W 为每单位长度上的载荷,N 为集中载荷。我们可以将导弹承受的外载荷改写为过载系数乘以导弹的质量

$$N = nW_0 \qquad\qquad (4-6-30)$$

于是弹身的结构质量系数为

$$\frac{W_{\mathrm{f}}}{W_0} = 4\left(\frac{L}{D}\right)_{\mathrm{f}} nL\,\frac{\rho}{\sigma} \qquad\qquad (4-6-31)$$

式中,$\left(\dfrac{L}{D}\right)_{\mathrm{f}}$ 为弹身长径比;ρ 为材料密度。

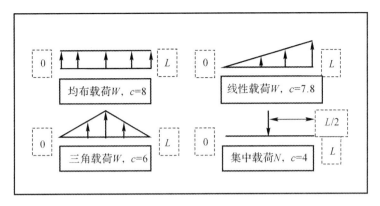

图　4 - 15

因为弹身各段的材料不同,例如弹头装导引头,有透波率的要求,故不能用金属材料。因此可以分段计算质量。而对于承力战斗部气其质量不计算在弹身结构质量之内。有一个经验公式

$$\frac{W_{f}}{W_{0}} = K_{Bg}\left(0.18 + 5 \times 10^{5} n_{max} \left(\frac{L}{D}\right)_{f}^{5/3}\right) \qquad (4-6-32)$$

式中,弹身长径比不包括战斗部。系数为有效载荷质量系数,包括战斗部、发动机和 GNC 系统。弹身结构质量系数在 $0.09 \sim 0.15$ 之间。

参照军用运输飞机的机身质量公式

$$\frac{W_{f}}{W_{0}} = 0.065 \, (W_{dg} N_{Z})^{0.5} L^{0.25} S_{fwet}^{0.302} \, (1 + K_{WS})^{0.04} \, (L/D)_{f}^{0.1} \qquad (4-6-33)$$

式中, K_{WS} 为考虑弹身与弹翼结构的因子。

$$K_{WS} = 0.75 [(1 + 2\lambda)](B_{W} \tan\Lambda / L) \qquad (4-6-34)$$

此处 B_{W} 为弹翼翼展, L 为弹身结构长度, Λ 为弹翼 1/4 弦后掠角。

第5章 防区外导弹外形设计

导弹外形设计是选择合适的气动外形,满足战术技术指标。设计的内容包括气动布局、弹翼气动力设计、尾翼气动力设计、弹身气动力设计和进气道设计。要完成这些设计必须具备空气动力学、控制论、运动学、结构力学、热力学、机械原理等方面的知识。其中最主要的是空气动力学,直接影响导弹外形。因为导弹速度可以跨亚、超音速,所以设计中会应用到亚、超音速空气动力学。近来,防区外导弹有向高超音速(Hypersonic)和低速发展的趋势。这两个领域的外形设计有不同的方法。

第1节 防区外导弹的气动布局

导弹气动布局指导弹的空气动力面的平面形状和位置,飞行控制的方式,而主要按照控制方式来命名。导弹的气动面的控制形式有以下一些:①常规式;②鸭式;③弹翼控制式;④无尾式;⑤无翼式;

还有其他一些形式,如弹身延长式、头部折叠翼等因为用得不多不予叙述。所有这些形式,均利用控制面偏转产生附加的气动力,改变导弹的姿态。这些要有对导弹重心的力矩改变才可能实现,所以尽管名称各异,只有在重心后的控制,如常规式,弹身延长式。在重心前的控制,如鸭式、头部折叠式。而弹翼控制式则在重心附近,或前或后。所以我们只要对这三种形式,做力学分析就可以了。通常将它们称为尾翼控制、鸭翼控制和主翼控制。

导弹的这三种布局,主翼和控制面可以是2片、4片、6片,理论上还可以多,直至环形翼。除2片翼(飞机式)外,多片翼安装在圆弹身上便形成轴对称布局。这个轴就是X轴,当气流偏离对称轴时,在任何垂直这个轴方向上的力度一样。所以无需利用最优取向来增加某个方向的力,只需做平面转弯,控制系统容易设计。主翼和控制面的相对位置,大多数是共面,或平行。也有交叉布置的。两者各有优缺点。共面式,当导弹用较大一点的攻角,主翼的下洗已经在控制面的外面,控制效率高。中等攻角以上力矩的线性度高。其缺点是在小攻角时,由于洗流打在控制面上,附加力损失大,可能出现不稳定。而交叉式解决了这个问题。不过到了较大的攻角,出现效率下降。

一、主翼控制

主翼控制或称弹翼控制,它具有极快的动力响应。有两方面的原因,一是弹翼产生的气动力大,只要一偏转,导弹立即向控制的方向机动。二是偏转在尾翼外的下洗对机动有利。比如需要导弹抬头,主翼需产生正攻角,此时在尾翼处的下洗产生的力矩也是令导弹抬头的。对于发射重心和巡航重心变化大的导弹,主翼的位置很难选择。

图 5-1 为主翼控制空气动力,主要的气动力在重心附近,所以其控制效率比较低。因为主翼的面积大,产生机动的力几乎全由它产生,故铰链力矩就比较大。然而需要的攻角不大,对于吸气式推进是有利的。

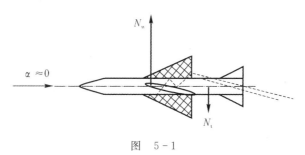

图　5-1

防区外导弹很少用主翼控制,可以说没有一种采用的。空地导弹也不用。舰空导弹有几种采用主翼控制,如海猫、黄铜骑士等。就其原因可能是发射平台为动机座,目标又做高速运动,要求导弹快速响应。图 5-2 为海猫舰空导弹,亚音速 M=0.9,射高 3.5 km,作战距离从 300 m 到 5.5 km。制导方式有三种:光学跟踪+无线电指令;雷达跟踪+无线电指令;电视跟踪+无线电指令。动力为固体火箭发动机;巡航与助推均在一个燃烧室中。偏航与俯仰靠弹翼,滚转则由弹翼差动。所以是一个典型的弹翼控制式。海猫的弹翼与尾翼平面形状不同,×+交叉配置。图 5-3 为海麻雀舰空导弹,正从发射筒里射出。这是一种超音速导弹,$Ma=2.5$,弹长 3.8 m,弹径 200 mm,翼展 1.02 m。四片全动式弹翼安装在弹身中部,相同平面形状的尾翼只起稳定作用。弹翼和尾翼××共面配置。动力为双推力固体火箭发动机。射程 15 km,射高 5 km。半主动雷达制导。

图　5-2

图　5-3

小猎犬舰空导弹为两级串联布置。其二级是弹翼控制。弹翼为小展弦比矩形翼,尾翼为后掠翼,成++配置。弹长 4.6 m,弹径 300 mm,翼展 0.52 m,速度 $Ma=2.5$,射程 16/35 km,射高 12/20 km,最小射高 0.6 km。雷达波束制导。固体火箭发动机。其改进型,高级小猎犬气动布局为正常式。图 5-4 展现的是高级小猎犬。图 5-5 为黄铜骑士舰空导弹。因为巡航用液体冲压发动机,故其头部有一个进气道。×型全动弹翼装在导弹中部。为一菱形翼。尾翼为小展弦比矩形翼,+型配置。速度 $Ma=2.5$,弹长 6.4 m,弹径 760 mm,翼展 2.9 m,射程 120 km,射高 3~26.5 km。制导方式为中段架束,末端雷达寻的。主翼控制产生需用过载的攻角较小,对于冲压发动机工作有利。但是主翼控制铰链力矩比较大,如果重心移动太大,则弹翼的位置难以确定,对选择合适的伺服系统也不利。

图 5-4

图 5-5

二、尾翼控制

尾翼控制式不仅是防区外导弹采用,空地导弹也常用这种控制形式。并不是这种形式有独特的优点,让设计师纷纷采用。因为飞航导弹来源于飞机,许多概念、原理、设计均能够借鉴飞机的成果。甚至有些导弹就是用飞机改型。例如苏联的一种岸舰导弹即是利用米格 9 改型。

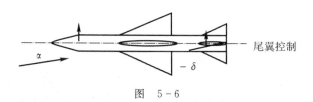

图 5-6

由图 5-6 可以看到,导弹抬头获得正攻角,升降舵必须向下偏转(负舵面角)。负舵偏产生负升力,所以它与弹翼的升力相反。因此导弹对机动的响应比较低,这是尾翼控制的缺点。但是机动完成后,导弹处于平衡飞行时,尾翼产生一个与升力与弹翼一致的升力,数值较小。这样对弹身的弯矩也小,对强度有利。同时,尾翼处的下洗仅仅是固定主翼产生的,没有主翼偏转引起的下洗。所以,弹翼与尾翼的干扰小,气动力线性度高,对控制有利。

图 5-7TSSAM 长度:4.27 m;翼展:2.4 m;质量:975 kg;速度:亚音速;射程:>370 km;动力:CAE J402-CA-100 涡喷;战斗部:450 kg WDU-42/侵彻型;射程:>926 km;动力 F107-WR-105 涡扇;核战斗部。从 TSSAM 到 JASSM-ER 气动布局的改变不大,颠倒 180°大概是为了悬挂的需要。增程靠换装涡扇发动机实现。TAURUS 是德国研制的防区外导弹,亦称 KEPD350 正常式气动布局,如图 5-8 所示。照片是从后面拍摄的。前面是一对大展弦比弹翼,可以折叠。后面为 4 片全动尾翼,叉形布置。导弹长 5.1 m,当量直径 1.08 m,翼展 2.064 m,飞行速度 $Ma=0.8\sim0.9$,飞行高度 30~40 m。射程可达 500 km。

图　5-7　　　　　　　　　　　　　图　5-8

SLAM 导弹(见图 5-9)由反舰导弹捕鲸叉改型成空对地导弹。正常式气动布局。中部为 4 片小展弦比梯形翼(亦称切稍三角翼),翼展 914 mm,弹长 3.84 m,弹径 343 mm。射程 100 km。其增程型,仅仅是把 4 片弹翼改为一字型大展弦比弹翼,翼展为 2.9 m,射程 300 km。多数空地导弹采用正常式布局,如以色列的突眼 POPEYE(见图 5-10)。图片上前面的一对小翼不是控制面,所以不能归于鸭翼控制,它起反安定面作用,调整导弹的静稳定度。

图　5-9

图　5-10

三、鸭翼控制

鸭翼控制导弹的前端有一对小尺寸的控制面,而主翼在后面。在进行控制时,鸭翼和主翼产生的升力同方向。在导弹为爬升而增大攻角时,控制面和主翼的升力叠加,把导弹抬上去。因为这个原因,鸭式飞机也叫"抬式"飞机。鸭翼很小,其下洗对导弹的稳定性影响不大。所以,为了得到要求的稳定度,主翼位置比较容易选择。力矩的线性度也比较容易保证。另一个突出的优点是,它与导弹的 GNC 系统靠得很近,便于装配、储存、运输和发射前的技术准备等后勤保障工作。导弹通常分为 3 个舱,前面为导引舱、中间为战斗部、尾部为动力舱(燃料与发动机)。对尾翼控制布局,控制面的伺服系统的位置常常与动力系统相干涉,不得不对其中一个系统做出牺牲。而导引系统又在导弹的最前端,控制电缆要经过很长的线路到达为尾部的控制面。其间还要穿过战斗部舱。迫使在弹身的外面增加一些保护零件,比如腹鳍和背鳍。而这些鳍并不如鱼类那样有作为,反而起到破坏稳定性的作用。这些在鸭翼控制中式不存在的。

但是,鸭翼控制也有缺点。由于其尺寸较小,不能很用来进行滚转稳定,必须用较为复杂的控制方法,如翼尖小翼。鸭翼控制(见图 5-11)中,升力(与主翼控制比较)主要由攻角产生,为了迅速地得到控制响应,鸭翼的转动速度必须很大。从而增加了控制伺服功率。由于这些缺点,鸭翼控制在导弹上应用不多。空地导弹蓝剑(见图 5-12)是其中一种,射程 370 km;速度 $Ma=1.6$;弹长 10.67 m;弹径 1.28 m;翼展 3.96 m。携带核弹头,为战略空地导弹。

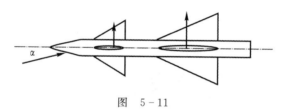

图 5-11

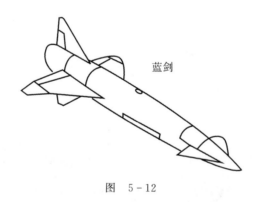

蓝剑

图 5-12

阿根廷研制的翠鸟也采用鸭式布局。它是一种近程反舰导弹。射程只有 9 km,速度 $Ma=2.3$;弹长 2.95 m;弹径 218.5 mm;翼展 730 mm。

上述三种控制方式(见图 5-13)各有优缺点。

尾翼控制的优点:尾翼控制因没有主翼偏转产生的下洗,弹身弯矩小。铰链力矩小。其缺点:对机动的响应慢。

弹翼控制的优点:对机动的响应快。其缺点:主翼铰链力矩大,弹翼位置难选择。诱导滚转大。

鸭翼控制优点:鸭翼与弹翼的力的方向一致。鸭翼的伺服系统便于安装。其缺点:滚转控制难实现。

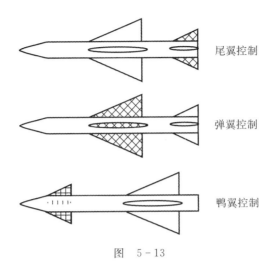

图　5 - 13

四、弹翼与尾翼配置

上述三种控制方式以控制面在重心前、重心后和重心附近来区分。控制面的位置确定以后,主翼的型式、数量、位置(距离和方向)对气动布局影响颇大。

图 5 - 13 简要列举了它们的配置关系。

防区外导弹为追求最大的防区外距离,采用大展弦比的一字翼,通常均用尾翼控制型式。尾翼为 3 片、4 片甚至多片,如图 5 - 14 所示。而三个方向的控制都由尾翼实现,弹翼一般不设计控制面。弹身为非圆切面。法国的阿帕奇是一种典型的防区外导弹气动布局。背部有一对大展弦比直弹翼,可以向后收缩。弹身为矩形,尾部共有 6 片尾翼。两片水平尾翼,四片垂直尾翼(上下各两片)。

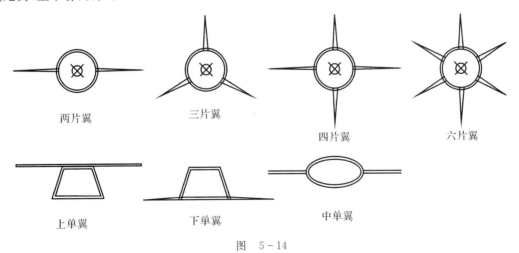

图　5 - 14

弹翼翼展为 2.53 m,弦长为 310 mm(估计),展弦比至少在 8 以上。而尾翼为小展弦比。选用多少翼片,自然是按力学分析来决定。因为导弹多为细长体,所以在做外形设计时,对于它的力学分析可以依据空气动力学中的细长体理论。所谓细长体理论是指导弹弹体沿 X 轴变化不剧烈，即其长细比（弹身长度与弹身直径之比）大，或者来流马赫数接近于 1。则线化的位流方程

$$(M_0^2 - 1)\varphi_{xx} - \varphi_{yy} - \varphi_{zz} = 0 \qquad (5-1-1)$$

简化为

$$\varphi_{yy} + \varphi_{zz} = 0 \qquad (5-1-2)$$

三维的问题简化到 (Y, Z) 平面上。我们再定义一个视质量系数

$$m_{ij} = m_{ji} = -\rho \oint \varphi_i \frac{\partial \varphi_j}{\partial n} ds, i, j = 1, 2, 3 \qquad (5-1-3)$$

或者叫做附加质量系数，它乘以参考长度和参考面积就得到稳定导数里的惯性系数。式 $(5-1-3)$ 积分绕导弹横切面，所以已知导弹横切面的视质量，就可以知道作用于横切面上的力。求视质量的方法是将横切面（物理平面）"保角转绘"到另一个平面（转换平面）上的单位圆，并满足不穿透边界条件。一般是利用转换函数

$$z = \zeta + \sum_{n=0}^{\infty} \frac{a_n}{\zeta^n} \qquad (5-1-4)$$

当然这些工作很烦的，所幸早就有人做了，列成表格。比如两片翼构成的翼身组合体（见图 5-15），其质量系数为

$$\left.\begin{aligned}
m_{11} &= \pi \rho a^2 \\
m_{12} &= 0 \\
m_{13} &= 0 \\
m_{22} &= \pi \rho s \left(1 - \frac{a^2}{s^2} + \frac{a^4}{s^4}\right) \\
m_{23} &= 0 \\
m_{32} &= \frac{\pi \rho s^4}{8}, \text{当} a = 0 \\
m_{33} &= \frac{\pi \rho s^4}{8}\left\{\left[(1 + R^2)^2 \arctan^1 \frac{1}{R}\right]^2 + 2R(1 - R^2) \times \right. \\
&\quad \left. (R^4 - 6R^2 + 1)\arctan^1 \frac{1}{R} - \pi^2 R^4 + R^2 (1 - R^2)^2\right\}
\end{aligned}\right\} \qquad (5-1-5)$$

式中，$R = a/s$。

两片翼

图　5-15

　　其他外形可以查表。有了视质量，导弹翼段在流场中的稳定导数就可以求出。单位速度 v_1, v_2, p 的速度为 φ_1, φ_2 和 φ_3 则其总的速度为

$$\varphi = v_1 \varphi_1 + v_2 \varphi_2 + p \varphi_3 \qquad (5-1-6)$$

导弹横切面单位长度的动能可以写成

$$T = -\frac{1}{2}\rho \oint \varphi \, \frac{\partial \varphi}{\partial n} ds$$

再对动能求导,就得到力和力矩的导数。我们注意到这些公式中含有一个与视质量有关的,称之为惯性导数的系数 $A_{ij}, B_{ij}, C_{ij}, D_{ij}$,它们与视质量的关系只差一个参考长度共和参考面积。但在导弹外形设计中,只会用到 A_{ij}。在部位安排的时候详细叙述。

弹翼和尾翼的片数可以一样也可以不一样,片数相同时,可以共面也可以交叉。大多数防区外导弹弹翼为 2 片,尾翼为 4 片,如美国的斯拉姆。也有弹翼尾翼取 4 片相同的形状,如以色列的突眼。法国的阿帕奇弹翼为 2 片,尾翼为 6 片。这样配置可能是在设计过程中,遇到横侧向导数不满足要求,而逐渐加上去的。多片翼不一定是好的设计,尤其用在控制面上。用视质量的概念可以证实。我们知道多片翼加圆弹身有

$$\left.\begin{aligned}
m_{11} &= m_{22} = 2\pi\rho s^2 \left\{ \left[\frac{1 + (a^2/s^2)^{n/2}}{2} \right]^{4/n} - \frac{1}{2}\left(\frac{a}{s}\right)^2 \right\} \\
m_{33} &= 0.533\rho s^4, \, n = 3 \\
&= 0.63\rho s^4, \, n = 4 \\
&= 1.57\rho s^4, \, n = \infty
\end{aligned}\right\} \quad (5-1-7)$$

图 5-16 表示多片翼身组合体的法向视质量系数(等同于法向力)对径展比(弹身半径与弹翼半展长之比)的变化曲线。由图可以看出:① 多片翼身组合体视质量不随翼片数量成倍增大;② 多片翼身组合体视质量随径展比增大的变化有一些复杂,开始减少,后来增加,其中 2 片翼一直减少而趋于$(2\rho s^4)/2$。

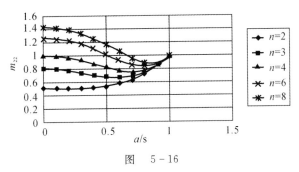

图　5-16

于是我们可以根据这张图和两条结论来选择翼身组合体的翼片数和径展比。对于翼片数,通常是 2,3,4,多了没有好处,反而增加了控制的复杂性。主翼一般是 2 片和 4 片。防区外导弹以 2 片为好,可以增加射程和应用最优取向来实现 BTT 控制。但 4 片也是经常采用的,主要是为了轴对称。然而,事实上导弹在纵向和侧向不对称。在设计中纵向过载总大于侧向过载,对称就没有必要了。如果设计中一定要用 4 片翼,而纵向和侧向过载又不一样。可以把 4 片翼沿纵向压扁,使纵向需用过载大于侧向。压多少角度?有一个简单的算法设纵向和侧向过载分别为 n_z, n_y;弹翼安装角 ψ 为则

$$\psi = \arctan(\sqrt{n_y/n_z}) \quad (5-1-8)$$

如果过载相等,$\psi = 45°$即对称十字翼。意大利为英国常规防区外武器计划所做的方案"飞马座"和德国的 KPED-350 均把叉形尾翼压扁,而飞马座的弹翼也是上翻的。可以看出,尾翼的安装角为 30°左右。这两型导弹的射程在 300 km,要求纵向过载比侧向过载大。

弹翼和尾翼的翼片既可以共面也可以交叉,多数为共面。也有交叉配置的,如美国为"非直瞄发射"系统(NLOS‐LS)设计精确打击导弹(PAM),其 4 片弹翼和 4 片尾翼交叉配置。还有南非的雨燕(Swift,见图 5‐17),英国的雷鸟(Thunderbird,见图 5‐18),瑞士的奥利康(Orelikon,见图 5‐19),苏联的加涅夫(Canef)。为何这样配置?我们不了解设计思想,不好贸然猜测。有一个实验数据表明可能是为了提高小攻角的静稳定度和改善中等攻角下的力矩线性度,如图 5‐20 所示纵向力矩系数攻角变化。但一般导弹攻角不会用到这么大。而且弹翼和尾翼的交叉角不一定要 45°,可以随要求加以改变。因为轴对称导弹总的周向力(y,z 方向的合力),只会改变力的分配。平行配置这可以用到比较大的攻角,但小攻角(2°以内)静稳定度小,甚至不稳定给设计带来麻烦。因为小攻角常常是导弹巡航攻角,希望能有大一点的稳定度。于是不得不采取人工增稳的措施。而大攻角机动时又嫌稳定太大,而又不得不在弹身前面加一个反安定面。我们知道,翼身组合体一般是不稳定的,导弹的稳定度靠尾翼来提供。尾翼和弹翼的相对位置决定了导弹稳定度的大小。尾翼和弹翼的相对位置除本节提到的翼面平行或交叉外,还有距离。距离的影响留到弹翼位置选择那一节去叙述。这些现象是由尾翼处的下洗引起的。弹翼要产生升力,必然要向下推斥气流。所以气流到达尾翼时,尾翼的攻角小于弹翼,这就是下洗。尾翼的配置要能够避开弹翼的下洗区。

图 5‐17

图 5‐18

图 5‐19

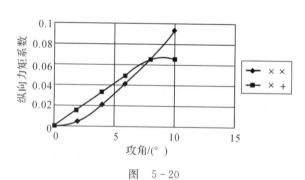

图 5‐20

五、弹翼位置

弹翼位置影响到导弹的稳定度,以及当重心变化时稳定度的变化。设计弹翼位置要考虑的因数有:弹翼的平面形状、尾翼的平面形状、弹翼和尾翼的空气动力学特性。弹翼和尾翼的相对位置和距离,导弹重心的变化。

我们知道全弹俯仰力矩系数由翼身组合体、尾身组合体构成

$$C_m = C_{mWF} + C_{mHF} \qquad (5‐1‐9)$$

而翼身组合体力矩系数为

$$C_{\mathrm{mWF}} = C_{\mathrm{LWF}}(\bar{x}_{\mathrm{cg}} - \bar{x}_{\mathrm{ac,WF}}) \tag{5-1-10}$$

尾身组合体力矩系数为

$$C_{\mathrm{mHF}} = C_{\mathrm{LHF}}(\bar{x}_{\mathrm{cg}} - \bar{x}_{\mathrm{ac,HF}}) \tag{5-1-11}$$

考虑尾翼下洗得到全弹俯仰力矩系数公式

$$C_{\mathrm{m}} = K_{\alpha\alpha} C_{\mathrm{L\alpha,Wexp}}\alpha \frac{S_{\mathrm{Wexp}}}{S}(\bar{x}_{\mathrm{cg}} - \bar{x}_{\mathrm{ac,WF}}) + k_{\mathrm{q}} K_{\mathrm{G}} C_{\mathrm{L\alpha H}}\frac{S_{\mathrm{H}}}{S}[K_{\alpha\alpha H}(\alpha - \varepsilon)] \tag{5-1-12}$$

式(5-1-12)假定在小攻角下,不考虑轴向力。中单翼,无上翻角。对式(5-1-12)求导得

$$C_{\mathrm{m\alpha}} = K_{\alpha\alpha} C_{\mathrm{L\alpha,Wexp}}\frac{S_{\mathrm{Wexp}}}{S}(\bar{x}_{\mathrm{cg}} - \bar{x}_{\mathrm{ac,WF}}) + k_{\mathrm{q}} K_{\mathrm{G}} C_{\mathrm{L\alpha H}}\frac{S_{\mathrm{H}}}{S}[K_{\alpha\alpha H}(1 - \frac{\mathrm{d}\varepsilon}{\mathrm{d}\alpha})] \tag{5-1-13}$$

除以全弹升力线斜率得全弹静稳定度。公式中随弹翼位置改变而变化的有全弹重心和尾翼处的下洗导数。

设外露弹翼的质量为 W_{Wexp},重心为 $\bar{x}_{\mathrm{cg,Wexp}}$,弹翼移动 $\Delta\bar{x}$(向前移为负),则全弹新重心为

$$\bar{x}_{\mathrm{cg}}1 = \frac{W\bar{x}_{\mathrm{cg}} - W_{\mathrm{wexp}}\Delta\bar{x}}{W} \tag{5-1-14}$$

求尾翼处下洗的公式为

$$\frac{\mathrm{d}\varepsilon}{\mathrm{d}\alpha} = 4.44[K_{\mathrm{A}}K_{\lambda}K_{\mathrm{H}}(\cos\Lambda_{1/4})^{1/2}]^{1/19} \tag{5-1-15}$$

式中展弦比修正系数

$$K_{\mathrm{A}} = \frac{1}{A} - \frac{1}{1 + A^{1.7}} \tag{5-1-16}$$

由图 5-21 可以看出,下洗随弹翼展弦比增大而减小,小展弦比弹翼的下洗导数很大。因为小展弦比弹翼的弦长很小,所以流过弹翼的气流必须更弯曲才能产生足够升力,所以下洗更大。这种现象在展弦比 3 以前更为显著。一般导弹均采用小展弦比弹翼,所以它因展弦比引起的下洗要有足够重视。防区外导弹更多用大展弦比弹翼,问题并不显著。然而我们注意到,防区外导弹特点是系列发展。也就是用一套气动布局实现长、中、短三种射程。而中射程一般用折叠翼的方式实现。无论是后掠,还是展向收缩,其展弦比均会减小。为保持器稳定度的变化不是很大,就有因展弦比改变而产生的下洗问题存在,需要在设计中权衡的。

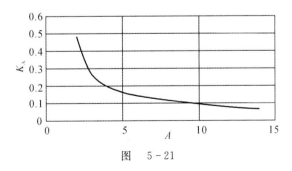

图　5-21

尖削比修正系数

$$K_\lambda = \frac{10 - 3\lambda}{7} \tag{5-1-17}$$

下洗随弹翼尖削比的变化比较单一,随尖削比增加而直线下降,如图 5-22 所示。可以用气流的弯曲来解释。我们用两个极端:矩形翼(尖削比为 1)和三角翼(尖削比为 0)。三角翼的弦长从翼根到翼尖逐渐减少,气流的弯曲逐渐加大。而矩形翼的弦长不变,下洗是均匀的。再用平均气动弦的概念,显然在同等展长情况下,三角翼小于矩形翼,其弯曲大,下洗也就大。

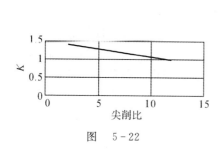

图 5-22

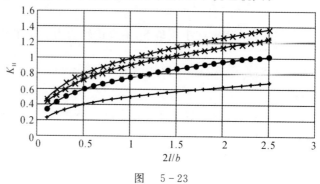

图 5-23

平尾位置修正系数

$$K_H = \frac{1 - h_H/b}{(2l_H/b)^{1/3}} \tag{5-1-18}$$

式中,h_H 为尾翼弦平面高出弹翼弦平面的距离;l_H 为弹翼尾翼 1/4 弦线间距离。

图 5-23 中自上而下表示尾翼弦平面与弹翼弦平面间的距离分别为 0,0.1,0.33,0.5 倍弹翼展长。尾翼高过弹翼,则下洗减少,而离开弹翼远则下洗增加。由式(5-1-16)、式(5-1-17)、式(5-1-18)可知弹翼展弦比和尖削比确定以后,下洗只随尾翼位置变化而改变。所以确定满足给定稳定度的弹翼位置,只需用式(5-1-13)、式(5-1-14)和式(5-1-18)联立求解。三个方程有四个未知数:$\Delta\bar{x}$,$\bar{x}_{cg1}$,l_H,h_H。

用迭代的方法很容易求出解。步骤如下:

(1)假定弹翼移动量 $\Delta\bar{x}_1$;

(2)求尾翼与弹翼的相对位置 l_{H1},h_{H1};

(3)代入式(5-1-18)求出 K_H;

(4)用式(5-1-14)求全弹新重心 $\bar{x}_{cg}$ 下述;

(5)用式(5-1-15)求对应新弹翼位置的尾翼处下洗导数 $\left(\dfrac{d\varepsilon}{d\alpha}\right)_1$;

(6)用式(5-1-13)求出对应全弹新重心的俯仰稳定导数 $C_{m\alpha1}$。

如果新的俯仰稳定导数不满足要求,则返回第(1)步重复计算,直至满足为止。

第 2 节　防区外导弹弹翼气动力设计

弹翼无疑是防区外导弹最重要的部件,而弹翼的设计更是导弹外形设计中最关键的一步。一副好的弹翼是导弹性能的倍增器。在进入弹翼气动力设计之前,我们来讨论弹翼分类及其空气动力学。

一、弹翼分类及其产生升力的原理

弹翼分类没有统一的意见。大多数人用它的平面形状来分,例如矩形翼、梯形翼、三角翼、椭圆翼、切稍三角翼、多边翼。也有用飞行速度来区分的,如亚音速、超音速、高超音速等。

我们这里引用德国空气动力学家屈奇曼(Küchemann.D)教授对飞机的分类,他把飞机分为古典与后掠飞机、细长飞机(又细分为超音速和亚音速)、乘波飞机(适于高超音速)。其实这种分类依据机翼的空气动力特性,因为空气动力特性不同,气动力设计的方法也就不同。所以本书用到防区外导弹弹翼的分类上是再自然不过的事。弹翼分为①低速大展弦比弹翼;②后掠弹翼;③小展弦比弹翼;④乘波弹翼。

设计弹翼为的是产生升力,让导弹能在天空飞翔,那么升力是如何产生的? 这个题目似乎超出了本书的范围。然而我们的目的是为了设计满足导弹性能指标的,有效的弹翼。所以不妨回顾一下升力原理,并且注意到在上述分类中它们的着重点是有差别的,也就是设计方法是有差别的。升力是如何产生的? 最为简单的解释是应用伯努利方程

$$\frac{1}{2}\rho V^2 + p = H \qquad (5-2-1)$$

它的意思是在空间一条流线上动压和静压保持不变。这种形式的伯努利方程是对流体作了定常不可压和无旋的假设。现在来考察无限展长弹翼,即翼型在流场中的运动,并假设翼型的攻角很小。绕过翼型上表面的路径长,为了满足流体连续的假设,它的速度一定要比下表面的快。所以上表面的压力比下表面的小,升力就产生了。更为详细一点的叙述由库塔—儒柯夫斯基定律作出。即流体在翼型尾缘的速度保持有限。所以流体得以上翻到上表面,于是在翼型上形成一个环量,下抛到流场中去。 略去推导,我们直接写出库塔—儒柯夫斯基定律描述的翼段升力

$$L = \rho V \Gamma \qquad (5-2-2)$$

卡门、西尔斯等人作了一般的推导,他们利用动量定理。对流场中的一个升力体(一般为立方体),而流场的上游为无穷远,下游则为无穷远的特雷夫茨平面。对作用在升力体表面上的压力积分,便得到升力和阻力。下面引出几种弹翼的升力表达式。

如果弹翼后面的尾迹是平直的,也即是尾涡面及其卷起的边沿,在到达特雷夫茨平面时不改变形状。可以导出弹翼的升力系数和阻力系数分别为

$$C_{L,\alpha} = \frac{2\pi}{1 + 2/A} \qquad (5-2-3)$$

$$C_D = \frac{1}{\pi A}C_L^2 \qquad (5-2-4)$$

注意式(5-2-4)没有包括零升阻力。零升阻力包括摩擦阻力和压差阻力,可以通过对升力体表面的摩擦力积分得到,压差阻力的系数为

$$K_V = \frac{1}{1 + h/s} \qquad (5-2-5)$$

式中,h,s 分别为端板高度和弹翼翼展。则式(5-2-4)变为

$$C_D = C_{DF} + \frac{1}{\pi A}K_V C_L^2 \qquad (5-2-6)$$

这就是古典大展弦比弹翼的流动情况。

事实上,弹翼后面的尾迹并非是平直的,它可能从侧缘开始分离流动。尾涡面不会保持平直,自侧缘向上翻起,产生更多的升力,称为涡升力。而且升力与攻角不成线性关系。式(5-2-3)表示的升力公式就不能用。许多人对这种流动做过计算,得到一些计算升力和阻力的公式。例如,假设旋涡矢量对来流的倾角为1/2攻角,分离从前缘开始的小展弦比矩形翼,在后缘的涡面高度取

$$h = \frac{\alpha}{A}s \qquad\qquad (5-2-7)$$

则

$$C_L = \frac{\pi}{2}\frac{A}{K_v}\alpha \qquad\qquad (5-2-8)$$

如果用式(5-2-5)中的端板高度为涡面高度得

$$C_L = \frac{\pi}{2}A(1+\frac{h}{s})\alpha \qquad\qquad (5-2-9)$$

如果用式(5-2-7)表示的涡面高度则

$$C_L = \frac{\pi}{2}A\alpha + \frac{\pi}{2}\alpha^2 \qquad\qquad (5-2-10)$$

这个公式的第一部分为线化理论的结果,第二项为非线性。但是它对薄板弹翼不适合。于是对涡面高度的不同假设得到不同的升力公式,如假设

$$h = s\frac{\sqrt{\alpha}}{A} \qquad\qquad (5-2-11)$$

则

$$C_L = \frac{\pi}{2}A\alpha + \frac{\pi}{2}\alpha^{3/2} \qquad\qquad (5-2-12)$$

还有一种理论,取展弦比趋于零的极限情况。此时,弹翼和尾流一直延伸到无穷远。在弹翼侧缘卷起一个与主流成1/2攻角的旋涡。认为在弹翼展长范围内的气流沿来流方向转动。得到一个与牛顿公式相同的公式

$$C_L = 2\sin^2\alpha \qquad\qquad (5-2-13)$$

假设一个展弦比为1的弹翼,计算其升力系数并绘成曲线,如图5-24所示。图中从上到下依次为按式(5-2-12)、式(5-2-13)和式(5-2-10)以及线性计算的结果。

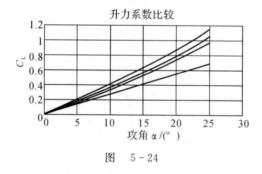

图 5-24

我们知道细长体理论推导出来的升力系数为

$$C_L = \frac{\pi}{2}A\alpha \qquad\qquad (5-2-14)$$

于是我们得到两种弹翼升力产生的特点。一种是大展弦比弹翼,可以用式(5-2-3)计算

其升力系数。一种是小展弦比弹翼,用式(5－2－12)、式(5－2－13) 和式(5－2－10) 计算其升力。为了设计弹翼,我们需要分析一下两种弹翼的流场和载荷分布。这是下一节的任务。注意到在我们的分类里,还有两种弹翼未做叙述。后掠翼可以是大展弦比,也可以是小展弦比。后掠翼(或者前掠翼) 只是为解决音障,延缓波阻的出现。如何判定弹翼展弦比的大小,从而选择不同理论。当展弦比满足该不等式即认为是小展弦比。

$$A \leqslant \frac{3}{(c_1 + 1)(\cos \Lambda_{LE})} \qquad (5-2-15)$$

式中,系数 c_1 与尖削比有关,数值在 0 与 0.5 之间,如图 5－25 所示。而 Λ_{LE} 为前缘后掠角。

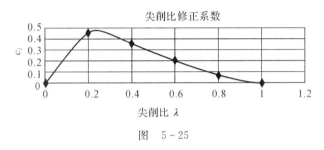

图　5－25

两种极限情况三角翼(尖削比等于 0)和矩形翼(尖削比等于 1)对有效展弦比没有影响。而且矩形翼因为前缘后掠角为零,所以它的展弦比≤3 便是小展弦比。后掠角增大,有效展弦比随之增大。从延缓波阻出发,当然希望用大后掠角三角翼。事实上实际应用的多为切尖三角翼或梯形翼。于是要在后掠角和尖削比之间做一个权衡。

乘波弹翼已经与我们传统意义上的弹翼有很大区别,甚至不把它叫做翼,而称之为“乘波体”(Waveriders)。这样称呼它,乃是为减少高超音速飞行中的阻力,让飞行器骑在一个平面激波上。乘波体沿流线的切面是一个按飞行马赫数确定的尖劈。其设计方法是先确定流场,再设计外形。而高超音速(马赫数大于 6)防区外导弹因为动力(超燃冲压发动机)尚不成熟,还只是一种新概念武器,设计的条件还不成熟。本章末尾会略加叙述。

二、大升阻比弹翼外形设计

从防区外导弹两个主要性能指标:防区外距离和搜索面积(防区内)可知,导弹需要大升阻比。所以,大升阻比是防区外导弹弹翼设计的首要任务。大升阻比导致大展弦比,似乎把这个设计任务改成追求大展弦比了。由式(5－2－3)得弹翼的升力系数斜率与展弦比成正比,极限情况下得到翼型的数值为 2π。当然设计中不可能用极限的情况。况且升阻比由防区外导弹两个主要性能指标大致确定为有限值。现在问题的求解成了如何选择展弦比保证得到规定的升阻比。问题的解又成了如何选择弹翼的后掠角、尖削比与得到的展弦比匹配而使弹翼具有要求的升阻比。大展弦比弹翼较小展弦比弹翼有较小的升致阻力,是因为三维效应使然。对于弹翼面积一定,升阻比与展弦比的平方根成正比。但展弦比影响到弹翼的失速攻角(Stalling angle),也就是升力不随攻角增加的攻角。大展弦比弹翼的失速攻角小于小展弦比弹翼,是因为在小展弦比弹翼翼尖有气流向上翻转,产生旋涡而增加了涡升力。关于弹翼失速特性我们在下节,作为大展弦比弹翼设计的一个特例详细论述。

展弦比对导弹的质量有影响,所以最终应该由性能和质量权衡确定。滑翔型防区外导弹

其展弦比为

$$A = 4.464 \, (L/D)^{0.69} \tag{5-2-16}$$

升阻比则由投放高度决定。

大展弦比弹翼翼型对弹翼的气动特性影响较大,按理应该先规定翼型的压力分布,然后求出翼型的几何数据。但翼型的气动力特性已经作了很多工作,无论理论求解,或实验证实均达到完美的程度。飞行器设计师只要选用,只要根据导弹的飞行速度,分别选用低速、亚音速、跨音速和超音速翼型就可以。所以,弹翼设计便是设计它的平面形状。关于弹翼的平面形状有矩形翼、梯形翼、三角翼、菱形翼、椭圆形翼等等。还可以由这几种形状变化出其他的形状,如切尖三角翼、曲线前缘翼、折线前缘翼。它们的展向压力分布是不同的,如图 5-26 所示。

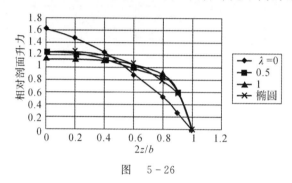

图　5-26

我们知道升致阻力与展弦比有关

$$C_{Di} = C_L^2 / \pi A e \tag{5-2-17}$$

式中,e 称奥斯特瓦许系数,是用来修正展向效率的,即展向分布有别椭圆分布所做的修正,用普朗特举力线理论可以计算出 e 值,但与实际有偏离。有些设计单位提出了一些经验公式,如

$$\left.\begin{array}{l} e = 1.78(1 - 0.045 A^{0.68}) - 0.64,对直机翼 \\ e = 4.61(1 - 0.045 A^{0.68})(\cos \Lambda_{LE})^{0.15} - 0.31,对后掠翼 \end{array}\right\} \tag{5-2-18}$$

用吸力比拟推导出一个较复杂的公式

$$e = \frac{1.1(C_{L\alpha}/A)}{R(C_{L\alpha}/A) + (1-R)\pi} \tag{5-2-19}$$

给定弹翼面积后,影响弹翼平面形状的参数只有后掠角和梯形比。

尖削比 λ 的影响。尖削比指弹翼尖弦弦长和根弦弦长之比。$\lambda = 1$ 为矩形翼。由于它沿展向有相等的弦长,在弹翼翼尖载荷比理想弹翼(诱导阻力最小椭圆翼)翼尖有更大的载荷,产生更多的诱导阻力。$\lambda = 0$ 为三角翼,尖弦长度为零。其载荷集中在根弦,对弹翼的强度和刚度是有利的。对超音速飞行,三角翼与大后掠角组合能显著减少超音速波阻。但其亚音速升致阻力却比较大。尖削比在 $0 \sim 1$ 之间的弹翼,其载荷分布在矩形翼和三角翼之间。当 $\lambda = 0.45$ 时,其载荷的展向分布最接近椭圆。

对于亚音速飞行,希望用椭圆载荷分布的弹翼,椭圆弹翼最适合,但椭圆翼制造不容易。矩形翼制造最容易,其偏离椭圆分布不是太大,所以经常采用。在飞机设计中,有人把矩形翼 1/4 弦后掠 22° 得到接近椭圆分布的机翼。他计算了一些接近椭圆分布机翼的尖削比和后掠角,如图 5-27 所示。图中纵坐标为 1/4 弦后掠角,横坐标为尖削比。该曲线上的点表示机翼展向载荷分布接近于椭圆。有一些飞机机翼尖削比和后掠角居然散布在一条曲线的两旁。椭

圆机翼上每一个剖面的载荷和有效攻角相等,所以诱导阻力最小。但椭圆分布载荷机翼并不
等于平面形状为椭圆的机翼。实际的做法是令弹翼每一个剖面的弦长等于椭圆在该剖面的弦
长即可。很多滑翔机的机翼采取这个办法,收到良好效果。导弹弹翼也可以用这种办法。例
如巡飞导弹的弹翼。本书附录设计的一种巡飞导弹即有应用。变通的方法很多,以弹翼 1/4
弦线为界,前后采用不同的椭圆、前缘为直线(后掠或不后掠)后缘为椭圆、前缘为椭圆后缘为
直线、前后缘均为曲线。或将弹翼分为中翼和外翼,用不同的矩形、椭圆、梯形组合。图 5-28,
图 5-29 展示这些可能的弹翼平面形状。

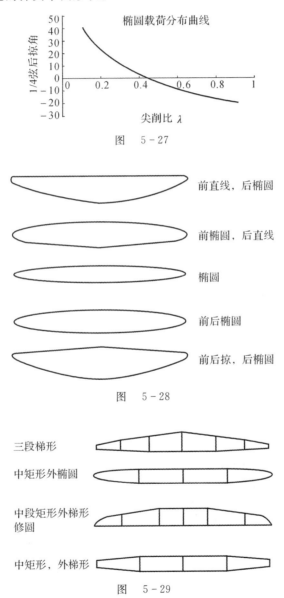

图　5-27

图　5-28

图　5-29

设计接近椭圆载荷分布的弹翼,遵循下列步骤。

(1)确定展弦比 A 和弹翼面积 S,这在导弹外形设计前,总体设计后是已知的。根据展弦
比和弹翼面积绘制一个椭圆弹翼。设椭圆弹翼的长短轴为 a 和 b,则有

$$ab = S/\pi \qquad \left.\vphantom{\begin{array}{c}1\\1\end{array}}\right\} \qquad (5-2-20)$$
$$a/b = 8/\pi A$$

求出长短轴后,椭圆即可绘制。从上式可以看出,椭圆长短主轴之比与展弦比成反比,比例系数约为 2.546 简化为 2.5。

(2)再由飞行马赫数确定弹翼的后掠角 $\Lambda_{1/4}$,根据椭圆分布的展弦比和尖削比的关系曲线,查出相应的尖削比 λ。

(3)选择一个近似椭圆分布的弹翼平面,绘制在椭圆上。

(4)调整弹翼剖面的弦长,使其约等于当地椭圆的弦长。

(5)根据机翼理论,举力线或举力面均可,计算出弹翼的展向载荷分布。

(6)与椭圆载荷分布比较,超过预定的误差,则重复上述过程,直至满足要求。

有时候我们需要增大已经服役的防区外导弹的射程,而又不希望做很大改动。增大升阻比是一个好的选择。1970 年 NASA 兰利研究中心的惠特柯姆(Richard Whitcomb)通过计算和风洞试验证明在机翼翼尖加装"翼梢小翼"(Winglets)能够显著降低飞机的诱导阻力。一般认为可以减少 20%～35% 的诱导阻力,升阻比增加 7% 左右。翼梢小翼减阻的机理,乃是翼尖效应。它的存在阻止了机翼下表面气流从翼尖向上运动,从而增加了机翼的展向效率。也就是减少了翼尖涡的强度,减少诱导阻力,其作用在于增加了展弦比,如图 5-30,图 5-31,图 5-32 所示。最早提出翼尖小翼为增加升力而在翼尖也可以装置小型的翼面,让气流自由通过。

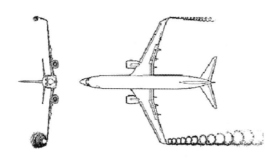

图　5-30

图　5-31

图　5-32

小翼的展长比主翼翼尖的弦长小。其绕流与主流的合成,使小翼产生的力有逆来流方向的分量,从而达到减阻的作用。好像帆船顶风行驶。而小翼概念则是英国工程师 Frederick

于 1897 年提出的。他的专利将这种翼尖装置称为"端板"。莱特兄弟的试验飞机飞行者三号鸭式飞机上设计了翼尖装置,叫做"侧罩"(Side curtain)。但是真正利用小翼功能的,却是 1910 年 William 做出的,用来改善飞机的稳定性。试验表明,采用翼尖小翼以后阻力减少,例如美国 DC-10 减阻 5%,波音 747 减阻 4%。波音 737 加装翼尖小翼后,航程提高了,见表 5-2-1。翼尖小翼设计就是使得翼尖的流动减少展向效应,于是翼尖端板很自然成为一种选择。但为了减少诱导阻力,便要设法使小翼的局部流场和主流合成一个沿航向的分力,好像推力一样。通常叫它吸力,因为不是动力产生的。

表 5-2-1　改装翼稍小翼航程增加

型号	原型/英里	加装小翼/英里	增程百分比
700	3 250	3 634	11.8%
800	2 930	3 060	4.4%
900	2 670	2 725	2.1%

翼尖小翼的设计参数有:①小翼的高度,高度愈高相当于主翼的展长增加,是有利的一面。然而高度增加又使主翼翼根弯矩增大,这是不利的。②小翼后掠角影响到临界状态,一般略比主翼小就可以。③尖削比需要大一些,为的是小翼的展向载荷分布变化不大。④展向倾斜角,向外倾斜 15°左右。⑤安装角与扭转角,它与主翼的弯扭角设计一样,会影响到小翼的展向载荷分布,进一步影响飞机的操稳特性。应该与主翼一并考虑。⑥小翼的位置。因小翼的弦长比主翼小,通常把小翼后缘与主翼尖弦后缘齐平。前缘在主翼尖弦的最大厚度处。

减少诱导阻力的翼端装置,并不限于翼尖小翼。帆翼也是一种。这来自于帆船的概念。也就是在翼尖安装几片小翼,互成角度,让气流在小翼之间流过时改变方向,增加升阻比。这好像秃鹰在天空翕张羽翅,即将翅尖的羽毛次第张开一定的角度来调整飞行姿态以飞得更远。图 5-33 为一个翼尖装置,三片互成角度的小翼排列在翼尖。帆片的减阻机理有过许多实验和理论研究。认为在翼尖局部气流有较大攻角,大约是主流攻角的 3~4 倍。局部流动和主流的合成在帆翼翼面(通常有负的安装角)产生一个附加推力。附加推力减少了诱导阻力,提高了升阻比。

帆翼

图　5-33

这从图 5-34 可以得到清晰的解释。

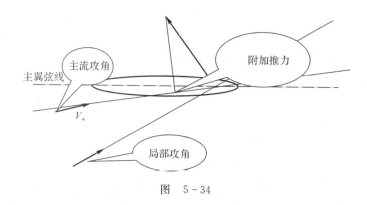

图 5-34

　　翼尖帆翼在飞机上应用很多,效果也很明显。如某运输机加装翼尖帆翼以后,升阻比提高了18.1％,总阻力减少15.7％。因为帆翼主要减少诱导阻力,故其诱导阻力减少了30.5％。而一份研究报告表明,翼尖帆翼降低了翼尖涡的强度,使升阻比增加。利用局部能量产生一个附加推力,诱导阻力因子减少20％~23％。

　　除这两种增升降组的装置以外,还有些可以增加升阻比的措施,如翼尖修型,翼尖剪切,低阻翼尖等。翼尖装置应用很广,航天飞机也称天地往返装置,太空穿梭机(space shuttle orbiter),美国比奇公司设计的星际飞船2000如图5-35所示就采用了。图5-36、图5-37为采用翼尖小翼的公务飞机利尔喷气28型。它于1977年展出。

　　这些使用翼尖小翼的尝试,促使波音公司在她的客机上应用。1985年宣布波音747-400增加机翼展长和加装翼尖小翼,航程增加3.5％。2002年波音737用翼尖小翼,油耗降低了4％~6％,而其他性能不变。2009年空客公司的A-320也做了翼尖改型,他们在翼尖加装了鲨鱼状的小翼(Sharklet winglet),如图5-38所示。可以看出翼尖有一个形状像鲨鱼尾巴的部件。实际上就是上下小翼,不过比小翼短而已。这种装置也称翼尖挡板(wingtip fence)空客希望油耗减少3.5％。

图 5-35

图 5-36

图 5-37

图 5-38

小翼在滑翔机上应用很广,图 5 - 39 为短弯刀滑翔机(Scimitar Sailplane)。这是一种 15 米翼展级别的竞赛滑翔机。原型机翼用 GW - 1 超临界翼型,虽然作了小翼设计,但只改进了爬升率,无法克服过大的零阻,可能因为设计升力系数选择不当。我们知道超临界翼型只在一个设计升力系数下提供一定范围设计升力的低阻。后来改用专门为它设计的翼型 PSU 90 - 125WL,于是在 1993 年美国 15 米级滑翔机竞赛中取得胜利,甚至翼展无限制级。小翼应该是取得胜利的原因。滑翔机上非共面翼尖小翼,即两个小翼不在一个平面上,如 DG - 1000。混合式翼尖小翼是指主翼曲线过渡到小翼,而不是折线。为的是减少小翼与主翼间的干扰阻力。

图　5 - 39

翼稍倾斜(Raked wingtip)指翼尖增大后掠角,与翼尖小翼的想法是一致的。目的用增大有效展弦比(翼尖涡减弱)降低诱导阻力以减少油耗、改善爬升性能和缩短飞机起飞离距离。但试验结果翼稍倾斜比小翼更好,减低诱导阻力 5.5%,而后者只有 3.5%～4.5%。所以在客机上广泛应用。图中波音 787 和空客 A350 都应用翼稍倾斜。

翼尖帆片的设计参数有帆片几何,如面积、后掠角、尖削比、展弦比、根弦长度等。帆片的片数、安装角、上反角、帆片处于主翼翼尖的位置等也是应该考虑的因数。为了防止失速,帆片还需要进行弯扭设计。这些设计可以用空气动力学数值计算的方法解决。这里先做一些经验的设计介绍。①三片面积较小的帆片;②帆片有较大的展弦比;③帆片的根弦长度不超过主翼尖弦弦长的 20%;④帆片前缘后一道主翼尖弦的最大厚度处,减少干扰;④⑤帆片的安装角为负值,三片的取数依次为 -18°,-15°,-12°,上反角依次为 15°,0°和 -15°。这样的配置是为了让帆片之间的流管形成的局部流场增加升力,减少诱导阻力。

我们注意到许多滑翔机均采用翼尖小翼设计,无动力滑翔型防区外导弹没有这种设计的。但随着防区的扩大,对应无动力型的射程也会扩大,翼尖小翼可能也是防区外导弹的一种选择。

三、按失速特性设计大展弦比弹翼

上一节我们叙述了获取大升阻比的弹翼设计方法,本节叙述另一种思路,即按弹翼的失速特性设计。失速(Stall)是飞机攻角增加升力不但不增加反而下降的现象。此时,阻力陡增,俯仰力矩急剧变化,飞机失去速度,姿态也发生变化,难以操纵。导弹有没有失速的问题? 也是有的。防区外导弹在突防的时候,要进行航路规划,即用最大的生存概率到达目标区。按照导弹制导的传统说法,这是自控段。防区外导弹自控段机动要比一般空地导弹大,有可能用到大的攻角。而攻击目标时为了打击效果,常常在末端(自导段)急剧跃升然后再笔直俯冲下去,更有大攻角的问题。

我们先从翼型失速开始,对应不同的翼型失速有三种形态:后缘失速、前缘失速和薄翼失速,对飞行器的影响程度也不同。失速是翼型上发生气流分离,这三种失速有着完全不同的形态。

(1)后缘失速。圆头和大翼型相对厚度$(t/c>14\%)$,攻角到达$10°$以后,首先在翼型的后缘发生分离,然后向前缘扩展。此时升力的损失是缓慢的,俯仰力矩的变化也很小。

(2)前缘失速。中等相对厚度$(t/c=6\sim14\%)$翼型,小攻角气流便在前缘发生分离,但立即又附体,并不产生影响。只是到了一定大的攻角,气流几乎立即在整个翼型上分离。升力和俯仰力矩突然发生变化,比较可怕。

(3)薄翼失速。非常薄的翼型,小攻角下前缘分离气泡(指分离气流在附体)随攻角增加并不发展附面层分离,而是覆盖在整个翼型上。等到比较大的攻角,升力系数已经达到最大值,才在整个翼型上失速。所以升力损失不严重,而俯仰力矩变化大。

以上是翼型失速的情况,弹翼也有失速。它与翼型有关,也不完全有关。只是在大展弦比弹翼大攻角发生。小展弦比弹翼气流分离发生在侧缘,失速攻角较高。其前缘吸力甚至可以避免失速,达到几十度的攻角还不失速。这里只讨论大展弦比弹翼的问题。小展弦比弹翼的设计在后面的章节讨论。弹翼失速开始发生在某个剖面(改剖面的翼型决定),该剖面载荷达到翼型的失速攻角,气流分离,是否再附体,依翼型的失速形态而定。然后向其他剖面发展。弹翼失速有两种:平失速和陡失速。平失速指到达失速攻角后,弹翼的升力缓慢地下降;而陡失速则急剧下降。我们当然希望设计成平失速型。弹翼失速可能发生在翼尖,也可能发生在翼根。我们不希望翼尖首先失速,于是有扭转设计:几何扭转和气动扭转。几何扭转是将翼尖的按安装角设计成负值,减少翼尖攻角,推迟翼尖失速。气动扭转则是在翼尖和翼根配置不同弯度的翼型,让翼尖的翼型有较高的最大升力系数。弹翼失速特性以下面的参数表征:①弹翼最大升力系数C_{Lmax}及其对应的攻角α_{CLmax};②失速裕度ΔC_l;③失速点的展向位置$\bar{z}_s$和失速边界$\Delta\bar{z}_s$;④失速警告和失速形态也是失速的特性,只是没有量化指标而已。

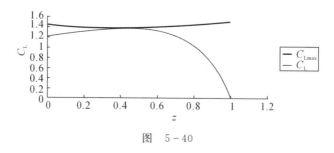

图 5－40

失速特性可以图5-40来表示。

上面的曲线为弹翼每一个剖面的翼型最大升力系数,下面的曲线为某一个剖面达到该剖面翼型的最大升力系数时,剖面沿展向的升力分布。按定义此时弹翼的升力系数达到最大值。两条曲线之差为剖面的升力系数增量,定义0.7半展长处的升力系数增量为弹翼的失速裕度。两条曲线的相切点为失速点,失速点两边剖面升力系数增量等于0.01的展向位置定义为失速边界。失速特性几个参数之间没有解析的关系,但其数值和失速类型有着一定的联系。平失速型弹翼的最大升力系数较小,失速边界较窄,失速裕度大,升力增量大。反之,陡失速的弹翼最大升力系数大,失速边界宽,失速裕度小,升力增量小。

按失速特性设计弹翼,需要解决两个问题:第一,弹翼大攻角气动力计算方法;第二,弹翼平面形状参数对失速特性的影响。

弹翼在大攻角下的流动不属于位流范畴,位流气动力理论不适用。大展弦比弹翼在大攻角时,外侧下洗较大,所以翼根的有效攻角大,附面层增厚。在横向流(方向由外及内)作用下,气流首先在内侧分离。随攻角增大,分离向外扩展。因此,升力系数随攻角已不成线性变化。根据大展弦比弹翼翼剖面的干扰小的事实,可以采用"考虑剖面非线性的举力线理论"计算大展弦比大攻角弹翼的气动力特性。因为翼剖面非线性气动力没有解析关系,所以只能是数字迭代的方法。计算步骤如下:

(1)将弹翼半翼展分成 r 段,按极坐标求出每一站的坐标

$$z_i = \cos\theta_i$$

$$\theta_i = \frac{\pi i}{2r}, r = 1, 2, \cdots, r$$

(2)求出各站剖面气动力(方法见本节附录);

(3)假设一个展向升力分布(20);

(4)按举力线理论计算剖面诱导攻角

$$\alpha_i = \frac{180b}{8\pi^2} \int_{-b/2}^{b/2} \left[\frac{\mathrm{d}(C_1 c/b)}{\mathrm{d}z} / (z_i - z) \right] \mathrm{d}z \tag{5-2-20}$$

对有限站位

$$\alpha_i = \frac{180}{4\pi \sin\theta} \sum_{n=1}^{r-1} n A_n \sin n\theta \tag{5-2-21}$$

$$\frac{C_1 c}{b} = \sum_{n=1}^{r-1} A_n \sin n\theta \tag{5-2-22}$$

$$A_n = \frac{2}{r} \sum \left(\frac{C_1 c}{b} \right)_m \sin n \frac{m\pi}{r} \tag{5-2-23}$$

得

$$\alpha_i = \frac{180b}{4\pi r \sin(k\pi/r)} \sum_{m=1}^{r-1} \left(\frac{C_1 c}{b} \right)_m \sum_{n=1}^{r-1} n \left[\cos n \frac{(k-m)}{r} - \cos n \frac{(k-m)}{r} \pi \right] \tag{5-2-24}$$

利用三角级数求和公式得

$$\alpha_i = \sum_{i=1}^{r-1} \left(\frac{C_1 c}{b} \right)_m \lambda_{mk} \tag{5-2-25}$$

式中,当 $k \pm m$ 为偶数时

$$\lambda_{mk} = \frac{180}{4\pi r \sin(k\pi/r)} \left[\frac{1}{1 - \cos(k+m)\pi/r} - \frac{1}{1 - \cos(k-m)\pi/r} \right] \tag{5-2-26}$$

当 $k = m$ 时,

$$\lambda_{mk} = 180r / [8\pi \sin(k\pi/r)] \tag{5-2-27}$$

当 $k \neq m$, $k \pm m$ 为奇数时,

$$\lambda_{mk} = 0 \tag{5-2-28}$$

诱导攻角求出后,当翼剖面的有效攻角等于弹翼攻角减去诱导攻角,于是升力系数成为已知

$$\left(\frac{C_1 c}{b}\right)_K = \left[\alpha - \sum_{m=1}^{r-i} \left(\frac{C_1 c}{b}\right)_m \lambda_{mk}\right]\left(\frac{a_0 c}{b}\right)_K \tag{5-2-29}$$

它与假设的升力分布相减得到误差 Δ_K 如果在允许范围内则停止计算,否则另设一组误差 Δ_{K1} 使新的升力分布与假设的一致,即

$$\left(\frac{C_1 c}{b}\right)_K + \Delta_{K1} = \left[\alpha - \sum_{m=1}^{r-i} \left(\frac{C_1 c}{b} + \Delta'\right)_m \lambda_{mk}\right]\left(\frac{a_0 c}{b}\right)_K \tag{5-2-30}$$

于是

$$\left(\frac{a_0 c}{b}\right)_K \sum_{m=1}^{r-1} \Delta'_m \lambda_{mk} = \Delta_K - \Delta_{K1} \tag{5-2-31}$$

注意到 λ_{mk} 取值表达式,令

$$\left.\begin{aligned} G_{mk}' &= \left(\frac{a_0 c}{b}\right)_k \lambda_{mk}, m \neq k \\ G_{mk}' &= 1 + \left(\frac{a_0 c}{b}\right)_k \lambda_{mk}, m = k \end{aligned}\right\} \tag{5-2-32}$$

得

$$\sum_{m=1}^{r-1} G_{mk}' \Delta_m' = \Delta_k \tag{5-2-33}$$

误差写成矩阵型式

$$\{\Delta_m'\} = [G_{mk}]^{-1}\{\Delta_m\} \tag{5-2-34}$$

将误差对设计的升力分布做修改,达到新的升力系数分布,又开始新的一轮计算。如此迭代下去得到符合目标函数为止。迭代方法中第一次假设很重要,所幸对大展弦比弹翼,不同平面形状展向载荷分布都有经验公式或规范。例如梯形翼其展向载荷分布为

$$\frac{C_1 c}{b} = \frac{1}{2}\left(\frac{c}{c_{av}} + \frac{4}{\pi}\sqrt{1-\bar{z}}\right)\frac{c_{av}}{b}C_L \tag{5-2-35}$$

椭圆弹翼展向载荷分布为椭圆,尖削比与后掠角设计得当,其载荷分布也近似与椭圆。知道剖面载荷分布以后,弹翼的气动力计算便是一个积分问题。这里用辛卜生积分公式得升力系数

$$C_L = A\sum_{m=1}^{r-1}\left(\frac{C_1 c}{b}\right)_m \eta_m \tag{5-2-36}$$

诱导阻力系数

$$C_{Di} = \frac{\pi}{180}A\sum_{m=1}^{r-1}\left[\left(\frac{C_1 c}{b}\right)_m \alpha_i\right]_m \eta_m \tag{5-2-37}$$

零升阻力系数

$$C_{D0} = A\sum_{m=1}^{r-1}\left(\frac{C_{D0} c}{b}\right)_m \eta_m \tag{5-2-38}$$

俯仰力矩系数

$$C_M = \frac{A}{bc_{av}}\sum_{m=1}^{r-1}(C_m c^2)_m \eta_m \tag{5-2-39}$$

式中的权

$$\eta_m = \frac{\pi}{6r}\left[3 - (-1)^m\right]\sin\frac{m\pi}{r} \tag{5-2-40}$$

剖面力矩系数

$$C_m = C_{m1/4} - \frac{x}{c}[C_1\cos(\alpha - \alpha_i) + C_{D0}\sin(\alpha - \alpha_i)] -$$

$$\frac{y}{2}[C_1\sin(\alpha - \alpha_i) - C_{5D0}\cos(\alpha - \alpha_i)] \tag{5-2-41}$$

按飞机设计的经验,机翼翼尖翼型的弯度取 3% $\sim$ 4%,厚度取 12%,不会出现不良失速特性。我们的研究表明,尖削比和扭转角对失速特性影响大。据此用上述方法计算过 84 组机翼得到一些这两个参数对失速影响的数据,尖削比增加,失速裕度增加,失速点开始位置向机翼根部移动;扭转角增加,失速裕度增加,失速点内移。初步设计时,可以用一个近似公式

$$\bar{z}_s = 1 - \lambda \tag{5-2-42}$$

来估计失速点位置。用增加尖削比使失速点内移多少被最大升力系数下降而抵消。因为大尖削比弹翼载荷集中在内测,一旦失速载荷损失大,弹翼的最大升力系数必然降低。尖削比指弦长之比,但在厚度方向也存在尖削比,在失速特性中也显得重要。翼根剖面和翼尖剖面采用不同相对厚度和弯度的翼型,会对失速特性产生影响。我们把弯度放到扭转中讨论,即所谓气动扭转和几何扭转的问题。固定翼尖相对厚度,增加翼根相对厚度,失速点和失速均外移,失速裕度减少,最大升力系数减少。固定翼根相对厚度,增加翼尖的相对厚度(大于 12%)使失速点和失速边界均外移,失速裕度减少,最大升力系数减少。编成计算机程序进行数字计划框图如图 5-41 所示。

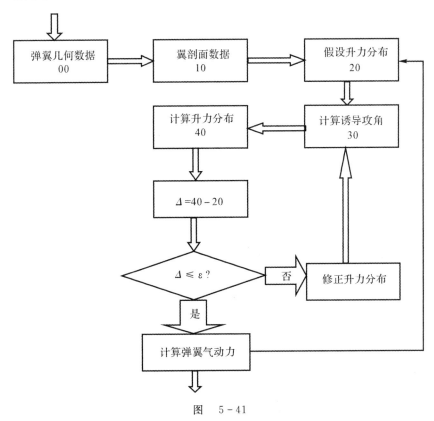

图　5-41

剩下一个问题,如何求中间剖面的几何与气动特性。

附录:扭转机翼中间切面的几何与气动特性。

机翼外形构成的方法是,设计翼根和翼尖剖面作为控制面。然后以两个控制面的"等百分比拉直线"。

图 5-42 为弹翼扭转的示意图,$\overline{AB}$,$\overline{CD}$,$\overline{EF}$ 分别为翼根弦长、翼尖弦长和所求剖面弦长。翼尖相对翼根绕等百分点轴(一般为 1/4 弦)扭转 $\angle AOC = \varphi$。设中间剖面的扭转角为 $\angle AOE = \varepsilon$。通过简单的三角运算求出中间剖面相对翼根的扭转角以及弦长。

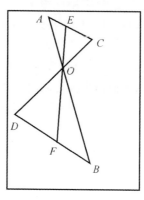

图　5-42

设中间截面到翼根的距离为 $z = 2K/b$,则 $\overline{AE} / \overline{AC} = K$,又设 $\angle OFB = \beta$ 经过简单推导中间切面的扭角为

$$\varepsilon = -\operatorname{arccot}(\cot + \frac{\sin\beta}{\sin\varphi \sin(\beta - \varphi)} \times \frac{1-K}{K})$$

$$\beta = \arcsin(\sin\varphi \frac{\overline{AB}}{\sqrt{\overline{AB}^2 + \overline{CD}^2 - 2\,\overline{AB} \times \overline{CD}\cos\varphi}})$$

（附 5-2-1）

弦长为

$$\overline{EF} = \frac{(1-K)\sin\varphi}{\sin(\varphi - \varepsilon)} \overline{AB}$$

（附 5-2-2）

如果扭转角小,则可以认为是线性的,即

$$\varepsilon = K\varphi$$
$$\overline{EF} = \overline{CD} + (\overline{AB} - \overline{CD})K$$

（附 5-2-3）

最后求中间剖面的气动力,必须知道中间剖面的翼型厚度和弯度。飞机制造厂求中间剖面的弯度与厚度是以当地弦长进行插值。

$$\bar{f} = \frac{\overline{f_1 c_1} - (\overline{f_1 c_1} - \overline{f_2 c_2})}{c}$$

$$\bar{c} = \frac{\overline{c_1 c_1} - (\overline{c_1 c_1} - \overline{c_2 c_2})}{c}$$

（附 5-2-4）

翼剖面的设计升力系数和零升力攻角也可以用插值的方法求出。

$$C_{\text{ldes}} = \frac{C_{\text{ldes1}} c_1 - (C_{\text{ldes1}} c_1 - C_{\text{ldes1}} c_2)}{c}$$

$$\alpha_0 = K_1 C_{\text{ldes}}$$

（附 5-2-5）

式中,系数 K_1 对不同翼型不同,如 NACA64 族为 7.72。

四、翼型的选择

导弹设计中很少论述翼型。早期导弹设计师偏重于控制和动力专业,目的是把战斗部推上天空,稳定地飞行,可控机动到目标。对于飞机的空气动力性能,最大速度、升限、爬升率、转弯半径、失速特性不会给予高度关注,甚至不关注。而射程和巡航速度,因为液体与固体火箭发动机潜力颇大。在空气动力设计方面的缺陷,可以用动力来补赏。更因为导弹的弹翼为小展弦比,多翼轴对称。按细长体理论,弹体的横切面比顺流切面更为重要。三维的拉普拉斯方程简化为 Y,Z 轴的二维,见方程(5-1-2)。讨论的是横切面流动问题。我们看到一些导弹,翼型选用很马虎,于是不合理。比如亚音速导弹用六角形翼型,圆弧翼型甚至是平板前面倒倒角。但是防区外导弹不可以这样,它的气动外形接近飞机,大展弦比为一字翼,非圆切面弹身。也有类似飞机的性能需求。所以,我们在大展弦比弹翼设计的后面列出翼型的选择,而放在小展弦比弹翼设计的前面。

翼型发展总是伴随飞机研制的需求,但它的研究成果却先于飞机。1903 年莱特兄弟的飞机机翼上表面弯曲,以产生更大升力。人们称之为莱特翼型。其实在这之前就有人做过翼型的研究工作,发现曲面比平板产生更多的升力。虽然早就知道,平板在有攻角气流中能够获得升力。于是有目的的翼型研究开始了,无论是理论的实践的,为飞机设计师准备了众多备选翼型。

翼型就其发展而言,可分为古典翼型、NACA 翼型和现代翼型。以速度分有低速翼型、亚音速翼型和跨音速翼型。这些翼型的几何数据和气动特性可以从相关的资料中找到。

古典翼型有莱特 1908、布乃利奥、RAF-6、哥廷根 398、克拉克 Y、蒙克等。NACA 翼型是美国国家航空咨询委员会于 1930 年开始研究形成的系列。四位数字、五位数字。后来更研究了 6 族和 6A 族层流翼型。现代翼型是为飞机设计的需求而发展的,例如提高阻力发散马赫数,提高临界马赫数,低阻范围宽等。这类翼型有"尖峰翼型",其设计目的是使翼型上部的前沿有较高的负压,让气流经过等熵膨胀快速达到超音速。然后经音速线反射而形成的压缩波不产生激波。最后经过一道很弱的激波变成亚音速,提高了阻力发散马赫数。有"超临界翼型",其设计目的是提高临界马赫数。为此,要是翼型的最大厚度后移,是上部的压力分布趋于平坦,所以也有屋顶翼型之称。这种翼型的头部圆钝,中部平坦所以没有负压力峰值。提高了临界马赫数。但为了弥补升力损失,翼型后部向下弯曲,也避免了激波诱导的附面层分离。翼型下表面的后部做成逆向弯曲,更弥补了升力损失。超临界翼型使得翼型的厚度可以增加,对运输机是很好的选择。惠特柯姆发展的低阻翼型也是一种超临界翼型,GA(W)-1,-2,其特点是在设计升力系数下游很宽的低阻区。是低速飞机的首选,也是防区外导弹很值得一试的翼型。

传统的飞行器设计,翼型总是选择现成的。世界上供选择的翼型有美国的 NACA,苏联的 ЦАГИ,英国的 RAF,德国的 DVL 等。选择的依据有下面一些。设计升力系数、弯度、厚度、最大升力系数、最大升力系数对应的攻角、零升阻力系数、翼型的失速特性和翼型的压力分布型等。

设计升力系数是选择翼型的首先要考虑的因素,因为在翼型设计升力系数点,翼型有最大的升阻比。从翼型的极曲线可以看出,自原点向极曲线做切线相切的那点即为翼型的最大升力系数。我们知道,层流翼型的设计升力系数附近有一个低阻区,称为"低阻水桶"(Bucket)。它的升阻比比常规翼型大。低阻翼型也有同样的特性,它们均要使用在设计升力系数附近,才会获得好的升阻比,超出这个范围,升阻比要下降,如图 5-43 所示。

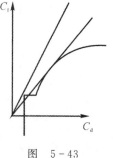

翼型弯度对翼型最大升力系数的影响是,弯度增加,最大升力系数增加。对称翼型的最大升力系数显然小于有弯度的翼型。提高对称翼型最大升力系数的办法是增大前缘半径,同时也提高升力线斜率。增加翼型厚度是最大升力系数提高。

防区外导弹弹翼一般取对称层流翼型,很少采用弯度。相对厚度不会超过 10%,一般取 6%。然而,对一些要求增加防区外距离和搜索

图 5-43

面积的,或者设计时下流行的巡飞导弹的时候,则可以考虑弯度。但导弹翼型不如飞机设计那样重要,在现存的翼型中总是可以找到合适的,所以也无需讨论翼型设计的问题。有了计算流体力学的手段以后,翼型设计变得比较容易。它是一个反设计的问题,确定翼型的压力分布后,反求几何外形。

五、小展弦比弹翼外形设计

小展弦比弹翼因其尖削比从 0 到 1 变化,外形由三角翼而切尖三角到矩形翼。又由于按细长体理论,在最大展长后面不产生升力。所以只需讨论三角翼和矩形翼两种情况。

三角翼的流场分两个区域:迎风面的正压区和背风面的负压区。正压区攻角直至 90° 均是附着流。背风区的流动则比较复杂,存在气流分离、旋涡、激波等现象,而且影响很大。三角翼的压力分布、升力特性由背风面主宰。由图 5-44 可见,在中等攻角下,三角翼下表面正压的气流经由前缘上翻到上表面,形成一个逆时针旋转的旋涡。旋涡诱导出更大的诱导速度。旋涡内侧的诱导速度指向翼面,在弹翼中心线附近速度方向近似平行于垂直中心线。速度气流抵达翼面后附体,转折向外。外侧的诱导速度则指向翼的边缘,于是在翼的前缘受到下表面负压的影响生成顺时针的二次涡。背风面的负压峰产生三角翼的非线性升力。而二次涡又增加三角翼的非线性升力。

Sguire 研究表明,薄三角翼上的流场可以分为三个区域,是以翼前缘法向马赫数 Ma_N、攻角 α_N 来区分的,它们之间存在的解析关系为

$$\alpha_N = \arctan^1 \frac{\tan\alpha}{\cos\Lambda}$$

$$Ma_N = Ma_\infty \sqrt{1 - \cos^2\alpha \, \sin^2\Lambda}$$

(5-2-43)

(1)A 区气流在前缘分离,在背风面生成一对锥形涡。迎风面有一脱体激波,本区发生在 $Ma_N \leqslant 1$ 的所有攻角下。

(2)B 区下表面气流经前缘上翻后,产生超音速膨胀(普朗特-梅耶膨胀)。背风面可能有分离和激波。迎风面仍然是绕前缘的脱体激波。本区发生在法向马赫数 $Ma_N > 1$ 和中等以上攻角。

(3)C 区背风面同 B 区,迎风面前缘的脱体激波已经附体。小攻角就可能发生。

涡随攻角增加变得不稳定,直至破裂,这个现象由实验观察到。其结果使得涡生成的非线性升力丧失。涡核破裂对应的攻角随展弦比增加而提前。在低速是非常明显的。

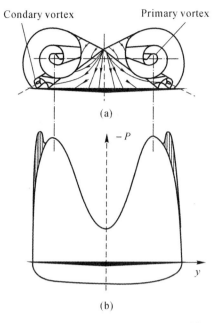

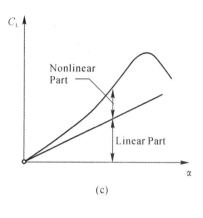

图　5-44

导弹上应用矩形翼是因为满足悬挂和储存的要求,其流场也可分为迎风区和背风区。也在背风面产生吸力峰值,但没有边缘分离的二次涡。所以非线性升力增量比三角翼小。图 5-45 和图 5-46 表示两个展弦比为 2 的三角翼和矩形翼的法向力系数比较。方块图标代表矩形翼,另一条代表三角翼。在 20° 以前两者没有什么区别。攻角大于 20°,三角翼法向力增长很快,系二次涡诱导的结果。30° 左右增长速度显然减慢,40° 曲线变平,大于 40° 则不增长了。可能是涡核破裂所致。而矩形翼法向力系数随攻角增长的势头便一直保持到 60° 攻角。矩形翼边缘不会诱导二次涡,也没有产生涡核破裂。导弹使用攻角一般不会超过 20°,所以选择三角翼或矩形翼并不在乎它们气动力性能。设计小展弦比弹翼,翼型、平面形状均不太重要,重要的是展弦比和展径比(弹翼展长和弹身直径之比)。

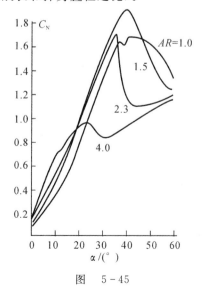

图　5-45

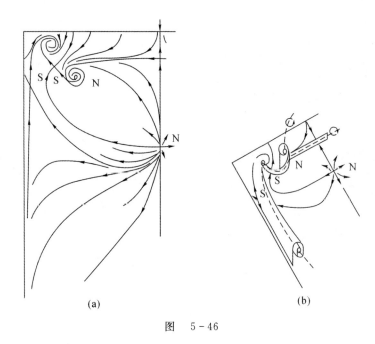

(a)

(b)

图　5-46

由细长体理论可知,小展弦比弹翼升力线斜率与展弦比成正比(见图5-47),即

$$C_{L\alpha} = \frac{\pi\lambda}{2} \tag{5-2-44}$$

这是线性结果,我们知道小展弦比弹翼背风面回生成涡,它诱导了非线性升力。展弦比对它的影响就不如上式简单。实验证明这种影响在低速和超音速不一样。低速是较为复杂,超音速则比较单一。低速时因为背风面涡的破裂和弹翼失速,而这种丧失升力对不同展弦比是不同的。展弦比大,比如 $AR=4$,在攻角10°升力线斜率便开始下降,20°升力也开始下降。随展弦比减少,升力丧失的开始攻角增加,升力丧失的攻角落在一个狭窄的区域。

弹翼展向载荷分布

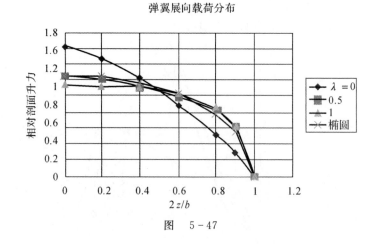

图　5-47

在飞机总体设计中,曾经有人建议用下列一组参数表征飞机设计的优劣,它们是:半翼展与飞机总长之比 s/l;

平面形状参数 $P = S/2sl$；

体积参数 $\tau = V_{\mathrm{ol}}/s^{3/2}$。

因总阻力可以写成

$$C_{\mathrm{D}} = C_{\mathrm{DF}} + \frac{512}{\pi}\tau^2 (s/l)^2 K_0 + \frac{1}{2\pi}C_{\mathrm{L}}^2 \frac{P}{s/l}\left[K_{\mathrm{v}} + 2K_{\mathrm{w}}\beta^2 (s/l)\right] \qquad (5-2-45)$$

所以就把形状参数和气动力性能联系起来了。按照这个思路可以对超音速飞机设计成符合锥形流,因而有小的阻力。

但在防区外导弹设计中,我们把它作为选择弹翼平面形状的依据之一。如果以总长和半翼展作为一个矩形的两边,便得到三角翼和矩形翼的平面形状参数,推导出洋葱头形和 S 形前缘弹翼。如果两个导弹具有相同的总长和翼展,在这个方盒子里设计弹翼形状发现矩形翼的平面形状参数最大,S 型弹翼最小,因而阻力也是最大和最小(见表 5-2-2)。

这里所指洋葱头翼和 S 型翼符合下面方程

洋葱头型翼

$$\frac{s(x)}{s_{\mathrm{r}}} = \frac{x}{l}\left(2 - \frac{x}{l}\right) \qquad (5-2-46)$$

S 型翼

$$\frac{s(x)}{s_{\mathrm{r}}} = 0.8\frac{x}{l} + 0.6\left(\frac{x}{l}\right)^4 - 0.4\left(\frac{x}{l}\right)^8 \qquad (5-2-47)$$

但是这种比较忽略了展弦比和弹翼面积的差别,事实上比较的基础不一致,即四种弹翼的展弦比和弹翼面积不相等。

表 5-2-2 小展弦比弹翼平面形状

弹翼类别	矩形翼	椭圆翼	三角翼	S 型翼	洋葱头翼
平面形状参数	1	0.785	0.5	0.476	1/3
阻力	最大	次大	小	次小	最小

从表 5-2-2 看出,四种弹翼展弦比的公因子是弹翼半展长与弦长的商。而面积的公因子这是它们的积。展弦比直接与弹翼的升力线斜率发生关系,是正比的关系。而面积在导弹总重固定时,与翼载成反比。而翼载又与飞行速度成反比。所以在选择弹翼平面形状时,需要反复权衡展弦比和弹翼面积两方面的影响。为了延缓中等后掠角弹翼背风面涡核破裂,研究出一种称之为边条翼的弹翼,或者称边条组合翼。也就是在主翼的前缘增加一块面积为主翼 10% 的大后掠翼。边条翼组合应理解为在一个中等后掠角主翼前加一个套(glove)。图 5-48 翼前缘大后掠生成的涡,在主翼上诱导出向外翼的速度,从而增加了主翼的后掠角。于是提高了发生涡核破裂的角度。使得弹翼在大攻角有好的补赏,而中等攻角的性能不至于变坏。这可以从图 5-49、图 5-50 中看出。该图系根据资料做出的。随后掠角增加,涡核破裂的起始角度推后,涡核稳定的范围扩大。所以边条翼升力增加。图 5-51 显示了这些结果。左边为低速,右边为高速。三角形图标表示带边条的翼身组合体法向力,菱形图标为没有边条翼身组合体,边条 增加法向力显而易见,同时也提高了法向力系数对攻角曲线的线性度。这对于控制是有利的。边条翼的优点很多,主要是在亚音速飞行时可以增加升力。由于翼弦长,所以翼

型可以薄一点。相对厚度小,跨音速波阻小。弦长大,同等飞行速度下,雷诺数大,摩擦阻力较小,弥补了小展弦比弹翼诱导阻力大的缺点。而边条翼的展向载荷分布趋于内侧,对弹翼强度有利。在超音速飞行时,因为弹翼前面有一个大后掠角的套,能够大范围地保持亚音速前缘,有利超音速巡航。但增加边条后弹翼的压心前移,这很明显。最值得注意的是焦点向前移动得更快,使导弹丧失稳定性。图5-52一组纵向力矩曲线,菱形图标为不加边条,其余两种加边条。带边条弹翼的两种曲线的区别在于参考点不同。C_m后面的数字表示力矩参考点的位置,1为10%平均气动力弦。图印证了上面的分析。为增加升力付出的代价,在设计中要予以重视。边条翼最先用于战斗机,稳定性仅仅是气动力设计考虑的一个方面,有时为了机动性不得不放宽对稳定性的要求。所以稳定性降低不见得是件坏事 。但防区外导弹对机动性要求不高,增加升力也没有到很必要的地步。边条的应用可用来调整导弹稳定性以及隐身。

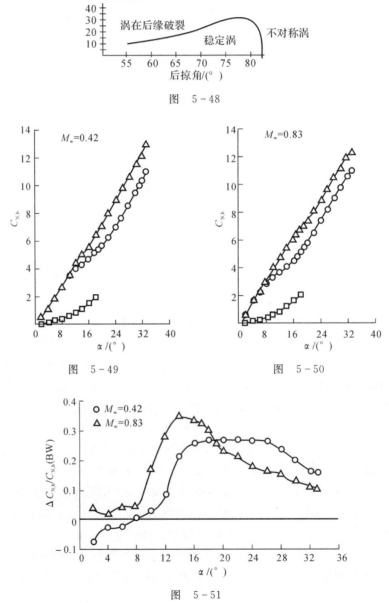

图 5-48

图 5-49

图 5-50

图 5-51

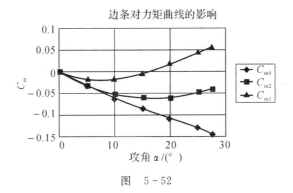

图 5-52

小展弦比弹翼气动力设计关注的重点不在翼型的选择,而在横向切面。前者设计顺气流方向的弹翼外形,后者关心弹翼半展长的变化。根据细长体理论,仅考虑法向速度(即攻角)产生的法向力

$$\frac{\mathrm{d}Z}{\mathrm{d}X} = \rho S_R V_0 \frac{\partial}{\partial X} A_{22} v_2 \qquad (5-2-48)$$

式中,惯性导数 $A_{22} = \dfrac{m_{22}}{\rho S_R}$

我们来求弹翼上的法向力,只要对式(5-2-48)积分得

$$Z = V_0 v_2 \int_0^l m_{22} \mathrm{d}X = V_0 v_2 \int_0^l \frac{\pi \rho}{4} (X \cot \Lambda)^2 \mathrm{d}X \qquad (5-2-49)$$

可以看出积分值仅与弹翼半展长变化有关。而且积分到最大半翼展处就结束了。在最大半翼展后面不受力。这似乎很荒谬,实际如此。只要看一看弦向载荷分布便清楚了。载荷集中在弦向的前缘,后缘则迅速趋于零。所以导弹弹翼后缘到最大半翼展处便可以结束,理论上弹翼外形取三角翼。而切尖三角翼、菱形翼均无必要,它们用来安装操纵面以及满足刚度的要求。矩形翼是个例外,它的半翼展没有变化,应该不产生力。如果把矩形翼的前缘当成一个奇点,由零突变到有限值,就可以解释了。这与实验也很符合,矩形翼的弦向载荷接近均匀分布。

上面的定积分有解对三角翼

$$Z = \frac{1}{12} \pi \rho V_0 v_2 l s_r^2$$

洋葱头型弹翼,其半展长按式(5-2-46)求出

$$Z = \frac{2}{15} \pi \rho V_0 v_2 l s_r^2$$

同理对 S 型翼有

$$Y = 0.164 \pi \rho V_0 v_2 l s_r^2$$

于是三种形状弹翼产生的升力也不同。当给定了根弦长和最大半翼展后,弹翼前缘取何曲线升力最大?这是一个变分问题。按式(5-2-49)弹翼升力为泛函

$$J[s(x)] = \int_0^l \frac{\pi \rho}{4} V_0 v s^2(x) \mathrm{d}x$$

求曲线取何形状,弹翼的升力最大,即 Y 取最大值的 $S = S(x)$。上式积分号内只有 S 为变量,

利用欧拉方程得 Y 取极值的条件为

$$F_y - \frac{\mathrm{d}}{\mathrm{d}x} F_{y'} = 0 \qquad (5-2-50)$$

将常数移去,此处的函数成为

$$F(x) = s^2(x) \qquad (5-2-51)$$

因为函数 F 不包括 y',欧拉方程 $2s(x) = 0$,只有最小值,即弹翼前缘为根弦的情况,升力等于零。如果弹翼前缘为椭圆,则有

$$\frac{(x-l)^2}{l^2} + \frac{(s-s_r)^2}{s_r^2} = 1 \qquad (5-2-52)$$

代入式(5-2-49)得

$$Z = \frac{1}{6}\pi\rho V_0 v_l s_r^2$$

显然对矩形翼

$$Z = \frac{1}{4}\pi\rho V_0 v_2 l s_r^2$$

这就是最大值。如果以 $\pi\rho V_0 v_2 l s_r^2$ 为单位,则弹翼法向力大小见表 5-2-3。

表 5-2-3 小展弦比弹翼平面形状对法向力的贡献

弹翼类型	矩形翼	椭圆型翼	洋葱头翼	S 型翼	三角翼
法向力	1/4	1/6	2/15	0.098	1/12

平面形状参数代表弹翼的阻力水平,用升力除以平面形状参数得到的数值表示弹翼升阻比相对水平见表 5-2-4。

表 5-2-4 小展弦比弹翼平面形状对升阻比的贡献

弹翼类型	矩形翼	椭圆型翼	S 型翼	洋葱头翼	三角翼
升阻比水平	0.25	0.212	0.207	0.167	0.044

第 3 节 防区外导弹弹身气动力设计

弹身的主要作用是提供容积,其流动基本上是位流,无需产生升力。有人做过理论推导,用一个圆球和无限翼展的机翼,前者提供容积,后者提供升力。发现如果在圆球上设置一条涡线来提供升力是毫无必要的。因为涡线没有在机翼上诱导出上洗,机翼的升力和没有圆球的情况一样。但按照细长体理论,只要弹身沿轴向有半径的变化,其视质量有改变,就可以产生升力。似乎和上面的结论相悖。我们知道,弹身由半径逐渐增大的前段、半径不变的中段和半径逐渐减小的尾段组成。用式(5-2-49)积分,前段得到的正升力与尾段得到的负升力正好抵消,只有一个力矩。而中段在位流情况下不产生升力。如果考虑横向黏性流,则中段要产生升力。因此弹身气动力设计主要从阻力出发。影响弹身阻力的因数有头部的形状、长细比(头

部长度和最大直径之比),弹身的切面形状(圆切面和非圆切面),尾段形状和收缩比(最大直径和底部直径之比)。

1. 头部外形

设计导弹头部外形要考虑阻力、容积、透波率和可探测性。气动力设计着重在阻力和可探测性上。它们是基本相容的,阻力小的头部外形,可探测性亦小,反之亦然。常用的头部形状有尖拱,曲线,球,椭圆。曲线型可以包含许多类别:指数、抛物线、哈克、冯·卡门等。按照 NACA TN 4201 给出的头部外形阻力数据,发现不同外形头部适用的马赫数范围如下。

(1)尖拱和锥适用 $Ma > 2$;

(2)哈克在 $Ma = 0.8 \sim 1.0$ 最好,$1.0 \sim 1.1$ 较好;

(3)冯·卡门在 $Ma = 0.8 \sim 1.0$,$Ma = 1.15 \sim 1.25$,$Ma > 1.95$ 最好,$Ma = 1.05 \sim 1.14$,$Ma = 01.75 \sim 1.95$ 良好,$Ma = 1.25 \sim 1.75$ 较好;

(4)抛物线在 $Ma = 0.8 \sim 0.9$ 最好,$Ma = 0.9 \sim 1.05$ 较好;

(5)3/4 指数 $Ma = 1.45 \sim 1.95$ 最好,$Ma = 1.35 \sim 1.45$ 和 $Ma > 1.95$ 良好;$Ma = 0.8 \sim 0.9$ 较好;

(6)1/2 指数用于 $Ma > 1.4$;

头部外形曲线坐标(半径 r 与 x 轴)可以用方程表示,如指数系列

$$\bar{r} = \bar{x}^n, 0 \leqslant \bar{x} \leqslant 1 \tag{5-3-1}$$

当 $n = 1$ 时为锥体,$n = 1/2$ 为尖点在 $x = 0$ 处的抛物线。

抛物线系列

$$\bar{r} = \frac{2\bar{x} - K\bar{x}^2}{2 - K} \tag{5-3-2}$$

当 $K = 0$ 时为锥体,$K = 1$ 为抛物线。$K = 0.75$ 时为"3/4 次方"抛物线,$K = 0.5$ 时为"1/2 次方"抛物线。

哈克系列

$$\bar{r} = \frac{1}{\sqrt{\pi}} \sqrt{\varphi - \frac{1}{2}\sin 2\varphi\, C \sin 3\varphi} \tag{5-3-3}$$

式中,$\varphi = \arccos(1 - 2\bar{x})$;$\bar{x} = x/l_n$,$\bar{r} = r/r_b$,$l_n$ 头部总长;r_b 最大半径,即头部底部半径。

当 $C = 0$ 为冯·卡门曲线或给定头部总长和直径的哈克曲线;$C = 1/3$ 为给定头部总长和容积的哈克曲线,均为最小阻力设定的边界。

现在的防区外导弹多数设计在亚音速,所以哈克曲线和冯·卡门曲线为首选。但是为了满足导引性能,也会牺牲气动性能而采用半椭圆面和半球面。例如红外导引和电视导引头。半球面产生的波阻可能是尖拱型头部波阻的 $6 \sim 7$ 倍。半球头部的阻力系数是 0.5,而抛物线头部的仅 0.15,好的流线体阻力系数可低至 0.05。头部外形与其隐身性能(第 6 章详细叙述)并不相抵触。一般来说,阻力小的外形,其雷达散射截面(RCS)也小,见表 5-3-1 和表 5-3-2。

表 5-3-1 物体的阻力与 RCS 的关系

	角反射体	球头	锥体	流线型
C_D	1.28	0.5	0.18	0.05
RCS(dBSM)	10.5	-18	-32	-38

表 5 - 3 - 2　弹头形状

x/l	西尔斯-哈克	卡门	3/4 指数 r/a	牛顿	
				$l/2 = 3$	$l/a = 5$
0	0	0	0	0.007 3	0.001 65
0.02	0.089	0.069	0.053	0.060	0.055
0.04	0.148	0.116	0.089	0.099	0.091
0.06	0.190	0.156	0.121	0.129	0.123
0.08	0.245	0.194	0.150	0.159	0.153
0.10	0.288	0.228	0.178	0.186	0.181
0.20	0.465	0.377	0.299	0.305	0.300
0.30	0.609	0.502	0.405	0.412	0.407
0.40	0.715	0.611	0.503	0.509	0.505
0.50	0.806	0.707	0.595	0.599	0.596
0.60	0.877	0.791	0.682	0.685	0.682
0.70	0.932	0.865	0.765	0.767	0.765
0.80	0.970	0.926	0.846	0.847	0.846
0.90	0.992	0.974	0.924	0.925	0.924
1.00	1.000	1.000	1.000	1.000	1.000

注:西尔斯-哈克的边界条件是给定体积和 2 倍弹体长度,最大弹体半径;

　　卡门的边界是给定底部半径和弹体长度,圆柱底部;

　　给定底部半径和弹体长度。

弹体总阻力可以细分为压差阻力(不计底阻部分)、底部阻力和黏性阻力(表面摩擦阻力)。压差阻力系作用于弹体表面的法向载荷产生的,而摩擦阻力则系切向力产生。这两种阻力的数学表达式为

$$D_p = -\iint\limits_{S_m} p\cos(n, V_0)\mathrm{d}S_m$$

$$D_v = -\iint\limits_{S_m} p\cos(t, V_0)\mathrm{d}S_m$$

$$(5 - 3 - 4)$$

利用积分变换得到超音速总阻力公式为

$$\frac{D}{q_0} = \frac{1}{2\pi}\int_0^1\int_0^1 S''(x)S''(\xi)\log\frac{1}{x-\xi}\mathrm{d}\xi\mathrm{d}x -$$

$$\frac{S'(1)}{2\pi}\int_0^1 S''(\xi)\log\frac{1}{|1-\xi|}\mathrm{d}\xi - \oint_c \varphi\frac{\partial\varphi}{\partial v}\mathrm{d}\sigma$$

$$- P_B S(1) \tag{5-3-5}$$

分成四种情况,对外形设计,只对其中尖头尾和一般弹体(只求波阻)感兴趣。

尖头尾的总阻力为

$$\frac{D}{q_0} = \frac{1}{2\pi}\int_0^1\int_0^1 S''(x)S''(\xi)\lg\frac{1}{x-\xi}\mathrm{d}\xi\mathrm{d}x \tag{5-3-6}$$

由此想到最小波阻的面积分布问题,由上式分离出前体阻力得

$$\frac{D}{q_0} = -\frac{1}{2\pi}\int_0^1\int_0^1 S''(x)S''(\xi)\lg|x-\xi|\mathrm{d}\xi\mathrm{d}x \tag{5-3-7}$$

经过推导(此处从略)得到最小波阻的旋转体,西尔斯—哈克旋转体具有下面方程表示的面积分布

$$S(\theta) = \frac{16V_{\mathrm{ol}}\sin^3\theta}{3\pi l} \ 或 \ S(x) = \frac{16V_{\mathrm{ol}}}{3\pi l}\Big[1-(1-\frac{2x}{l})^2\Big]^{3/2} \tag{5-3-8}$$

$$S(l) = 0$$

$$\frac{D}{q_0} = \frac{128V_{\mathrm{ol}}^2}{\pi l^4} \tag{5-3-9}$$

基于最大横切面积的压差阻力系数为

$$C_D = \frac{24V_{\mathrm{ol}}}{l^3} \tag{5-3-10}$$

式中,V_{ol} 为弹体体积,l 为弹体长度。除了哈克曲线外最小波阻头部外形尚有卡门、牛顿和指数曲线。只是设定的边界条件不同而已。卡门曲线的条件是给定弹体长度圆柱底部,其阻力为

$$\frac{D}{q_0} = \frac{16V_{\mathrm{ol}}^2}{\pi l^4} \tag{5-3-11}$$

基于底部面积的压差阻力系数为
$$C_D = \frac{8V_{\mathrm{ol}}}{\pi l^3} \tag{5-3-12}$$

比较式(5-3-9)和式(5-3-11)可以看出,在弹体体积和长度相等时,卡门弹体阻力仅为西尔斯—哈克弹体的1/8,这个区别在于卡门底阻的反作用。因其阻力公式

$$\frac{D}{q_0} = \frac{1}{2\pi}\int_0^1\int_0^1 S''(x)S''(\xi)\lg\frac{1}{x-\xi}\mathrm{d}\xi\mathrm{d}x - P(1) \tag{5-3-13}$$

但是尖头对导弹导引头是不好的选择,它影响捕获和跟踪性能。所以头部要设计成一定的圆角。上表列出的牛顿曲线,头部已经倒圆。一般认为头部长细比不小于 3,对阻力的影响不大。尖头体的阻力与其包含的体积有关,所以在设计时应该结合导引头的实际需要和对阻力的影响综合考虑。另外一方面头部的表面积影响到摩擦阻力的大小。接下来的问题是最小阻力体,对于波阻我们知道那是西尔斯旋成体,以及面积律的问题。留待翼身组合体一节去讨论。

对于旋转体,其体积和表面积可以用下面的积分求出。

$$V_{ol} = \pi \int_0^l r^2 \, dx \qquad (5-3-14)$$

表面积

$$S_s = 2\pi \int_0^l r \, dx \qquad (5-3-15)$$

根据图 5-53，可以很方便导出上面两个积分。如果头部半径随 x 轴变化可以写成解析式，即可得到集中曲线头部的体积和表面积。正切尖拱、哈克、卡门，指数曲线等均可一一求出。计算结果列于表 5-3-3，可以知晓几种头部的阻力大小。弹药注意各种曲线头部—体积计算阻力的公式不一样。

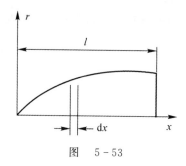

图　5-53

指数曲线半径 $r = x^n$，体积 $V_{ol} = \dfrac{\pi}{2n+1} x^{2n+1}$，表面积 $S_s = \dfrac{2\pi}{n+1} x^{n+1}$。当 $n=1$ 为锥体。$n = 1/2$ 为尖点在原点的抛物线。如果用相对坐标，则

$$V_{ol} = \frac{\pi}{2n+1}, \quad S_s = \frac{2\pi}{n+1} \qquad (5-3-16)$$

抛物线头部半径的一般表达式为

$$r = \frac{2x - Kx^2}{2-K} \qquad (5-3-17)$$

$K = 0$ 为锥体，另有 $K = 1, 0.75, 0.5$ 分别代表抛物线头部，3/4 次方，1/2 次方系列。它们的容积和表面积求出

$$V_{ol} = \frac{\pi}{(2-K)^2} \left(\frac{4}{3} - K + K^2 \right)$$

$$S_s = \frac{2\pi}{2-K} \left(1 - \frac{K}{3} \right) \qquad (5-3-18)$$

对应 $K = 1, 0.75, 0.5$ 有

抛物线
$$V_{ol} = \frac{4}{3}\pi, \quad S_s = \frac{4}{3}\pi \qquad (5-3-19)$$

3/4 指数
$$V_{ol} = \frac{11}{20}\pi, \quad S_s = \frac{117}{160}\pi \qquad (5-3-20)$$

1/2 指数
$$V_{ol} = \frac{13}{27}\pi, \quad S_s = \frac{11}{36}\pi \qquad (5-3-21)$$

表 5 - 3 - 3　10 种弹头阻力比较

模型		C_{dn}	C_{dn}/C_{dno}	C_{dn}	C_{dn}/C_{dno}	C_{dn}	C_{dn}/C_{dno}
		牛顿法	牛顿	细长体	细长体	实验	实验
1	圆	1.33	1	1.2	1.0	1.2	1.0
2	椭圆 2	0.94	0.5	0.85	0.5	0.7	0.41
3	椭圆 4	0.59	0.22	0.53	0.22	0.35	0.15
4	矩形 0	2.0	1.33	1.80	1.33	2.05	1.51
5	矩形 2	1.97	1.33	1.78	1.33	2.00	1.48
6	矩形 8	1.89	1.26	1.70	1.26	1.65	1.22
7	矩形 24	1.68	1.14	1.51	1.14	1.12	0.85
8	椭圆 1/2	1.65	1.75	1.49	1.75	1.60	1.89

表 5 - 3 - 4　测得 10 种钝体的阻力系数

模型	1	2	3	4	5	6	7	8	9	10
C_D	1.8	3.1	2.55	2.35	2.15	1.90	1.85	1.75	1.55	1.45

事实上现役光电制导导弹很少设计成尖头的,宁可牺牲些空气动力性能,也要保证制导成功和精准。然而采用小长细比钝头,阻力会成倍地增加。NASA TN D-361 利用自由飞模型,测得10 种钝体的阻力系数见表 5 - 3 - 4。10 种模型的本体为直径 1.25 吋的圆柱。除 3 种以外,模型均有半锥角为 16.5°的稳定板,和发射后废弃的闪光锥,便于光测。试验马赫数为 0.6 ~ 1.2。实验表明,这些附加物的阻力为柱体的 30%。利用切锥体比圆弧对柱体减阻更有效。表 5 - 3 - 4 列出 10 种模型的阻力系数,参考面积为圆柱体的横切面积。

　　1♯ 为基本外形,即直径 1.25 吋的圆柱体。2♯ 为前加直径 1.75 吋的平板;3♯ 为后加直径 1.75 吋的平板;4♯ 为柱体后加半锥角 16.5°的切锥体。5,6,7,8 为前加圆弧修型,圆弧半径逐渐加大。9,10 为前加切锥体,长细比加大。

　　综上所述,设计导弹头部外形要从长细比、体积和表面权衡。长细比的影响是主要的,长细比大,则阻力小。可以利用细长体理论求出其阻力。体积影响压差阻力,表面积影响摩擦阻力。长细比小,则为钝体,满足了导引性能,却损失了气动性能。一般导弹的头部长细比 L/D = 0.5 ~ 5(L 为头部长度,D 为底部直径)。长用于红外制导的半球头部,其长细比为 0.5。而长细比等于 5 的头部,其阻力可能是球头的 1/10。

2. 中段外形

　　导弹中段内部安装战斗部、油箱、控制导航系统等,外部安装弹翼、吊挂系统。弹翼、尾翼、头部产生的气动力在这里与惯性载荷平衡。所以是一个主要承力舱段。其外形比较简单,一般为圆形。防区外导弹因射程、子弹药、隐身的关系,常常设计成非圆切面弹身,如椭圆、矩形、梯形、多面体等等。从法向力角度,非圆切面弹身显然优于圆弹身,而且由于法向力和侧向力不对称,用到最优力取向较为方便。从视质量的表达式,是明显的。例如椭圆法向和侧向视质量不同,各与其长短轴的平方成正比例。所以其法向力与侧向力的比例为长短轴平方之比。例外者为圆内接多边形,它的性质和圆一样,各向取向是等同的,而且由于是内接,视质量比圆少。3,4,6 边形减少的比例分别为 0.654,0.787,0.867。NASA TN D7228 对椭圆和矩形切面弹身,利用细长体理论后牛顿碰撞理论计算了横流阻力,并与圆切面以及实验对比得到如下结果。该文所用的模型为两个主轴比值等于 2 和 1/2 的椭圆,正方形倒角,圆角半径分别等于边长的 $2\%,8\%,24\%$ 和 50%(即圆)四种。

此地的横向阻力乃是作用于中段的法向力。纳入位流法向力,总的法向力系数为

$$C_N = 2\alpha + C_{DN}\frac{A_P}{S}\alpha^2 \qquad (5-3-22)$$

式中,C_{DN} 为横向阻力系数,A_P 为中段侧面投影面积。

还有基于经验的工程计算方法,头部法向力系数仅与来流马赫数、头部长细比有关,而不计形状的影响。

$$C_{Nn} = C_{Nn\alpha}\sin\alpha\cos\alpha \qquad (5-3-23)$$

弹身尾段法向力系数

$$C_{Nt} = -2(0.15 \sim 0.2)\sin\alpha\cos\alpha \qquad (5-3-24)$$

此处的参考面积要从底部面积换算到弹身最大面积上。

可以看出头部和尾部的法向力方向相反,所以对力矩影响很大。

由表 5-3-3 可以看出,正方形法向力最大,1/2 椭圆即扁置椭圆次之,而立置最小。所以防区外导弹采用矩形切面的较多。实际上不会有完全矩形的,为隐身会设计成梯形或倒置梯形、三角形、独木舟形等等。

3. 尾段外形

为减少底部阻力,飞行器尾部要收缩,设计成船尾形状。这样设计使得底部面积减少,因而底部阻力也减少。但是收缩尾部也有它的缺点,也就是引起压力中心的变化。所以导弹一般不设计尾部收缩。对于吸气式防区外导弹,以涡轮喷气发动机为动力,安装在尾部。发动机喷管直径小于弹身直径,必然要进行收缩。设计尾部外形要接合底部阻力、尾部阻力、尾段压力分布综合考虑。还因为发动机喷流对导弹空气动力性能有影响,所以要进行有动力和无动力两种情况权衡。

弹身外形设计的重点在头部,是在满足导引性能前提下,照顾气动力性能。中段的目的在于放置战斗部、燃料,应该在满足气动力、隐身性能后尽量有较大的体积。而尾段用来安装发动机,需要在弹尾收缩和底部面积之间权衡。还要考虑尾段外形对压力分布的影响。它引起的全弹压力中心的变化,有时可能很严重,需要结合尾翼设计加以解决。

应用细长体理论会遇到一个达朗贝尔悖论(D'Alembert's paradox)。在亚音速情况对式(5-3-4)做积分变换,可以得出阻力为零的结果。这是理想流体假设惹的祸。按照理想气体的假设,物体表面据为附着流,因此迎风面和背风面均为正压,负压仅产生在上下两个侧面。于是不产生阻力。但是真实气体却不然,黏性的关系会生成一个附面层,即由物体表面速度为零而过度到外流速度的一个薄层。由此产生逆压梯度,阻力便发生了。

设计导弹弹身还有容积的效能问题,它用下面一个参数表示

$$导弹容积效能＝导弹平面面积/导弹容积^{2/3}$$

导弹容积效能大,起升阻比大,雷达散射切面小。这样导弹的射程大,而可探测性小,被敌防空火力发现的距离缩短,突防概率增加。早期的导弹不考虑这个问题,采用圆形切面,小展弦比弹翼,轴对称布局。它的平面面积小,体积大,所以容积低,升阻比小,雷达散射切面却比较大。因为早期的导弹射程不大,突防是靠速度,没有容积效能大的需求。但是随着射程的增加,对升阻比增大的需求也随之增加。开始的设计是用增大弹翼的展弦比来解决。最为典型的是捕鲸叉改型为斯拉姆。但对于防区外导弹还不行,它还有雷达散射切面小的要求。于是在导弹弹身上想办法,于是飞机设计中用到的非圆切面弹身、弹身弹翼融合体等外形设计搬到导弹外形设计中来,使导弹容积效能大幅度提高,如图 5-54 所示。

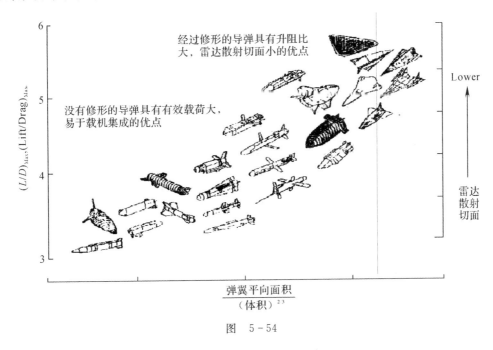

图　5-54

第 4 节　防区外导弹翼身组合体外形设计

弹翼和弹身外形设计后,并不能将其简单叠加,有一个翼身干扰的问题。所谓翼身干扰,是指弹翼在弹身上诱导出气动力,弹身亦在弹翼上诱导出气动力。干扰的结果引起翼身组合体的气动力性能不同于单独弹身和弹翼的叠加。

一、翼身组合体一览

自从莱特兄弟发明动力飞行器以来,翼身组合体是最基本的部件,而且千变万化。从网上可以搜到许多照片,此地按一篇未注明出处的＜wing configuration＞列出翼身组合体的外形作为导弹外形设计的参考,如图 5-55 所示。

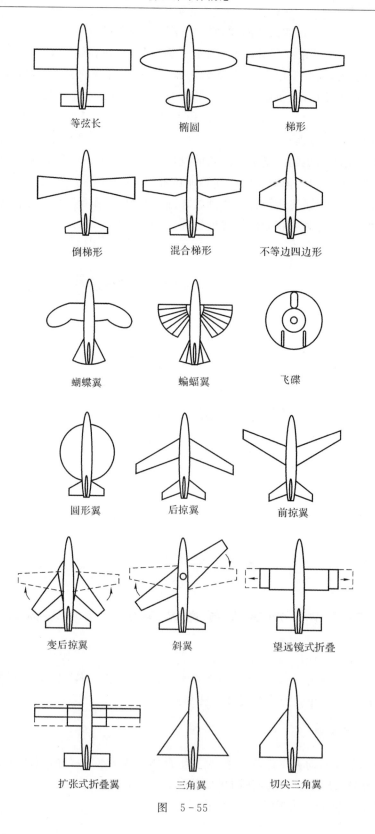

等弦长　　　　椭圆　　　　梯形

倒梯形　　　　混合梯形　　　　不等边四边形

蝴蝶翼　　　　蝙蝠翼　　　　飞碟

圆形翼　　　　后掠翼　　　　前掠翼

变后掠翼　　　　斜翼　　　　望远镜式折叠

扩张式折叠翼　　　　三角翼　　　　切尖三角翼

图　5-55

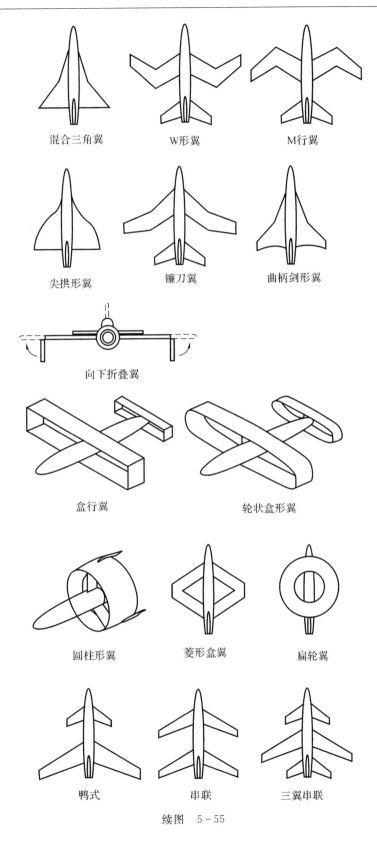

混合三角翼　　　W形翼　　　M行翼

尖拱形翼　　　镰刀翼　　　曲柄剑形翼

向下折叠翼

盒行翼　　　轮状盒形翼

圆柱形翼　　　菱形盒翼　　　扁轮翼

鸭式　　　串联　　　三翼串联

续图　5-55

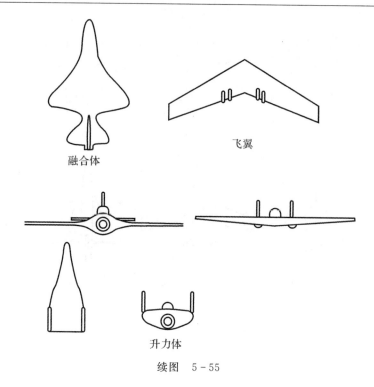

融合体

飞翼

升力体

续图 5-55

以上列举之翼身组合体,多为该文作者想象,实际应用的只有少数几种。形式各异,翼身组合体设计方法却没有什么变化。可以分成两类:大展弦比弹翼和弹身组合;小展弦比弹翼和弹身组合。它们之间的主要差别在于弹翼翼剖面间的影响。大展弦比弹翼翼剖面间的干扰较小,可以用无限翼展的假设,比如片条理论(wing panels theory)。而小展弦比弹翼则不行。应用到翼身组合体上,只需做一个大胆的推定。认为大展弦比弹翼与弹身组合之间的干扰可以用插入翼的办法解决。也就是在考虑弹身弹翼干扰的时候,将外露弹翼向弹身延伸。而小展弦比弹翼弹身组合体却不行,需要用部件构型法(component buildup method)设计。从设计参数来讲,大展弦比弹翼弹身组合体关心翼展,而小展弦比弹翼弹身组合体关心展径比(弹翼展长与弹身直径之比)。而判断展弦比大小有一个不等式(5-2-15),然而它只是判断小展弦比的公式。不满足该不等式并不表示大展弦比。例如,对矩形翼由式(5-2-15)展弦比≤3才认为是小展弦比,而3.1则不能用大展弦比的方法。所以有人把该不等式推广一下为

$$\frac{3}{(c_1+1)(\cos\Lambda_{LE})} \leqslant A \leqslant \frac{4}{(c_1+1)(\cos\Lambda_{LE})}$$

符合上式的为中等展弦比。按一般的经验,展弦比大于8应用片条理论不至于有太大误差。

二、大展弦比弹翼和弹身组合体外形设计

大展弦比弹翼弹身组合体外形设计的第一步,是设计一个单独弹翼,然后将其延伸到弹身,得到一个插入翼。第一步可以沿用本章第2节的方法,此节不再赘述。第二步决定弹翼和弹身的相对位置,它们之间前后位置和上下位置。前后位置与稳定性操纵性有关,留到后面的章节讨论。此地仅论述上下位置。按照导弹设计术语,有三个位置:上单翼、中单翼和下单翼。导弹基本采用中单翼,是因为导弹一般均为圆切面弹身的轴对称布局,而中单翼干扰阻力

最小。防区外导弹为追求大的防区外距离,好的隐身性能和能多加装子弹药,常常采用非圆切面弹身。于是出现了上单翼和下单翼的布局型式。不能简单决定这三种布局那一种更优越。从空气动力的角度,上单翼有较好的稳定性,中单翼有最小的干扰阻力。

我们知道,干扰阻力发生在两个部件之间。弹翼和弹身的相对位置决定了它们之间的干扰阻力。上单翼系弹翼在弹身的上端,它们的干扰发生在弹翼下表面和弹身之间,通过附面层产生作用。因为这里的附面层较薄,干扰较小,于是干扰阻力也小。下单翼情形则相反。它是弹翼的上表面与弹身发生干扰。而此处的附面层较厚,干扰阻力也就较大。

弹翼和弹身高低位置对横侧向稳定性的影响是不同的。当导弹正侧滑时,翼身组合体迎风面(顺航向左面)阻挡气流,使气流逆转,产生负侧力。对上单翼,气流产生向下的速度,生成一个顺时针的旋涡抛向下游,产生下洗。由于下洗,相应的升力向下,减少了升致阻力。而对下单翼,情形则相反,气流向上,产生一个逆时针的旋涡抛向下游,产生上洗,相应的升力向上,增加升力,增加升致阻力。然而它们产生的侧力却是方向一样,只大小有别。所以表现在弹身对侧力贡献的公式里的系数不一样。

$$
\left.
\begin{aligned}
C_{Y\beta} &= -\frac{2}{57.3}K_i\frac{A_{FD}}{S} \\
K_i &= 1.85(z_w/(d/2)),\text{high}-\text{wing} \\
K_i &= 1.4(z_w/(d/2)),\text{low}-\text{wing}
\end{aligned}
\right\}
\qquad (5-4-1)
$$

于是,上单翼有较大的稳定性。

防区外导弹除斯拉姆为中单翼外,多数采用上单翼布局。最典型为法国的阿帕奇。美国的 JSSAM 也是上单翼布局,也有图片显示为下单翼,如图 5-56 所示,总之不是中单翼。北约研制的吸气式防区外导弹均为上单翼布局,如风暴前兆、陶鲁斯等。斯拉姆系由反舰导弹捕鲸叉改型而来。而捕鲸叉为十字翼、圆弹身的轴对称布局。增程改用大展弦比弹翼,很自然用中单翼。但为追求稳定性,把弹翼通过一个向下的中翼,事实上已经是下单翼布局了。不用中单翼还因为中段是导弹安装战斗部和油箱的舱段,又因储存和吊挂的关系,弹翼需要折叠。所以,中单翼挤占了该段的有效空间,对导弹强度和作战效能是不利的。

图　5-56

翼身组合体设计还需要顾及它对尾翼的影响。弹翼后面沿流线方向放置的物体,例如尾翼要受到弹翼流场的影响。因为弹翼产生升力,必然向下排斥气流,使它有个向下的速度,称之为下洗。同理弹翼(或翼身组合体)产生侧力,向侧力的反方向排斥气流,使它产生一个侧向的速度,叫侧洗。定义这两个方向的速度与来流速度的比值为下洗角和侧洗角。对大展弦比弹翼,常用下洗角对攻角的导数来计算下洗角。可按本章第 1 节提供的经验公式(5 - 1 - 15)~式(5 - 1 - 18)计算,不过参数要用插入翼而不是外露翼。

侧洗用侧洗角对侧滑角的导数考虑,也有一个经验公式

$$1 + \frac{\mathrm{d}\sigma}{\mathrm{d}\beta} = 0.724 + 3.06 \left[\left(\frac{S_V}{S} \right) / (1 + \cos\Lambda_{1/4}) \right] + 0.4 \frac{z_W}{z_V} + 0.009A \qquad (5 - 4 - 2)$$

这个公式左面加 1,是因为来自垂尾侧力计算公式

$$C_{Y\beta V} = -K_V C_{L\alpha V} (1 + \frac{\mathrm{d}\sigma}{\mathrm{d}\beta}) \frac{S_V}{S}$$

加号是因为坐标规定,正侧滑产生负侧力。

选择尾翼位置,当然希望它处在弹翼下洗和侧洗小的地方。而洗流与弹翼的展弦比、梯形比、后掠角等平面形状参数有关,在弹翼平面形状已经确定的情况下,只与弹翼尾翼的相对位置有关。下洗公式中位置系数

$$K_H = \frac{1 - h_H/b}{2 (l_H/b)^{1/3}}$$

而侧洗公式中与弹翼在弹身上的位置有关,即 $0.4 z_W/z_V$,如图 5 - 57 所示。

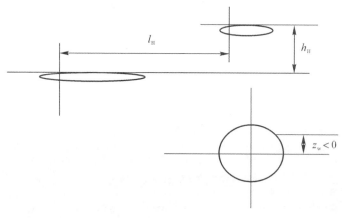

图 5 - 57

利用这些关系式找到尾翼和弹翼的相对位置。

三、小展弦比弹翼和弹身组合体外形设计

小展弦比弹翼和弹身组合体外形设计要解决三个问题:翼身干扰、翼尾干扰和弹翼洗流(尾迹)的计算。利用细长体理论,气动力计算转化于视质量计算。翼身组合体的视质量已经有相应数据可查。利用视质量数据可以方便求出翼身之间的干扰系数。此地所指的翼身组合体是指除导弹前体和后体外的部分。以法向力干扰系数为例,我们知道当导弹有攻角、侧滑角

和滚转角情况下,翼身组合体上的载荷分布为

$$\frac{\mathrm{d}Z}{\mathrm{d}X} = -\rho S_{\mathrm{R}}[A_{12}\dot{v}_1 + A_{22}\dot{v}_2 + A_{23}(\lambda\dot{p})] +$$

$$\rho S_R V_0 \frac{\partial}{\partial X}[A_{12}v_1 + A_{22}v_2 + A_{23}(\lambda p)] - \qquad (5-4-3)$$

$$\rho S p [A_{11}v_1 + A_{12}v_2 + A_{13}(\lambda p)]$$

在仅有攻角时把式(5-4-3) 无量纲化,得到用视质量表示的法向力系数

$$Z = -V_0 \int_0^l \frac{\partial}{\partial X}(m_{22}v_2)\mathrm{d}X \qquad (5-4-4)$$

和单独弹翼的形式一样,只是被积函数不同,即视质量的不同。以三角翼身组合体为例,翼身组合体法向力与单独翼法向力之比就是翼身组合体的干扰系数,记为

$$K_{\mathrm{w}} = \frac{1}{\pi(\lambda-1)^2}\left[\frac{\pi}{2}\left(\frac{\lambda^2-1}{\lambda}\right)^2 + \left(\frac{\lambda^2+1}{\lambda}\right)\arcsin\left(\frac{\lambda^2-1}{\lambda^2+1}\right) - \frac{2(\lambda^2-1)}{\lambda}\right] \quad (5-4-5)$$

$$\lambda = s/a$$

注意到翼身组合体在弹身上诱导的法向力为

$$Z_{\mathrm{B(W)}} = Z_{\mathrm{C}} - Z_{\mathrm{W(B)}} - Z_{\mathrm{N}}$$

而弹身头部法向力为

$$Z_{\mathrm{N}} = 2\pi\alpha a^2$$

$$K_{\mathrm{B}} = (1 + \frac{1}{\lambda}) - K_{\mathrm{w}} \qquad (5-4-6)$$

从式(5-4-6)可以发现,干扰系数随径展比 λ 增大而增大。径展比 $\lambda=0$ 时最小,因为此时没有弹身,两个系数等于1,即单独弹翼的情形。而 $\lambda=1$ 时,为单独弹身,两个系数等于2。正如我们前面提到的,径展比是设计翼身组合体中的重要参数。

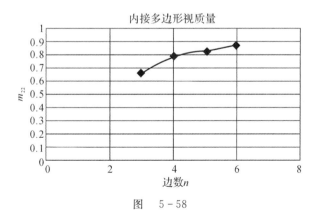

图　5-58

翼身组合体中的弹翼外形设计与单独弹翼设计没有什么不同,本章第 2 节的叙述可以用。现在要讨论弹身的横切面形状和弹翼片数的影响。弹身切面形状,除圆之外,尚有椭圆、矩形、梯形、多边形。利用细长体体理论可能解决正多边形,例如外接圆半径为 a 的正多边形,其视质量为(见图 5-58)

$$m_{11} = m_{22} = 0.654\pi\rho a^2, n = 3$$
$$= 0.787\pi\rho a^2, n = 4$$
$$= 0.823\pi\rho a^2, n = 5$$
$$= 0.867\pi\rho a^2, n = 6$$

$$(5-4-7)$$

我们知道内接多边形的面积为

$$S = \frac{n}{2}a^2 \sin\frac{2\pi}{n} \qquad (5-4-8)$$

它影响到弹身容积和阻力。

式(5-4-7)和式(5-4-8)是我们设计弹身切面形状的一个依据。图5-58表示他们随内接多边形边数变化。从视质量图可以看出,视质量并不随内接多边形的边长增加而线性增加,而是趋于平缓,其极限时1(相对单位,这里略去了 $\pi\rho a^2$)。显然就是圆切面的视质量。而圆内接多边形的切面积随内接多边形的边数也不成线性关系,也有一个极限,即 π。我们知道圆面积为 πa^2。由此可知,弹身取内接多边形到六边形就行了。事实上也没有多于六边形的弹身切面用于设计,一般以四边形为多,并做一些变化,例如梯形(隐身)、倒圆、切角等。三边形常常是以船型来设计的,如美国的 TSSAM。然而变形以后再用细长体理论会有些困难。因为没有现成的视质量表格可查,进行保角转换更没有通式可以应用。好在有许多实验资料可资应用,如图5-59所示,还可以查到更多的试验资料。有资料以圆形弹身和后掠弹翼作为基本外形,配以椭圆、三角形、矩形、菱形、水滴形弹身值组合体进行风洞试验,测量其法向力和俯仰力矩系数,见表5-4-1。表中数据为相对值,只能作为设计弹身切面形状的参考。

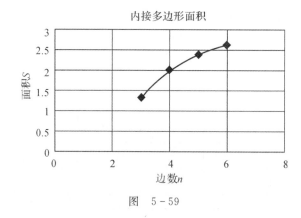

图 5-59

表 5-4-1 弹身横切面外形对气动力的影响

弹身外形	三角形	倒三角形	菱形	正方形	圆
法向力	2.00	1.85	1.00	1.00	0.50
俯仰力矩	17.5	17.5	8.70	8.70	2.50
压力中心	8.75	9.46	8.70	8.70	5.00

另一份资料对不同椭圆度弹身在速度为 $Ma = 2$ 的气动力系数进行测量,也为翼身组合体设计提供了很好的依据。弹身模型由圆锥弹头和柱形弹身后体组成。头部长细比为3,弹身

后体长细比为 5。椭圆度以两主轴之比表示,分别为:$a/b = 0.333, 0.500, 0.666, 1.000, 1.500,$ $2.000, 3.000$ 共 7 种。依次编号为 B1,B2,B3,B4,B5,B6,B7。

第 5 节　高超音速防区外导弹外形设计

高超音速飞行是人类一项颇具挑战的理想,至今尚未实现。此处当然不是指在太空的高超音速飞行,我们指的是舒适的环球旅行,两小时到达。显然飞行器的时速要大于 10 000 km,也就是马赫数 8。现在人们正在努力实现这一梦想。

然而,世界军事强国却把精力放在发展高超音速巡航导弹上,它既具有弹道导弹之高速,又能在平流层(18～40 km)内飞行,故极具威慑力。因为在反恐斗争中要精确打击一类时间关键目标(TCT),那是恐怖分子头目,他们的藏匿之地通常深入地底,设施坚固,非高超音速弹头不能贯穿。因此,高超音速防区外导弹是继隐身技术之后,军事领域最重要的武器设计思想之一。世界军事强国都在积极推进高超音速技术,发展了一系列高超音速导弹,见表 5-5-1。

表 5-5-1　世界高超音速导弹

名　称	速度/马赫数	射程/km	质量/kg	战斗部质量/kg	备　注
快速霍克	≥4	800～1 600	907	450～225	美国海军
魔剑	8～10	1 300	1 300		美国海军
HABM	8	1 200～1 500	1 400～1 600		北约
HAHV	6～8	2 000			法国
ASS500	4	500			德国
高速攻击弹	4	185～950	454		美国
突跃发射弹	≥8	1 200			美国
试验弹	3～5				俄罗斯
HWT	3.5～7	1 100		贯穿力 11 m	美国
DHV	5				法国
ARRMD	6～8	800～1 200		113	CEP=9 m

一、乘波体

高超音速通常指飞行马赫数 $Ma \geq 5$,其流场具有小密度和薄激波层,马赫数愈高,激波愈强,压缩愈大,激波前后密度相比是小量;黏性效应强,随着马赫数增加,边界层增后与激波层相比不能略去;存在高熵层,为减少热传导,高超音速导弹头部为钝形,流线通过曲线的不同位置均有熵增;高温效应和低密度,高超音速流动产生的温升呈现"非完全气体"模式,此时气体常数不恒等于 1.4。根据这些特点,研究高超音速流场需要同时考虑气动力、气动热和气动物理三个方面。研制高超音速防区外导弹,在气动布局、推进装置、热防护结构和材料等领域均有关键技术需要克服。

我们知道,牛顿粒子碰撞理论用于流体力学,曾给飞行蒙上过阴影。它得出的压力系数与入射角(攻角)的平方成正比。事实上升力与入射角为一次方关系,这已为小扰动理论和实验所证实。而且低速、亚音速、跨音速和超音速飞行都是按这个关系实现的。但牛顿正弦平方律却适用于高超音速。这是因为此时斜激波贴近物面,流场与牛顿绕流模型很接近,即背风面的压力系数等于零,迎风面压力系数就符合正弦平方律了。所以,传统的气动布局因其升阻比小而不适合高超音速飞行。于是出现了一种新的气动外形,被称为"加字符∧"翼。由于机翼骑在激波之上,又称为"乘波体"。乘波体最早由农维热(Nonweiler)于1959年提出,引起了设计师极大兴趣。由于需求不明显,20世纪70年代曾经冷落过一阵,80年代美国发布航天计划NASP,重新燃起了研究乘波体的热潮。1990年在美国马里兰大学召开了第一届乘波体学术会议,交流了研究的情况。

有两个原因使乘波体具有高升阻比:第一,迎风面的高压缩,而且因机翼骑在激波上,使得上下气流不会连通而获得高升力;第二,背风面系流面大大减少了压差阻力。乘波体设计方法与传统的不同,是先确定流场,再设计外形。现有许多设计计算方法问世:指数律解析设计和分析方法;二维激波方法;三维激波方法;轴对称锥形流方法;基于高超音速小扰动近似理论的多向弯曲方法等。这些都是工程计算方法,更精确的则是计算流体动力(CFD)方法。数值解的方法很多,有限元、有限差分均有许多成功的程序可以发展成"乘波体"设计软件,例如美国马里兰大学的MAXWARP。设计"乘波体"当然要追求最大升阻比。乘波体的升阻比与其楔角成反比,故升阻比随楔角减少增大,理论上可以为无穷大。这当然不能实现,因为没有容积了。具有一定容积包含分系统硬件而又希望楔角较小,则表面积会很大,摩阻随之增加,升阻比则下降。

由于防区是个不确定的概念,它随防空武器系统的作用距离而变。所以防区外导弹并不完全是远射程导弹,而是随攻击的防区大小而伸缩。

这就是防区外导弹系列发展的原因,而且其总体设计是根据布雷盖航程公式

$$R = H\eta \frac{L}{D} \ln \frac{1}{1 - W_f/W}$$

以热效率、气动效率和燃料质量比三个因数作为控制参数,得出防区外导弹系列射程。高超音速防区外导弹还要克服容积率与优良气动性能、制导性能、战斗部质量间的矛盾,进行一体化设计。乘波体外形与冲压发动机的相容性也靠一体化设计来解决,目的是使前体激波起到预压缩的作用,而提高进气效率,以获得最大净推力和高升阻比。同时还要使最大升阻比发生在较低的升力下。但是升阻比随马赫数增加而降低,而热效率却随马赫数增加而增加。两者乘积等于常数,现在近似于π,将来可能会接近于5。德国空气动力学家屈其曼(Kuchemann,D)给出过一组数据,见表5-5-2。

表5-5-2　高超音速热效率与升阻比

Ma	0.7	1.2	2	10
η	o.2	0.3	0.4	0.6
L/D	16	10	8	5

因此,高超音速防区外导弹必须采用"乘波体"气动布局和以超燃冲压发动机为动力。有一种$Ma=6$的乘波体外形如图5-60和图5-61所示,可以看出弹翼骑在激波上,鸭式舵并不偏转,而是靠伸缩改变面积来产生操纵力矩。还可以注意到,其尾喷管有左右两个,可分别

摆动以产生滚转力矩代替副翼。还有一种体涡侧向控制器,系利用大攻角下反对称旋涡产生侧向控制力。这一类创新气动部件所产生的气动力和气动热均是高超音速防区外导弹设计中需要仔细研究的。以下是几种设计马赫数 $Ma=6$ 的乘波体的外形除了"乘波体"设计以外,超燃冲压发动机和热防护结构/材料是高超音速防区外导弹研制的另两项关键技术。高超音速防区外导弹最佳方案为带有创新部件的乘波体外形加超燃冲压发动机。这种布局的质量轻,射程远。它与细长体外形加固体火箭发动机相比,有一组数据充分说明问题(见表 5-5-3)。

二、超燃冲压发动机

高超音速防区外导弹总体布局可以有两种选择,弹道式和飞航式。弹道式利用液体或固体火箭发动机推进,在大气层外,靠惯性飞行。飞航式其整个飞行都在平流层以下对流层内飞行,为了以较高的概率突防和增大射程,要设计一种"爬升—下滑—跃升"弹道。因此,吸气式推进便被经常使用,如涡喷、涡扇和冲压发动机,使导弹在低高度时吸气爬升,在高高度时关闭动力滑翔。

 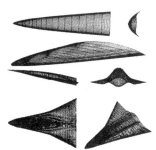

图　5-60　　　　　　　　　　　图　5-61

表 5-5-3　高超音速导弹两种方案比较

方案	乘波体＋超燃冲压发动机	细长体＋固体火箭发动机
射程	1 500 km	400 km
速度	$Ma=6$	$Ma=3\sim5$
飞行高度	18 km	18 km 跃升至 50 km
导弹质量	862 kg	1 100 kg
燃料系数	24.8%	42.7%
升阻比	7	1

采用乘波体气动布局和超音速燃烧冲压发动机作为动力装置的方案具有优势图 5-62。它与另一种是以小展弦比弹翼和细长弹体为气动布局,采用固体火箭推进。计算表明,在发射质量相当时,乘波体加冲压发动机方案的射程是火箭发动机方案的三倍以上。这是因为超燃冲压发动机有较高的推进效率,如图 5-63 所示。由图可知,超燃冲压发动机效率接近于 0.6,适合在高超音速($Ma>5$)下使用。而涡轮喷气发动机在 $Ma<3$,涡轮风扇发动机则在高亚音速下工作比较经济。

1. 超燃冲压发动机的特点

超燃冲压发动机(SCRAMJET)有别于普通亚燃冲压发动机(CRJ)和双燃烧室冲压发动机（DCR）（见图 5 - 64），是指在工作包线内发动机循环均处超音速燃烧下。而亚燃冲压发动机(CRJ)是指进气道压缩系统中始终存在正激波。冲压发动机通常需要用助推器加速至称之为终端马赫数 Ma_{EOB} 开始工作。如果在 $Ma_{EOB} \leqslant 4$ 下接力，会出现正激波，肯定有一部分热量是在亚音速气流中释放，此种发动机循环叫双模式发动机，一般不与超燃冲压发动机相区别。而双燃烧室冲压发动机（DCR），是指超燃与亚燃相结合的混合循环发动机。

超燃冲压发动机和双燃烧室冲压发动机的适中终端马赫数 $Ma_{EOB} = 3 \sim 4$，它与巡航马赫数 Ma_{CR} 有 $0.55 Ma_{CR} < Ma_{EOB} < 0.6 Ma_{CR}$，故 $Ma_{CR} = 6 \sim 8$。也有人认为，$Ma_{EOB} = 3$，$Ma_{CR} = 8 \sim 10$ 是合适的。

在超音速冲压发动机中，自由流在进器道里扩散和压缩到超音速马赫数 Ma_4，一般为$(0.4 \sim 0.5) Ma_0$，并在切面 4 下游喷射燃料。燃烧过程在燃料喷射附近产生一系列激波。尔后在切面 4 和 5 之间进行液体燃料的喷射、蒸发、混合点火和燃烧，最后气流在超音速扩散喷管中膨胀。双燃烧室冲压发动机没有太大区别，仅有一部分（约 25%）进气道捕获的气流被分开和扩散到亚音速，给小型亚音速突扩燃烧室供气。

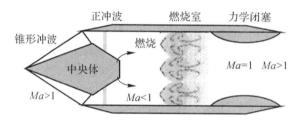

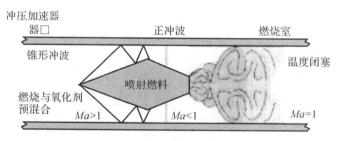

图 5 - 62　起燃冲压发动机原理

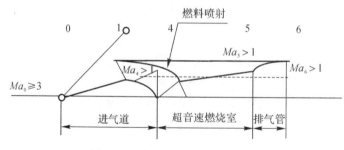

图 5 - 63　超音速燃烧冲压发生器

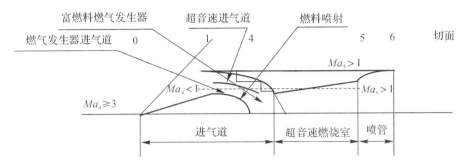

图 5 - 64　双燃烧室冲压发动机

超燃冲压发动机具有结构简单、质量轻、成本低的特点,满足高超音速防区外导弹要求高比冲,高速度巡航的要求。当然其特点也是由冲压发动机之工作原理和结构型式所决定的。冲压发动机由进气道、燃烧室和尾喷管三大部件组成,其工作循环符合勃莱顿循环。在进气口前等熵压缩后,进一步在进气道中实现等压压缩,在燃烧室中实现等熵膨胀。由排气动量与进气动量之差产生推力。冲压发动机的优点为:超音速飞行时,成本较涡喷发动机低,所以是大气层中进行超音速飞行的理想动力装置;没有转动部件,质量轻,推重比高;燃烧室可以承受更大的热量。其最大的缺点则是需要助推器将其推至终端速度,单位推力亦较小。

2. 超燃冲压发动机设计

现代武器设计思想有一个很大的进步,重视"权衡研究"(Trade - off Study),而不奢谈"优化"(Optimum);意指有效武器是各种因数综合权衡的结果,做到满足战技指标就可以了,不必花很大精力去追求"最好的结果"。一般来说,没有最好,只有有用。所以,超燃冲压发动机设计也应在性能和成本方面进行权衡。

高超音速防区外导弹对冲压发动机的要求与对其他类型发动机的要求不同,特别注重燃料的选择和导弹-发动机一体化设计问题。燃料的发热量愈高,燃料的比冲和发动机的推力系数就愈大,即在加热比一定时,燃料的发热量愈高,加热单位空气所需的燃料愈少。则当燃料箱一定时,射程愈大。所以,需要高发热量的燃料。同时为增加定容积下的导弹射程,必须增大燃料的容积发热量。一般航空煤油的密度为 0.75~0.85 g/cm³,而高密度煤油为 0.902 6 g/cm³,如选用后者则射程可增加 15% 左右。

高超音速导弹用"乘波体"外形,其设计是按流场反算几何形状。冲压发动机必须融入弹体设计,才能获得好的性能。这为导弹设计带来了新的问题,也就是一体化设计必须解决的。

发动机安装将影响到导弹的外形,主要是进气道对外形的影响。进气道的安装形式有:双侧进气式;十字或叉型 4 管进气式;腹部进气式;与弹体融合的下颚进气式。一体化设计涉及到技术集成、系统集成、过程集成、管理集成、人员集成和信息集成等多方面。其实质是综合,即将不同的专业、系统和过程中的多因数集中在统一的目标之下,求得最有效(注意并不是最好)的配置。毋用置言,高超音速防区外导弹需要用一体化设计的方法。我们从已经公布的几个型号发现,进气道均采用下颚式,例如 X - 43 空天飞机。其主要的优点是适合冲压发动机一体化。

3. 进气道设计

导弹与其推进系统综合(一体化)设计是导弹设计的方向。进气道当然是推进系统的一部分,不仅如此,它还是导弹的一个部件。因此,进气道设计要考虑两个方面:推进系统的要求和导弹的要求。导弹对进气道的要求:在给定攻角和侧滑角范围内,进气道能稳定工作;进气道对弹体的不利干扰要少;符合隐身的要求。推进系统对进气道的要求:在各种飞行条件和发动机工作状态下,能提供发动机所需空气流量;总压恢复系数大;阻力小;工作稳定,畸变小。因此,进气道设计必须考虑以下一些变量:导弹/发动机工作的速度—高度包线;攻角和侧滑角要求;制导模式(BTT 或 STT);前弹身形状;天线的要求;发射装置的限制等。除此之外,还必须考虑进气道设计中的阻力。阻力系数有不同的分类方法,对进气道而言有波阻、摩阻、附加阻力等。附加阻力是指流量系数小于 1 时,流管总冲变化所产生的阻力,亦称溢流阻力。很显然当 $\varphi = 1$ 时, $X = 0$。在计算推进系统阻力时,每个设计部门都有一套推-阻力归类(thrust-drag bookkeeping)方法。哪些属于阻力,哪些属于推力减少,要有个规定,以免重复计算。

这里列出了三种型式的冲压发动机进气道,其一是布曼式进气道,或称单元体式。它是内压缩进气道,每一个单元,可以单独供一个燃烧室用,也可以汇集到一起为一个环型燃烧室提供所需的空气。喷管做成倒进气道形状,以便在喷管出口将多个燃烧室的气流汇集起来。这样各个单元体分别起到一个独立发动机的作用,并可利用其燃料流量的不同来进行推力控制。其二是"陷波"式进气道,可应用于普通亚燃和超燃冲压发动机。型式也有多样,环形、头部颚下、后置半环形等。和布曼式不同,其气流首先在外压缩面上向外转折,然后通过整流罩前缘的强激波转向轴向。整流罩前缘外表面平行于弹体轴线以减少波阻。为了减少激波和附面层的干扰,设计了一个大的抽吸缝隙来自动调节流量。当干扰强时,压力增高,抽吸量增大,提高了进气道的总压恢复系数,正好与发动机工作状态相适应。干扰减弱时,情况正相反。其三是一种创新的进气道概念,称之为"内弯风斗式进气道"。有多个风斗,每一个风斗捕获一个扇形面积的气流。风斗的布置还与导弹控制策略有关,侧滑转弯应对滚转角不敏感,所以风斗应对称安装。而采用倾斜转弯则应把风斗放在迎风的一侧,如同颚下进气一样。

进气道的设计大多利用比较研究的方法,以确定像设计马赫数、临界马赫数、内部压缩和外部压缩程度等。而比较的的关键参数为发动机的性能(推力和油耗)。在设计马赫数下外部气流全部被捕获,阻力低。而低于设计马赫数的工作情况,捕获面积减少,阻力高。高于设计马赫数的情况,外部压缩落在整流罩内部,全捕获面积,阻力低。

高于设计马赫数时,自由流管的大小保持不变,所以捕获面积等于整流罩唇口面积。低于设计马赫数时,由于陡峭的压缩波使得捕获面积变小,引起连接自由流和整流罩唇口的流线弯曲,产生所谓超临界溢出。当发动机进气道高于或低于"匹配的"马赫数下工作时,会产生空气流量的不匹配。供给小于需求称为亚临界,供给大于需求称超临界。因此,临界马赫数由进气道的尺寸决定。初步设计时,要求临界马赫数介于接力马赫数和和进气道设计马赫数之间,然后通过比较研究得到最佳值。

4. 燃烧室分析

燃烧室的功用是使燃料与减速增压的空气混合和燃烧,将燃料中的化学能转化为高温燃气的热能做功。这不仅要弄清燃料置备和喷射过程,而且要知道控制超音速混合和燃烧,以及在燃烧室内导致其他损失的过程。需要掌握可压流体动力学、粘性流和化学动力学的知识。

燃烧室由绝缘段、燃料喷射器和燃烧室组成。对燃烧室的要求为:快速可靠地起动;燃烧稳定,无强烈振动;燃烧完全,热效率高;总压损失小;冷却良好,无烧蚀;提高燃烧室热强度,减少质量与尺寸。

5. 实现超燃冲压发动机设计的技术途径

超燃冲压发动机及其部件看起来简单,其实有许多技术关键,世界各强国均在花大力气解决。美国应用物理实验室列举了有关项目,认为它是必须解决的。这些项目有①自由剪切层;②附面层;③底部流区;④壁面喷射;⑤无粘流,见表 5 - 5 - 4。并且还提出发动机各典型切面的初始条件是,在对流层飞行时 $Ma_0 = 3 \sim 8, Ma_4 = 1.5 \sim 4, Ma_F = 1 \sim 2, Ma_5 = 1 \sim 2.5$。

俄罗斯也有超燃冲压发动机研究计划,分为高超音速技术、超燃冲压发动机概念和实验基础三个方面。第一个方面为基础科学和应用科学研究与新性超燃冲压发动机设计相结合;第二个方面为概念性设计与试验和发动机现实紧密相关;第三个方面则是建立全尺寸超燃冲压发动机试验的工业基础。

法国于 1992 年投资 9 500 万美元,用四年发展超燃冲压发动机,称之为吸气式推进系统研制技术规划(PREPHA)。该规划包括五个方面的研究:超燃冲压发动机、实验设备、飞行器和推进系统、材料、数字仿真。

日本用蓄热式加热器和直热式加热器实现冲压发动机试验条件,建立了一座试验台。

6. 超燃冲压发动机试验

众所周知,试验在发动机研制中占有相当重的地位,超燃冲压发动机更是如此。一般要完成六种基本试验,即①气动力基准试验(1% ~ 10% 尺度);②进气道论证试验(5% ~ 25% 尺度);③直连式燃烧室试验(全尺寸);④推进系统试验(自由喷全尺寸);⑤喷管-后体试验(5 ~ 20% 尺度);⑥喷管-后体试验(全尺寸)。

7. 世界弹用冲压发动机研制情况

据《世界导弹与航天发动机大全》统计,目前共有 42 种冲压发动机已投入使用。推力从 1.2 ~ 132 kN,比冲 2 350 ~ 29 400 m/s,冲压工作时间最大 1 000 s,助推接力 $Ma = 1.8 \sim 6$(多数 2 ~ 3),飞行高度从超低空到 20 km 不等。有用于战略导弹,亦有用于战术导弹。美国罗克韦尔公司用了一种新方法试验超燃冲压发动机,用超高速火炮发射超燃冲压发动机模型,加速度可达 50 ~ 100 g。该模型就叫超燃炮弹(Scramshell)。1994 年发射了 3.18 kg 重,直径 99 mm,长 475 mm 的超燃炮弹,达到 $Ma = 9 \sim 10.5$,炮内压力 3.44 ~ 137.93 MPa。见表 5 - 5 - 4。

表 5 - 5 - 4　美国超燃冲压发动机研究的主要项目与计划

项目/计划	起止年份	主办机构	主要研究内容
IFTV	1965 ~ 1967	USAF GASL	飞行试验发动机概念设计; 试验模型发动机研制
HRE	1964 ~ 1978	NASA	论证飞行质量的再生冷却超燃冲压发动机飞行试验; 全尺寸模型发动机(SAM 和 AIM)的地面试验
SCRAM	1962 ~ 1978	NAVY JHU/APL	研制使用可存贮燃料的小型舰载导弹; 采用模块化 Busemann 进气道
NASP	1986 ~ 1995	DARPA	研制 X - 30 试验型单级入轨空天飞机; 研制工作范围 $Ma = 4 \sim 15$ 的氢燃料超燃冲压发动机
HyTech/HySet	1996 -	USAF P&W	研制 $Ma = 4 \sim 8$,应用于高超声速巡航导弹的液体碳氢燃料双模态冲压发动机

续 表

项目/计划	起止年份	主办机构	主要研究内容
HyFly	1995～	NAVY DARPA	通过 $Ma=6$、巡航高度 27 km 的轴对称导弹飞行试验验证碳氢燃料超燃冲压发动机
Hyper-X	1996～	NASA	验证一体化设计方法； 获得双模态冲压发动机操作特性和飞行性能； 完善气动和推进性能数据库

俄罗斯早于 1991 年 11 月 28 日在哈萨克斯坦进行了世界首次超燃冲压发动机点火实验，以 $Ma=5.63$ 飞行了 200 s，44.9 km。其中亚燃至 22 km 后开始超燃，据测量中心锥的温度达 1 173～1 223°K。

研究国内外高超音速导弹推进系统的设计和实验情况后，针对推进系统主要部件：进气道、燃烧室、喷管的设计因数进行的分析表明。超燃冲压发动机是高超音速防区外导弹的首选动力装置。超燃冲压发动机设计涉及诸多因数，设计中亦有许多研究项目需要深入探讨，航空专业没有基础，存在困难。克服这些困难，尚需较多时日，花费较多费用。高超音速防区外导弹需进行弹体和发动机一体化设计，6 种地面基础试验所需设备中，风洞设备从亚音速到高超音速都已具备。但发动机试验设备中，流量和尺寸与国外相比还存在很大差距。由于高超音速防区外导弹动力装置别无选择，所以应投入较多的人力和财力去建设急需的设备和设施。超燃冲压发动机进气道设计、燃烧室设计均涉及大量的数字仿真，所以引进和发展计算流体动力学（CFD）计算软件十分紧迫。目前有一些软件如 Fluent 是可以应用的。它结合 UG, CAT-IA, ProEngineer 等 CAD 软件建模已有较好结果。

三、乘波体外形设计分析

1959 年 Nonveller 设计的乘波体外形像字符 $\wedge$，如图 5 - 65 所示。

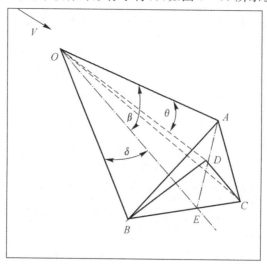

图 5-65

由图可以看出,∧ 形翼 OAB_1B_2 骑在激波 OB_1B_2 上。下翼面 OB_1C 和 OB_2C 的压力为常数。而上翼面则是流线。因此,在外界压力作用下,底部的压力比自由流低,产生底阻。下翼面产生的升力系数和阻力系数分别为

$$C_L = c_P\cos\theta, \quad C_D = c_P\sin\theta$$

所以升阻比为

$$\frac{L}{D} = \cot\theta \qquad (5-5-1)$$

式(5-5-1)没有考虑摩擦阻力,所以当夹角 $\theta \to 0$ 时,升阻比趋于无穷大。这显然不正确。另一方面,乘波体容积为零,没有实际意义。如果将摩擦阻力与压差阻力加在一起,即认为 ∧ 形翼的浸湿面积上的摩擦系数为常数,于是得到升阻比新的表达式

$$\frac{L}{D} = \frac{c_p}{\left[c_p\cot\theta + \left(\dfrac{S_w}{S_p}\right)C_f\right]} \qquad (5-5-2)$$

式中浸湿面积和投影面积之比等于

$$\frac{S_w}{S_p} = 2\sqrt{1 + \frac{\sin^2\beta}{\cot^2\delta}} \qquad (5-5-3)$$

于是升阻比为

$$\frac{L}{D} = \frac{c_p}{c_p\cot\theta + 2C_f\sqrt{1 + \dfrac{\sin^2\beta}{\cot^2\delta}}} \qquad (5-5-4)$$

对于薄翼,偏转角 θ 很小,即 $\cot\theta = \theta$ 压力与偏转角成正比

$$c_p = k\theta$$

由此得到升阻比

$$\frac{L}{D} = \frac{k\theta}{k\theta^2 + 2C_f\sqrt{1 + \dfrac{\sin^2\beta}{\cot^2\delta}}} \qquad (5-5-5)$$

于是求出最佳偏转角

$$\theta_{opt} = \left[\frac{2C_f\sqrt{1 + \dfrac{\sin^2\beta}{\cot^2\delta}}}{k}\right]^{1/2} \qquad (5-5-6)$$

相应最大升阻比

$$\left(\frac{L}{D}\right)_{max} = \frac{1}{4}\sqrt{\frac{2k}{C_f}}\left(1 + \frac{\sin^2\beta}{\cot^2\delta}\right)^{-1/4} \qquad (5-5-7)$$

防区外导弹要求打的升阻比,由上式可知,只有增大 K 值和减少摩擦阻力系数。同时也看出比值$\left(\dfrac{\sin^2\beta}{\cot^2\delta}\right)$ 小有更高的升阻比。也就是宽的乘波体比窄的乘波体有更高的升阻比。这实际上是因为浸湿面积使然,浸湿面积增大摩擦阻力随之增大,升阻比当然减少。

四、乘波体的计算方法

下面介绍几种乘波体的计算方法。如图 5-66 所示。

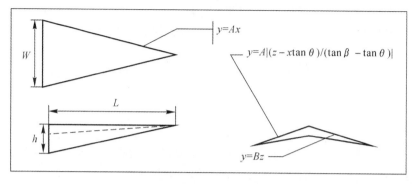

图 5-66

1. Starkey‑Lewis 解析方法

设在平面激波中设计乘波体,其外形用指数表示

$$y_p = Ax^n, \quad y_u = Bz_u^n \tag{5-5-8}$$

为了能产生平面激波,乘波体下表面必须符合方程

$$\cot\theta = \frac{z_l - (y_u/B)^{1/n}}{x - (y_p/A)^{1/n}} \tag{5-5-9}$$

下表面的高度分布为

$$z_l = \left[x - \left(\frac{y_p}{A}\right)^{1/n}\right]\cot\theta + \left(\frac{y_u}{B}\right)^{1/n} \tag{5-5-10}$$

按照这几个公式,调节 5 个参数 (A,B,n,l,θ) 可以设计一系列乘波体。也可以改变 A,B,n 中的一个,保持其它 4 个不变来得到系列乘波体。但是并不是所有的参数组合都能得到附体激波。得到附体激波的条件是下表面的高度不能大于下式表示的数值

$$z_{l,\max} = \left(\frac{y}{B}\right)^{1/n} = \left(\frac{Al^n}{B}\right)^{1/n} = l\cot\beta \tag{5-5-11}$$

而激波角

$$\cot\theta = \frac{M_{nl}^2 - 1}{\cot\beta\left(\frac{\gamma+1}{2}M_1^2 - M_{nl}^2 + 1\right)} \tag{5-5-12}$$

对激波附体的情况有

$$B = \frac{A}{\cot^n\beta} \tag{5-5-13}$$

附体激波需要的下表面高度分布为

$$z_l = x\cot\theta + \left(\frac{y}{A}\right)^{1/n}(\cot\beta - \cot\theta) \tag{5-5-14}$$

经过变换得到平面激波的乘波体的影响参数减少为 4 个 (A,n,l,θ)。如引入乘波体的高度和宽度

$$\left.\begin{aligned}h &= \left(\frac{A}{B}\right)^{1/n}l = l\cot\beta \\ w &= 2Al^n\end{aligned}\right\} \tag{5-5-15}$$

则参数变为更加方便的(l,w,n,θ)。

于是乘波体投影面积

$$S_p = 2\int_0^l A x^{n\mathrm{d}x} = \frac{wl}{n=1} \tag{5-5-16}$$

底部面积

$$S_b = S_p \cot\theta \tag{5-5-17}$$

体积

$$V = \frac{S_b l}{n+2} = \frac{wl^2 \cot\theta}{(n+1)(n+2)} \tag{5-5-18}$$

浸湿面积要记及自由流和压缩流

$$S_w = \int_0^l \Big[\int_0^{x\cot\beta} \sqrt{1 + \frac{A^2 n^2 z^{2(n-1)}}{\cot^n\beta}} \,\mathrm{d}z + \int_0^{x\cot\beta} \sqrt{1 + \frac{A^2 n^2 (z-x\cot\theta)^{2(n-1)}}{(\cot\beta - \cot\beta)^{2n}}} \,\mathrm{d}z \Big]\mathrm{d}x \tag{5-5-19}$$

基于浸湿面积的体积效率

$$\eta_w = \frac{V^{2/3}}{S_w} \tag{5-5-20}$$

基于投影面积的体积效率

$$\eta_w = \frac{V^{2/3}}{S_p} \tag{5-5-21}$$

把投影面积公式代入得

$$\eta_p = \Big[\frac{(n+1)\cot^2\theta}{(n+2)^2 w} \Big]^{1/3} \tag{5-5-22}$$

浸湿面积公式没有显式,不做处理。由上式分析可知,指数变化$(n=0\sim1)$对体积效率影响不大,最大进4%。增加体积效率的最好办法是增加高度和长宽比。按二维激波设计的乘波体,其空气动力特性计算如下。

升力

$$L = (p_1 - p_u)S_p\cos\alpha + (p_b - p_1)S_b\sin\alpha \tag{5-5-23}$$

$$D_w = (p_1 - p_u)S_p\sin\alpha - (p_b - p_1)S_b\cos\alpha \tag{5-5-24}$$

黏性阻力的计算要复杂一点,常用参考温度法计算。

$$D_v = G_1 w F(n) \Big(\frac{l}{\cos\theta}\Big)^{G_2} \tag{5-5-25}$$

表 5-5-5　用于温度法计算的附面层系数

参数	层流	紊流
G_1	$0.664\sqrt{\rho_e^2 U_e^3 \mu^* C^* / \rho^*}$	$0.037\rho_e^{0.8} U_e^{1.8} \mu^{*0.2}$
G_2	0.5	0.8
F_0	0.998 45	0.997 58
F_1	$-0.575\ 29$	$-0.809\ 41$
F_2	0.367 37	0.549 89
F_3	$-0.119\ 39$	$-0.182\ 47$

表 5-5-5 中 G 表示飞行条件函数，F 为用福里哀级数表示多项式的系数。给定乘波体长度、宽度和楔角，就可以计算不同 n 值得粘性阻力。当 $n=1$ 时，其层流粘性阻力只有 $n=0$ 的 67％，其紊流粘性阻力只有 $n=0$ 的 56％。即使 $n=1$ 的乘波体的体积和面积分别是 $n=0$ 的 33％ 和 50％，也改变不了它的粘性阻力大的事实。

升阻比定义为升力与波阻和粘阻之比

$$\frac{L}{D} = \frac{L}{D_w + D_v} \tag{5-5-26}$$

设乘波体的巡航高度为 h_{alt}

引入几个恒等式

$$\psi_1 \equiv \frac{X+Y}{1-XY}$$

$$\psi_2 \equiv \left[G_{1,u} + \frac{G_{1,l}}{(\cos\theta)^{G_2}} \right] \frac{1}{(p_1 - p_u)(1-XY)\cos\alpha}$$

$$\psi_3 \equiv l^{G_2-1}$$

$$\psi_4 \equiv (n+1)(F_0 + F_1 n + F_2 n^2 + F_3 n^3)$$

$$X \equiv \frac{p_1 - p_b}{p_1 - p_u}\cot\theta$$

$$Y \equiv \cot\alpha$$

则升阻比可以表示为

$$\frac{L}{D} = \frac{1}{(\psi_1 + \psi_2)\psi_3\psi_4} \tag{5-5-27}$$

我们注意到乘波体升阻比居然与其宽度无关，这是由于楔角沿纵向不变化，每一条流行的特性不变。另外宽度沿纵向的变化有常数 A 决定，所以粘性阻力已经有 A 决定了。这样就为我们在不改变乘波体空气动力特性的前提小获得较适合的体积，从而放松了设计约束。

由上述方程组可知乘波体的升阻比是飞行马赫数 M_∞，巡航高度 h_{alt}，攻角 α，楔角 θ，乘波体长度 l，指数 n 的函数。如果给定飞行马赫数和巡航高度（设计乘波体的初始条件），升阻比则是攻角、楔角、乘波体长度、指数四个变量的函数。再设攻角等于半楔角的一半，上下翼面的压力差等于零。取极限有

$$\lim_{\alpha \to -\theta/2} \frac{L}{D} = \left\{ \frac{1}{Y} + \left[G_{1,u} + \frac{G_{1,l}}{(\cos)^{G_2}} \right] \frac{\psi_3(l)\psi_4(n)}{(p_1 - p_b)Y\cot\theta\cos\alpha} \right\}^{-1} \tag{5-5-28}$$

以上按二维激波设计出的乘波体，其楔角不变。然而在适用上不可能不变，例如气动力热的原因。于是三维激波方法应运而生，它实际系由二维激波增加一个表面曲线的方程，把二维的方法予以拓展。我们用一个表示乘波体下表面曲线的指数函数

$$z_1 = x\cot\theta - \left(\frac{2yl^n}{wx^{n-m}} \right)^{1/m} (\cot\theta - \cot\delta) \tag{5-5-29}$$

这样决定乘波体形状的参数增加至 6 个，即指数 n，m，宽度 W，长度 l，楔角 θ 和前缘角 δ。当楔角小于前缘角 $\theta < \delta$，下表面为凹形，反之则为凸形。指数 n 和 m 取值 $(0,1)$，当 $n=m$ 时，乘波体楔角为常数，但激波仍然为三维。$n=m$ 和 $\delta=\beta$ 楔角为常数，激波为二维。当 $n=m=1$ 和 $\delta=\beta$ 时，乘波体为加字符型。因为下表面不能穿越上表面，所以对于三维附体激波，其凹面的设计参数必须满足下式表示的条件

$$\frac{m}{n}\frac{\cot\delta}{\cot\delta - \cot\theta} > 1 \tag{5-5-30}$$

变楔角三维激波乘波体的底面积

$$S_b = (\frac{n+1}{m+1}\cot\theta + \frac{m-n}{m+1}\cot\delta)S_p \tag{5-5-31}$$

体积

$$V = \frac{lS_b}{n+2} \tag{5-5-32}$$

浸湿面积

$$S_w = 2\int_0^l\left[\int_0^{x\cot\beta}\sqrt{1+\frac{A^2n^2z^{2(n-1)}}{\cot^n\beta}}\,dz + \int_{x\cot\theta}^{x\cot\delta}\sqrt{1+\frac{m^2A^2n^2z^{2(n-m)}(z-x\cot\theta)^{2(m-1)}}{(\cot\theta-\cot\delta)^{2m}}}\,dz\right]dx \tag{5-5-33}$$

空气动力特性

　升力

$$L = 2\int_0^{al^n}[\xi(y)(p_l - p_u)\cos\alpha + \Delta z(p_b - p_l)\sin\alpha]dy \tag{5-5-34}$$

波阻

$$D_w = 2\int_0^{al^n}[\xi(y)(p_l - p_u)\sin\alpha - \Delta z(p_b - p_l)\cos\alpha]dy \tag{5-5-35}$$

式中展向流线长度

$$\xi(y) - \left[1 - (\frac{2y}{w})^{1/n}\right] \tag{5-5-36}$$

而

$$\Delta z = l\left[(\frac{2y}{w})^{1/m}(\cot\delta - \cot\theta) + \cot\theta - (\frac{2y}{w})^{1/n}\cot\delta\right] \tag{5-5-37}$$

黏性阻力

$$D_v = G_{1,u}wl^{G_2}F(n) + \int_0^{Al^n\xi_n(y)/\varphi}\int_0^{}\frac{1.5G_{1,1}\varphi}{x^{1-G_2}}dx\,dy \tag{5-5-38}$$

$$\varphi = \operatorname{arccot}\frac{\Delta z}{\xi(y)} \tag{5-5-39}$$

2. 轴对称锥形流法

　Kim 提出的无粘高超音速轴对称锥形流小扰动的解析方法,适用于防区外导弹外形设计的参数选择。如图 5-67。

　高超音速小扰动理论,对于上表面为流线,下表面为压缩面,底部垂直来流的乘波体升力和波阻可以写成

$$L = \iint\rho(Ve_x)(Ve_z)dS \tag{5-5-40}$$

波阻

$$D_w = \iint[p - p_\infty + \rho(Ve_x - V_\infty)(Ve_x)]dS \tag{5-5-41}$$

经过推导得到升力和波阻的表达式

$$L = ql^2\delta^3\left(\frac{4\sigma^3}{\sigma^2-1}\right)\int_0^{\varphi 1}\left[1-\frac{R(\varphi)}{\sigma}\right]\cos\varphi\,\mathrm{d}\varphi \qquad (5-5-42)$$

$$D_\mathrm{w} = ql^2\delta^4\left(\frac{\sigma^2}{\sigma^2-1}\right)\int_0^{\varphi l}\left[1-\frac{R^2(\varphi)}{\sigma^2}-\ln\frac{R^2(\varphi)}{\sigma^2}\right]\mathrm{d}\varphi \qquad (5-5-43)$$

式中

$$R(\varphi) = \frac{\theta_\mathrm{b}(\varphi)}{\delta} \qquad (5-5-44)$$

此式是描述压缩面在底部后缘处的任意函数,而 $\varPhi_l$ 是底部与激波相交处的方位角。

$$\sigma \equiv \frac{\beta}{\delta} = \sqrt{\frac{\gamma+1}{2}+\frac{1}{K_\delta^2}} \qquad (5-5-45)$$

$$K_\delta = M_\infty\delta \qquad (5-5-46)$$

乘波体的外形由下面几个式子表示

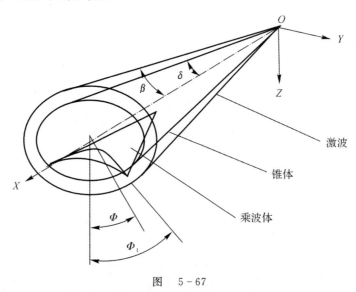

图　5 - 67

下表面(压缩面)

$$\sqrt{\frac{\theta^2-\delta^2}{\beta^2-\delta^2}} = \frac{r_\mathrm{S}(\varphi)}{r} \qquad (5-5-47)$$

$$\frac{r_\mathrm{S}(\varphi)}{r} = \sqrt{\frac{R^2(\varphi)-1}{\sigma^2-1}} \qquad (5-5-48)$$

式中,$r_\mathrm{S}(\varphi)$ 是激波面上的线。

上表面(流面)

$$\frac{r}{l}\frac{\theta}{\beta} = \sqrt{\frac{R^2(\varphi)-1}{\sigma^2-1}} \qquad (5-5-49)$$

底部平面处上表面后缘极坐标角

$$\frac{\theta_{fs}(\varphi)}{\delta} = \sigma \sqrt{\frac{R^2(\varphi)}{\sigma^2 - 1}} \qquad (5-5-50)$$

当函数 $R(\varphi)$ 选定以后,乘波体形状就决定了。但是还可以进行优化处理,比如以最大升阻比为目标函数得到

$$R(\theta) = \frac{\sigma}{\cos\varphi_1}(\cos\varphi - \sqrt{\cos^2\varphi - \cos^2\varphi_1}) \qquad (5-5-51)$$

如果取 $R(\theta) \equiv 1$,则可以得到理想化的圆锥乘波体,其升力和波阻分别为

$$L = ql^2\delta^3 \frac{4\sigma^2}{\sigma + 1}\sin\varphi_1 \qquad (5-5-52)$$

$$D_w = ql^2\delta^2 c_p(\delta)\varphi_1 \qquad (5-5-53)$$

无黏升阻比

$$\frac{L}{D} = \frac{4}{\delta} \frac{(\sigma - 1)\sigma^2}{(\sigma^2 - 1 + \sigma^2\ln\sigma^2)} \frac{\sin\varphi_1}{\varphi_1} \qquad (5-5-54)$$

还有一些方法,如多向弯曲方法。1988 年 Lin,S.C 和 Rasmussen 提出纵向和横向弯曲的扰流锥体,而流面后缘用四阶多项式定义设计乘波体的方法。它也是基于高超音速小扰动理论的方法。其后缘曲线为

$$\frac{z}{l\delta} = b_0 + b_2\left(\frac{y}{l\delta}\right) + b_4\left(\frac{y}{l\delta}\right)^4 \qquad (5-5-55)$$

纵向和横向扰流体表示为

$$\theta = \delta\left[1 - \varepsilon\left(\frac{r}{l}\right)^m\cos\varphi\right] \qquad (5-5-56)$$

流面

$$r\sin\theta = f(\varphi) \qquad (5-5-57)$$

$f(\varphi)$ 是 φ 的任意函数,如果 φ 和 θ 取值不大,则底部平面有 $r_s = l\theta_{fb}/\beta$。

压缩流面,利用流函数定义和扰动方程得到激波内的流线方程

$$\frac{\theta}{\delta} = \sqrt{1 + (\sigma^2 - 1)\left[1 + \frac{m}{nA^*}\left(\frac{l}{r}\right)^m\ln\frac{\cot(n\varphi/2)}{\cot(n\varphi_s/2)}\right]^{2/m}} \qquad (5-5-58)$$

式中 $A^* = \dfrac{\varepsilon w(\delta)}{V_\infty\delta}$

美国的高超音速巡航导弹 X-51A。早在 1989 年,美军提出研制高速打击导弹 HISSM 计划,巡航速度 6 倍音速,射程 960 km。2004 年推出"猎鹰"计划,即全球快速打击空天武器,由三部分组成:低成本小型运载火箭;可重复使用的高超音速飞行器 HVC;通用空天飞行器 CAV。高超音速巡航导弹 X-51 于 2010 年 5 月 25 日首飞,速度达到 $Ma = 4.88$,飞行了 210 m,超燃冲压发动机工作了 143 m。虽然没有达到设计马赫数,可是发动机工作 143 m 是个了不起的成绩,此类发动机工作的记录不过十几秒,而且用的是低成本的碳氢燃料。图 5-68 和图 5-69 为 X51-A 飞翔雄姿。

据称此种导弹系应付第三次世界大战的,它可以在 60 min 内打击地球上的任何一个目标(见图 5-70)。所以,网上调侃道:"它的目标是谁?"目前美国的目标仍然是恐怖分子,因为 X-51A 可以从太空飞越有核国家,不会引发第三次世界大战。也许是为了应对挑战,印度与俄罗斯也联手发展高超音速巡航导弹,速度 $Ma = 5\sim7$,射程 $R = 290$ km,携带常规战斗部

300 kg,导弹叫做 BRAHMOS,如图 5-71 所示。

图　5-68

图　5-69

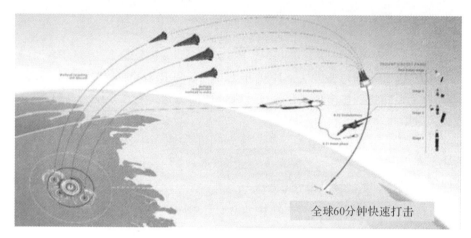

全球60分钟快速打击

图　5-70

印度高超音速导弹

图　5-71

　　X51A 可以在 B-52 轰炸机上发射。也可以在舰艇上利用"三叉戟"弹道导弹送入太空。图 5-72 表示潜艇发射的情况。"俄亥俄"级核潜艇,配备 24 枚三叉戟导弹,导弹重 65 t,发射两分钟后速度达到 60 km,穿过大气层后进入太空。飞越数千英里到达抛物线顶端,四个弹头分离,在目标上空爆炸,抛下数千根钨棒,杀伤范围达到 9 000 m² 。因为钨棒的强度高,杀伤力是

50 口径子弹的 12 倍。三叉戟导弹可以作为 X-51A 的运载火箭。实行所谓"Saenk attack"。

X51-A 总体布置图(见图 5-73),因为冲压发动机要到一定速度才能点火,而且超燃冲压发动机燃烧室速度是超音速,载机的速度是不够的,所以要设计一个助推器。

图 5-74 为"猎鹰"高超音速试验机 HTV-2。它用助推器送入 121 km 高空,滑翔计入大气层。速度可达 20 被音速。首飞与 2010 年 4 月进行,9 min 后消失踪。第二次试飞于 2012 年 8 月 13 日进行,同样失踪。美国未来的高超音速导弹速度 $Ma6$,射程 1 000 km,便宜的碳氢燃料,GPS/INS 定位,命中精度 CEP=15 m。

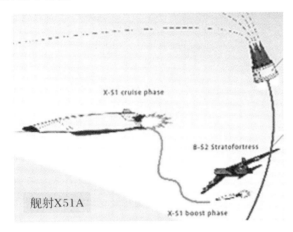

图　5-72

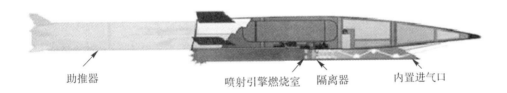

图　5-73

图　5-74

美国也在研究高超音速飞机,图 5-75 为高超音速战斗机,图 5-76 为高超音速无人轰炸机 B-3。

图 5-75

图 5-76

第6章　防区外导弹变型设计

防区外导弹系列的发展,自无动力滑翔到喷气推进,再到吸气推进,包括了导弹动力的所有类型。速度则由低速,亚跨超音速直至高超音速。作战距离依敌人防区大小和纵深而变。发射平台也因使用军种有所差别,需要适应多型武器系统。其功能多样:包括侦察、干扰、攻击等。这些要求决定需要快速改变导弹外形和样式。注意,不仅仅是外形,也有样式。所以本章论述的不仅有导弹的外形,也有导弹的型式。故称变型设计而非专指变形设计。

本章论述的内容首先是导弹改变外形的设计方法,如折叠翼、变后掠、变翼剖面、收放进气道等。其次论述改变样式的设计方法,主要为隐形设计。隐身导弹并不是看不见导弹,只是用一些措施,缩短被敌防区雷达发现的距离而已。最后叙述喷气式推进和吸气式推进的匹配变换。所以有三大部分:变形、隐形和变换。

第1节　变形设计

一、折叠翼

折叠翼的最早应用是为了节省场地,让飞机起飞降落有更多的安全空间。这在陆地上虽然并非必要,而在航空母舰上就绝对必要了。所以舰载飞机没有不折叠的。最早的折叠翼机构系1913年由肖特兄弟(Short brother)发明,并用于船舶飞机(ship home aircraft)上。到1930年几乎所有的海关飞机均为折叠翼,如坚强者SBD,水牛F2A,空中之鹰A4D/A4等。而陆上飞机折叠翼只应用在尾翼和不太宽的鳍片上,如波音B-50的折叠尾翼,苏霍伊Su-47折叠机翼,萨佰37,波音377均设计了可折叠的鳍片。折叠的型式有单折、向后折叠、双折、旋转折叠等几种,如图6-1所示。

单折　　　　　　向后折叠　　　　　　双折　　　　　　旋转折叠

图　6-1

飞机折叠翼在进入起飞前,推出机库后由地勤将其展开。这和以后出现的变后掠飞机不是一回事。

导弹上应用折叠就非常普遍,开始也是为了腾出发射空间。无论是舰载导弹,机载导弹和车载导弹,发射空间都很紧张。然而这种折叠是发生在发射平台上,在脱离发射平台的那一瞬间,折叠翼立即展开,并不是导弹功能改变的需要。在设计上没有气动力的问题,只有机械设计。通常在发射筒内发射机构处于蓄势状态,例如弹簧压缩,气压(液压)作动筒闭锁。例如挪威的企鹅,图6-2自左至右分别表示企鹅在固定翼飞机上发射,直升机上发射和导弹全图。可以看出发射后弹翼是展开的。而在全图上可以看见折叠分界线。企鹅原本是一款反舰导弹,未见有折叠翼的报道。1993年出口到美国后改为直升机载反舰导弹,而改为折叠翼。其代号为AGM119B,装备SH60B直升机。炸我驻南斯拉夫大使馆,因其定位失误而臭名昭著的联合攻击弹药JDAM,由美国MK80航空炸弹改装时,并没有折叠翼。2004年澳大利亚海军增加射程,使用了折叠翼,相信是改换大展弦比弹翼为做的设计改动。图6-3为著名的C701导弹在发射筒内,弹翼处折叠状态。这是一种岸对舰导弹,可能是飞鱼的的改型。图6-4为苏联的xh-58,弹翼也是折叠的。用折叠翼改变飞行器的功能,思路来源于仿生。鸟类栖息时,它的翅膀收缩贴在身体两旁,飞行时则展开。石蝇的翅膀亦如此,如图6-5所示。

图　6-2

图　6-3　　　　　　　　　　　　图　6-4

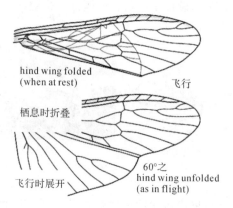

图　6-5

图 6-6 为设计的折叠翼飞行器,酷似老鹰。折叠翼无人机的弹翼后掠角可以在 30°到 60°之间变化,以适应高速和低速飞行。

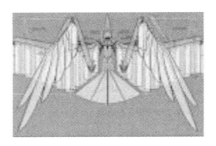

图 6-6

防区外导弹设计折叠翼完全是功能要求,因为防区外导弹系列发展,希望用一套发射设备,一种气动外形完成滑翔、喷气和吸气三种型号,实现短程、中程和远程打击。第 4 章我们论述过三种型式的射程可以按 20,80,300 km 配置。现在来研究升阻比应该如何设计。按照防区外导弹的射程方程式(4-2-3)、式(4-2-4)、式(4-2-5),喷气式和吸气式导弹的射程取决于燃料的质量系数、耗油率(或比冲)、导弹飞行速度和升阻比。无动力滑翔则取决于投放高度和升阻比(见图 6-7)。可以想见这么多的因数要用一种气动外形来满足是很困难的。上面建议的射程配置基于升阻比为 5,燃料系数为 0.4,飞行速度 Ma 为 0.7。当然耗油率和固体燃料的比冲也做了固定的假设。如果我们把升阻比解除固定,折叠翼却为设计提供了一个解决的途径(见图 6-8)。因为折叠翼实质是改变了展弦比,而展弦比与升阻比是正相关的。导弹的升阻比基本上有弹翼升阻比决定,所以先从弹翼升阻比开始,然后再研究弹身的影响。

图 6-7

图 6-8

小展弦比弹翼升力系数由式(5-2-12)$C_L = \dfrac{\pi}{2} A\alpha + \dfrac{\pi}{2}\alpha^3$ 可知展弦比仅出现在线性项里。而升阻比中的阻力包括诱导阻力(升致阻力),它与升力的平方成正比,所以升阻比与展弦比的关系不是简单的线性关系。在飞机设计中,有作者(美国的 Daniel P. Raymer)提议用飞机的浸湿面积(S_{wet})代替机翼面积(S),得到以浸湿面积为基础的展弦比。

$$A_{wet} = b^2 / S_{wet} = A(S_{ref} / S_{wet})$$

作者还统计了一些飞机的浸湿展弦比和最大升阻比的关系如图 6-9 所示。而浸湿面积大约是机翼面积的 2～8 倍,如图 6-10 所示。则最大升阻比和展弦比的关系也是明确的了。

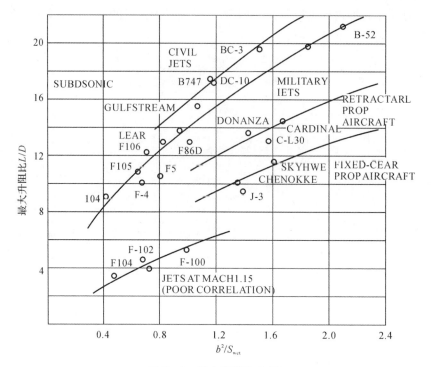

图 6 - 9　最大升阻比 L/D

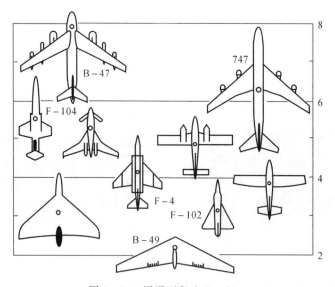

图 6 - 10　浸湿面积比 S_{wet}/S_{ref}

我们关心的是防区外导弹变型设计中,如何设置三种状态的展弦比。对于滑翔型,展弦比可以表达成升阻比的指数关系,如式(5 - 2 - 16)。曲线如图 6 - 11 所示。可知要得到大的升阻比(大的射程),展弦比要求设计得更大。喷气和吸气两种型式的防区外导弹可以用大展弦比也可以用小展弦比,其展弦比和升阻比的关系不同,而且比较复杂。我们知道阻力可以表示为零阻和诱导阻力之和,而诱导阻力与升力系数的平方成正比。对大展弦比弹翼,由式

(5－2－17)得到升阻比的表达式

$$\frac{L}{D} = \frac{C_L}{C_{DF} + C_L^2/\pi Ae} \qquad (6-1-1)$$

对于直机翼有，$e = 1.78(1 - 0.045A^{0.68}) - 0.64$

对于后掠翼有，$e = 4.61(1 - 0.045A^{0.68})(\cos\Lambda_{LE})^{0.15} - 0.31$

　　由式(6－1－1)表达了升阻比与展弦比的关系。但我们一时还难以作出数量关系的判断。

　　分别对直弹翼和后掠翼画出展弦比与气动效率的曲线，如图6－11和图6－12所示。此处的气动效率 e 是表示弹翼诱导阻力大小的参数，它与诱导阻力成反比。而展弦比也与诱导阻力成反比。它们都出现在诱导阻力表达式的分母上。所以可以把这两个参数的乘积 πAe 一起表示为诱导阻力的大小，也就是气动效率的大小。很显然升阻比是表示飞行器气动效率的。从图中可以看出，对于直弹翼，e 值随展弦比增大，几乎是直线下降的。由图中的趋势线得到一条近似的直线方程

$$e = 0.9 - 0.0258(A - 5) \qquad (6-1-2)$$

则

$$\pi Ae = 3.233A - 0.0811A^2 \qquad (6-1-3)$$

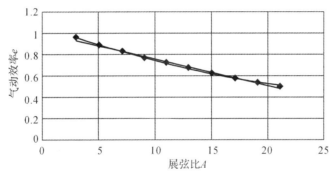

图 6－11　直弹翼展弦比与气动效率关系图

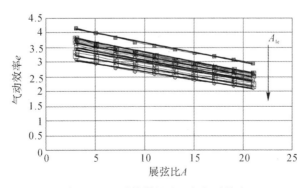

图 6－12　后掠翼展弦比与气动效率

　　由图6－12可以看出 e 值随展弦比增大也是直线下降的。下降的斜率也几乎一致。而后掠角减少，e 值是增加的，增加的倍数呆滞为后掠角的余弦的0.15次方。于是我们同样给出一个简化公式。

$$e = 3.54 - 0.0622(A - 3) \qquad (6-1-4)$$

后掠角的影响

$$(e_\Lambda + 0.31)/(e + 0.31) = (\cos\Lambda_{le})^{0.15} \qquad (6-1-5)$$

后掠翼 e 值与后掠角有关,利用简化方程式(6-1-4)计算后,再用式(6-1-5)计算后掠影响,即将得到的数值加 0.31 乘以弹翼前缘后掠角余弦的 0.15 次幂即可。

事实上我们只需做一个坐标变换,令

$$e' = (e + 0.31)/\cos\Lambda_{LE}^{0.15}$$

于是后掠翼的 e 值方程变为

$$e' = 4.61(1 - 0.045A^{0.68}) \qquad (6-1-6)$$

绘成图 6-13,由图上趋势线求出的简化方程为

$$e' = 4.17 - 0.069(A - 3) \qquad (6-1-7)$$

于是

$$e = e'\cos\Lambda_{LE}^{0.15} + 0.31$$

这样一来计算就很方便了。本章的目的不在于求 e 值,而是要求对应升阻比的弹翼展弦比的大小。特别是每一种型式应该对应的弹翼展弦比,从而如何用折叠翼来实现。所以走得是一个相反的路径。

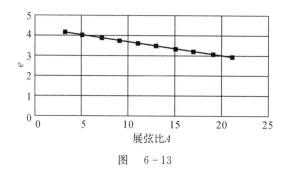

图　6-13

由防区外导弹射程方程式(4-2-3),式(4-2-4)和式(4-2-5)可知,有三个因数影响导弹的射程,热效率、质量系数和气动效率。热效率对吸气发动机为耗油率,对喷气发动机为比冲。质量系数指燃油占总重的比例,而气动效率用升阻比表示。阻力分为零升阻力和升致阻力两大部分,它们对升阻比的影响是不同的。零升阻力主要是摩擦阻力与导弹的浸湿面积有关。而升致阻力是产生升力必须付出的代价,也就是升力在速度逆向的投影。其大小由 e 值表示。e 值大,诱导阻力就小。外形设计的目的要尽量增大 e 值。然而大的 e 值对应小的展弦比。但如果用 Ae 则可以解决应用展弦比提高气动效率的问题,然而它也有极限如图 6-14 所示。由图可以看出,展弦比达到 15 左右,气动效率提高变慢,至 20 到达极限。由式(6-1-3)求出的极限为 $A = 19.93$。对于后掠翼有相似的结果。利用式(6-1-7),可以求出 $\pi Ae'$,然后考虑后掠角的影响。有了这些知识,我们就可以用上面的思路设计导弹弹翼的展弦比。问题是防区外导弹变型设计需要确定每一种型式的展弦比,以便用折叠翼来实现。很显然在三种型式中,滑翔型要求最大的弹翼展弦比。吸气式和喷气式展弦比在下面陈述。滑翔型防区外导弹弹翼展弦比有一个经验公式,如式(5-2-16)已于前述。绘成的图表如图 6-15 所示。所

以滑翔型弹翼的展弦比确定比较简单,因为它的升阻比取决于投放高度和射程,即升阻比与投放高度和射程之比互为倒数关系。由战技指标决定的射程和投放高度便可求出升阻比。由图6-15求出弹翼展弦比。现在把注意力放到吸气式和喷气式两型上。前面已经论述过防区外导弹吸气、喷气和滑翔型的射程匹配为300,80,20 km。前两种型式的射程取决于四个参数:热效率(耗油率或比冲),升阻比和质量系数与飞行速度。而热效率数值有一定范围,在设计之初可以人为地固定。如果再取速度为常数(至少变化不大),则两种型式导弹的升阻比与质量系数的自然对数之积存在下面的关系

$$(L/D)\ln(1-w_{\mathrm{f}}/w_0)_{\mathrm{breath}}/(L/D)\ln(1-w_{\mathrm{f}}/w_0)_{\mathrm{jet}}=(Rsfc)_{\mathrm{breath}}/(R/I)_{\mathrm{jet}}$$

$$(6-1-8)$$

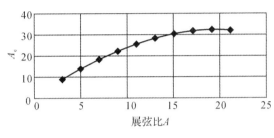

图　6-14

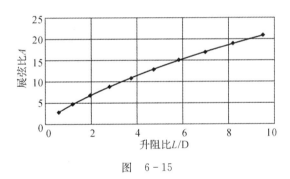

图　6-15

以吸气式射程300 km,耗油率1.2(相当比冲3 000 s),喷气式80 km,比冲280 s考虑单位换算,得出式(6-1-8)右边常数为0.35。表示吸气式升阻比与燃料质量系数对数的乘积只是喷气式的0.35倍。表示在相同燃料系数下,吸气式要求的展弦比比喷气式小。而在相同展弦比条件下,吸气式应该有更大的燃料系数,即多装载燃料。因为此时式(6-1-8)变成

$$(\ln(1-w_{\mathrm{f}}/w_0))_{\mathrm{breath}}/(\ln(1-w_{\mathrm{f}}/w_0))_{\mathrm{jet}}=0.35$$

$$(\ln(1-w_{\mathrm{f}}/w_0))_{\mathrm{breath}}=0.35(\ln(1-w_{\mathrm{f}}/w_0))_{\mathrm{jet}} \qquad (6-1-9)$$

$$(w_{\mathrm{f}}/w_0)_{\mathrm{breath}}=0.35(w_{\mathrm{f}}/w_0)_{\mathrm{jet}}$$

于是可以利用这个关系式来设计防区外导弹的燃油质量系数和升阻比。注意我们假定吸气式射程为300 km,喷气式为80 km。如果有不同的数值,则可用式(6-1-8)求解。

　　确定升阻比以后,就要进入确定导弹弹翼的展弦比的过程。回顾上面章节的论述,这个过程所需的主管方程、参数并不一目了然,还需要做一些叙述。我们知道最大升阻比和浸湿展弦比有一个统计的图表如图6-9所示,而浸湿面积与弹翼面积(参考面积)有一个比例关系如图

6-10 所示,大致在 2～8 之间,与导弹外形有关。这个过程如图 6-16。

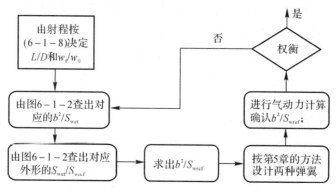

图 6-16　确定两种导弹外形展弦比的流程图

(1)由图 6-9 查出对应升阻比 L/D 的浸湿展弦比 b^2/S_{wet};

(2)由图 6-10,根据我们构想的导弹外形找出浸湿面积与参考面积的比值;

(3)因此得出弹翼的展弦比 b^2/S_{wref};

(4)分别对吸气式和喷气式两种外形设计弹翼;

(5)进行气动力计算确认升阻比;

(6)重复(1)～(3)的步骤。

喷气式和吸气式防区外导弹两种弹翼的展弦比得以决定,加上由式(6-1-7)求出的滑翔型防区外导弹的展弦比,一共有三个展弦比:A_{breath},A_{jet},A_{glide}。现在的问题是如何用折叠翼的方法实现三种展弦比。适合于改变展弦比的折叠型式有变后掠、斜翼和展向伸缩式。变后掠用改变展长来改变展弦比,但会引起压力中心的移动,从而改变导弹的稳定度。在设计中应该充分考虑这个因数。斜翼也是用改变展长来改变展弦比,虽然纵向压力中心变化很小,但对横侧向的稳定性有较大影响,增加控制系统设计的困难。这两种折叠方式是不改变弹翼面积,对导弹总体设计的重要参数翼载影响不大。展向伸缩式,则是同时改变弹翼的展长和面积,从而达到改变展弦比的目的。这种方式的优点是对压力中心和重心没有影响,对纵向稳定性的影响极小。但因为随着展长的改变,弹翼面积也改变了,引起翼载的变化,对导弹总体设计影响巨大。所以用哪一种方式必须考虑这些因数,不能一概而论。下面叙述三种型式改变弹翼展弦比的方法。

二、变后掠

变后掠(variable sweep wing)是为改善飞机性能而设计的,在亚音速它能提高机翼的临界马赫数,而在超音速则是减少波阻。美国和苏联有变后掠飞机问世,美国的 B-1B,F111,F14,苏联的 Mig-27,如图 6-17 所示。

防区外导弹上应用变后掠和飞机应用不同,它在确定攻击目标的防区后,即地面准备时已经知晓防区外距离,装弹前实施的。而不是在执行任务途中,即战斗剖面发生改变以后。所以无需考虑变后掠的过程,就没有因变后掠作动频率附加的气动力。

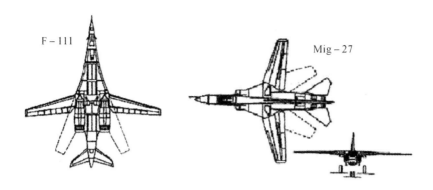

图　6－17

图 6－18 设弹身的直径为 $2a$，弹翼展长为 $2s$，故弹翼面积为 $S = 2a * c\ 2a$，展弦比为 $A = \dfrac{(2s)^2}{2sc} = 2\dfrac{s}{c}$，如果后掠角为 Λ 则展弦比为

$$A_\Lambda = \frac{(2s\cos\Lambda)^2}{2sc} = 2\frac{s}{c}\cos^2\Lambda$$

这是假设弹翼面积不变的情况。对于直弹翼，弹翼的外露面积确实不变，而将内插翼作为气动力系数计算的参考面只是一种约定，此地认为不变关系不大。所以后掠以后，弹翼的展弦比减少了后掠角余弦的平方。

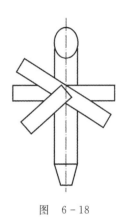

图　6－18

于是可以利用来实现防区外导弹吸气式和喷气式两种型式所需的后掠角，此地假定滑翔型有最大的展弦比，且为矩形翼。

$$\cos^2\Lambda_{\text{breath}} = \frac{A_{\text{breath}}}{A_{\text{glide}}}$$

$$\cos^2\Lambda_{\text{jet}} = \frac{A_{\text{jet}}}{A_{\text{glide}}}$$

(6 - 1 - 10)

问题是，后掠以后弹翼的升阻比会发生变化，要求的展弦比也随之而变。故在使用式(6－1－10)以前要对展弦比做些调整。似乎可以回到决定两种型式弹翼展弦比的流程图，但是流程图中的两个图与后掠角没有很直接的关系，所以行不通。注意到式(6－1－5)，与 e 值有关的升阻比，可以用后掠角余弦的 0.15 次方做一个修正。这样一来就可以回到流程图了。

图 6－19 流程图中选择框中，注明权衡而不是数学判据。因为不可能有确切的目标函数，所以只好模糊一点，让总设计师按照他的设计思想来定。

三、斜翼

采用斜翼设计是一个很方便的措施，结构设计业很容易。决定两种型式展弦比的方法和折叠翼没什么不同。斜翼构型的出现源于超音速客机和运输机的需求。它在军事任务上也显现出比对称后掠翼、变后掠翼更大的优点。所以用于军事目的，也是一种好的选择。斜翼舰载机在航空母舰上，能在甲板上容纳更多数量的飞机。斜翼是反对称后掠翼，其波阻比后掠翼小。根据相似律量纲分析,波阻与体积分布、升力分布和后掠效应三者有关。图 6 - 20 可见斜翼的长度近似等于对称后掠翼的两倍,所以从体积升致阻力只有 1/16,升力分布的升致阻力只有 1/4。后掠角效应减少的波阻,虽然后掠角一样,没有什么改变。但其等压线不一样。斜翼为顺气流的直线,较之对称后掠翼的弓形会有更小的波阻。斜翼较后掠翼在体积分布上有着优势,它更接近面积律,这是第一个优点。其次,在改变后掠角时斜翼压心变化小,所以稳定性好。这很好理解。以为它是反对称的,改变后掠角时,前掠翼压心前移(或后移)量与后掠翼压心的后移(或前移)刚好抵消,所以不产生移动,稳定性不变。再次,用机构改变后掠角时,对称后掠翼会在机构产生一个弯矩,如图 6 - 21 所示。斜翼的上述优点被它的横向操纵问题,气动弹性问题限制。没有解决之前需慎重对待。这方面做了很多工作,比如美国先进防务计划署为斜置飞翼 OFW(Oblique Flying Wing)做的验证机 AD - 1。下面两个照片即为 AD - 1,图 6 - 21 在风洞中,图 6 - 22 在试飞。

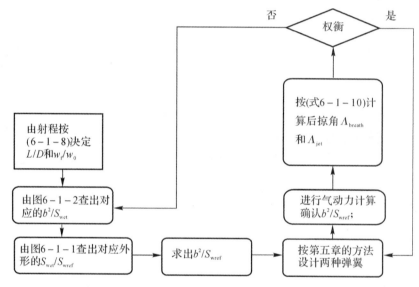

图 6 - 19　确定两种导弹外形展弦比的流程图(修正)

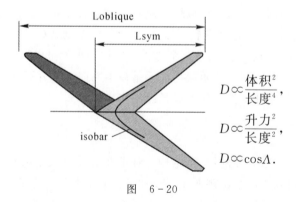

图　6 - 20

图 6 - 21　AD - 1 在风洞中

图 6 - 22　AD - 1 在飞行中

　　它在 1979 年,后掠角 60°的 AD - 1 通过了飞行试验。还有一个 NASA 设计的斜翼研究飞机 OWRA RPF。该验证机于 1970 年完成了风洞试验和飞行试验,斜翼的后掠角为 45°。1995 年,NASA 用两个翼展分别为 10 英尺和 20 英尺的小尺寸斜置飞翼进行风洞试验和飞行试验。它们是作为 400 座超音速客机采用斜置飞翼方案而做的先期研究。研究包括如何避免因为反对称后掠引起的不稳定问题。他们得到的结论是,反对称的斜置飞翼,可以用飞翼上的控制面进行俯仰和滚转配平。反对称产生的不稳定可以对控制系统进行增稳予以解决。但控制系统也不可能满足所有的机动,例如在 0°后掠,$Ma = 2$ 速度下。在某些角度下可以起飞和降落,但需注意地面效应。对于气动弹性对结构的影响,是需要慎重考虑的。

　　斜翼构型的设计思想可以追溯到 1912 年,Edmond 和 Emile 为解决飞机侧风着陆而提出的斜翼设计。后来德国人 Richard Vogt 因飞机速度增加,需要改变后掠角的设想。但公认推崇斜翼构型的学者,却是 NACA 的 R.T. Jones。他于 1940 完成风洞试验,认为这种构型既适合商业大型运输机,也适合军用运输机,更适合无人机 UAV。正是有这些研究和结论,作者才有把握将其用于防区外导弹的变形设计中。图 6 - 23 表示斜翼各种可能的构型。注意到,斜翼只适合采用上弹翼和下弹翼,不能中置。与变后掠比较,它的弦长可以做得比较大。作为导弹,储存也很方便,因为可以用贴在弹身上,不占空间。斜翼的空气动力特性可以用后掠翼原理加以解释。后掠翼设计目的是减少垂直于弹翼前缘的马赫数,保证在翼剖面上部产生阻力发散。

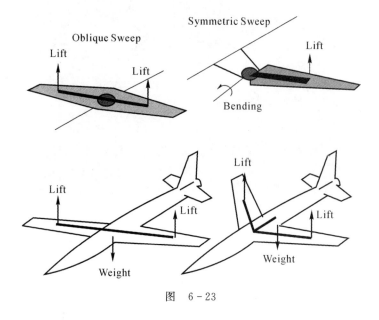

图 6-23

垂直前缘的马赫数与来流马赫数存在如下关系:

$$Ma_\perp = Ma_\infty \cos\Lambda \qquad (6-1-11)$$

表 6-1-1 来流马赫数与前缘马赫数的关系

Ma_∞	$Ma_\perp = 0.6$	$Ma_\perp = 0.7$	$Ma_\perp = 80$
1.4	64.6	60	55.1
1.5	66.4	62.1	57.8
1.6	68	64.1	60
1.7	69.3	65.7	61.9
1.8	70.5	67.1	63.6
1.9	71.6	68.4	65.1

这样一来就使得用低马赫数设计的翼剖面也可以在高马赫数下使用。表 6-1-1 表示它们之间的数字关系。比如 $Ma=0.6$ 设计的翼剖面想要在 $Ma=1.4$ 下使用(仅指不产生阻力发散),弹翼的后掠角必须不小于 $64.6°$,而在 $Ma=2$ 下后掠角必须增大至 $72.5°$。另一方面后掠是翼剖面的升力系数减少,也就是需用的剖面升力系数要提高才能满足设计翼载的要求

$$C_{1\perp} = C_{1\infty}/\cos^2\Lambda \qquad (6-1-12)$$

随着使用马赫数的增加,弹翼的升阻比是下降的。这主要是后掠是弹翼的有效展长减少,比例因子为后掠角余弦的平方。

斜翼的空气动力特性,往往以巡航马赫数和后掠角来评定,设计则是权衡两者的得益。我们知道翼载与垂直翼型前缘的马赫数、剖面升力系数有关,即 $W/S \propto M_\perp^2 C_1$。所以设计翼型

应保证 $Ma_\perp^2 C$ 最大,这又引起因后掠角减少而增加波阻,故又要求增加后掠角。权衡导致超临界翼型的出现。如 OWRA-70-10-1,表示相对厚度 12%,系针对剖面升力系数 1.0,马赫数 0.7 下设计。OAW-60-85-16.5 则表示相对厚度 16.5% 针对剖面升力系数 0.85,马赫数 0.6 设计。翼型设计因为计算流体动力学 CFD 问世而变得很简单。其思路是,给定一个目标翼型载荷分布,利用空气动力主管方程在计算机上逆向求解翼剖面外形。这当中要选定设计准则,比如气动效率高,阻力发散马赫数高,足够的抖振边界,后加载引起的低头力矩可以配平等等。有许多现存的程序可以利用。上述两个超临界翼型按 $Ma_\perp^2 C_1$ 最大条件下设计,将它与一个亚音速运输机的翼型做比较,见表 6-1-2。斜翼空气动力设计受三个方面的影响:①由弹翼的三维效应对升致阻力的影响,选择弹翼后掠角;②后掠对弹翼升力分布的影响,椭圆升力分布有最小的升致阻力。使得选择后掠角要和梯形比权衡;③面积律,即弹翼的横切面(跨音速顺气流正切,超音速沿马赫线切)分布要接近最小波阻的希尔斯旋成体。后掠角增大,法向马赫数降低,降低到小于阻力发散马赫数才能达到减少波阻的效果。这实际上是延长了弹翼沿流向的长度,当然就减少了因为升力和体积效应产生的波阻。另一方面减少后掠角显然增加了弹翼的展长(垂直流向的长度),减少三维效应,从而减少涡阻。所以后掠角的大小要在这两方面权衡。NASA 的一份研究报告,对展弦比 10,相对厚度 12% 的机翼,用数值计算方法得到升阻比、后掠角和法向马赫数之间的关系曲线可以作为设计斜翼的参考。如图 6-24 所示。

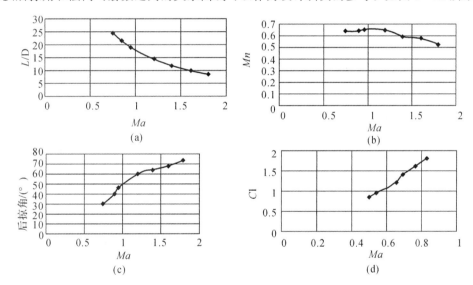

图 6-24

(a)最优后掠角 L/D 与 Ma;(b)最优升阻比法向马赫数与马赫数关系曲线;

(c)最优升阻比后掠角与马赫数关系曲线;(d)最优升阻比剖面升力系数与马赫数

表 6-1-2 超临界翼型

翼型	翼型相对厚度	法向马赫数 $Ma_\perp$	剖面升力系数 C_1	翼载因子 $Ma_\perp^2 C_1$
OWRA-70-10-12	12%	0.7	1.0	0.49
OAW-60-85-16.5	16.5%	0.6	0.85	0.31
DSMA526	11%	0.65	0.8	0.34

弹翼后掠对展向载荷分布的影响是增加了一个附加的升力分布,如图 6 - 25 所示。这可以用在气流中的细长体加以解释。顺着气流,斜翼可以当做一个细长体,在斜翼的前部,增加载荷,后部减少。而且由于弹翼对纵轴反对称,所以诱导出一个滚转力矩。斜翼前后部分的附加载荷虽然反向,但均产生一个相等的阻力,阻力偏离重心,故诱导一个偏航力矩。这是斜翼和对称后掠翼不同之处。为了保持斜翼巡航是恒定的升力,必须对附加的滚转予以配平。通常是以弹翼的弯扭设计来实现。这和失速设计的道理一样,就是用弯曲和扭转来改变局部剖面的升力,例如减少翼尖的攻角,来减少升力。既然是附加载荷产生的问题,就应该以抵消附加载荷来进行弹翼的弯扭设计。图 6 - 26 显示斜翼各个剖面的载荷分布。红线为前面剖面,蓝线为后剖面。可以看出前剖面增加载荷,后剖面减少载荷。附加的升力大小相等方向相反,因此要产生俯仰力矩。而对对称轴的偏离又产生滚转。

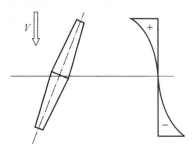

图 6 - 25　斜翼附加载荷

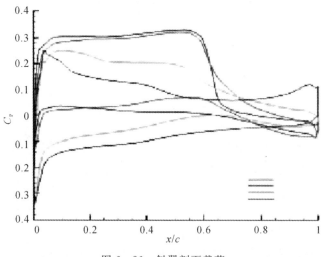

图 6 - 26　斜翼剖面载荷

我们再来研究影响平面形状的设计参数。采用斜翼的目的是减少超音速飞行的波阻已于前述。这个设计思想本质上还是源于后掠,因为后掠使机翼的法向马赫数降低,激波推迟出现,波阻自然小。后掠的另一个作用是当有展向超音速流时,它增加了超音速流的影响,为减低它的影响,应该增加后掠角。所以导致需要在斜翼后半翼部分增加机翼的后掠角。这促使我们把对称的后掠翼的一半前掠,前掠的半机翼产生的展向超音速流无疑要求增加了后半个机翼的后掠角。所以斜翼的后半机翼的后掠角要比前半部分大。于是增加了机翼的升阻比。当然这个长处为附加的滚转和偏航而打折扣。如何来权衡这两方面的得失,是斜翼气动力设计的关键。幸好我们找到了权衡的途径,弹翼弯扭设计。弯扭设计无非是改变剖面的压力分布,达到提高升阻比,配平弯矩和扭矩。对后掠翼来说,用改变直线弦长比例的位置是一个可行的办法。所谓直线弦长比例,是指弹翼展向各剖面的等弦长比连线为直线,比如直线前缘,直线 1/4 弦长等。直线弦长比例位置影响到弹翼展向剖面的载荷分布。从图 6-26 可以看出直线弦轴位于 1/4 弦长到前缘,剖面载荷分布向前缘移动。由于前缘直线和后掠的不同后掠效应,使得 1/4 直线轴机翼的压差阻力减少,升阻比增大。计算表明,当 $Ma=1.4$,位于前缘的 $L/D=15$,而位于 1/4 弦时增大至 17。升阻比改变以后偏航力矩导数却没有什么改变。当然也可以用在斜翼展向配置不同的翼型的办法。因为翼型不同其剖面升力系数,力矩系数不同,适用于不同的马赫数。还可以用不对称梯形翼减低斜翼上的激波强度。斜翼的前半翼的梯形比增大,后半翼的减少。因此后半翼上的弦长增大,使得在相同升力下,剖面的升力系数减少,剖面的相对厚度减少。由此减少了后半翼上激波的强度。

四、变展长

早在 20 世纪初,当动力飞行刚刚起步的时候,人们观察鸟类飞行得出"变形"飞行和控制的概念。比如鸟类俯冲捕获食物,为提高速度会将翅膀收拢,抵抗侧风把翅尖的羽毛卷曲避免倾倒。于是发展了变形机翼(morphing wing)的设计理念。1920 年 NACA 的 H,F.Parker 提出可变弯度(variable camber)翼,用改变翼剖面弯度来影响机翼的升力阻力和力矩。他把翼剖面分成 6 段,如图 6-27,通过铰链改变弯度。后来用充气的办法改变翼剖面的高度,也能达到目的。如 NASA 的充气翼飞机 Dryden inflatable wing。但变弯度似乎没有付诸实践。1932 年 Razdviznoe Krylo 设计变弦长机翼(variable chord wing)的飞机 LIG-7,改善飞机的起飞着陆性能。把改变弦长和弯度结合起来,演变成襟翼和副翼,成为飞机设计中的常规之举。襟翼用于起飞着陆,副翼用于横侧向控制。襟翼和副翼结合称襟副翼。不要小看了这两个部件,现代管理学家,"学习型组织"创始人彼得·圣吉(Peter M. Senge)把副翼设计当成是飞机成为商品的 5 大设计之一,其它 4 项分别是:铝合金结构、变矩螺旋桨、收放式起落架、气冷引擎。有了这 5 项设计,飞机才从"发明"上升为"创新"。要知道只有能够成批生产而且有利润的产品才能叫做商品。1940 年出现可伸缩翼(telescoping wing)设计,但没有证据证明已经投入生产。1997 年 GEVERS 飞机公司设计了一型 6 座可伸缩翼三军通用飞机,并且申请了专利。伸展机翼提高升阻比用于低速飞行,而收缩翼展时则用于高速巡航。从外形上看与变弦长飞机类似,均为低速飞机构型。变展长飞机的控制,对纵向和侧向没有特殊,升降用尾翼上的升降舵,转弯用方向舵。但因为机翼伸缩,不便安装副翼,所以滚转运动不能靠偏转副翼来实现。于是想到用左右机翼的不对称伸缩,产生不对称的升力诱导出滚转力矩。参阅图 6-28 来解释产生滚转力矩的机理。设一个矩形机翼,其几何参数如图 6-29 所示。

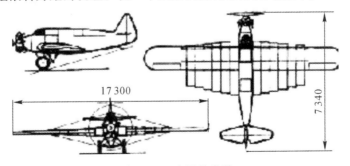

图 6-27 变展长弹翼

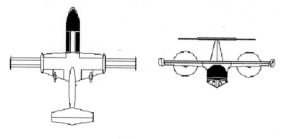

图 6-28

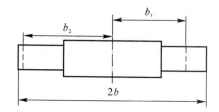

图 6-29 直线轴位置对剖面载荷的影响

机翼完全伸展时,展长为 $2b$,当右机翼长度收缩为 b_1,此时右机翼的展长为 $2b_1$,展弦比

$$A_1 = 4b_1^2/S_1, S_1 = 2b_1c_0,$$

$$A_1 = 2b_1/c_0,$$

而左机翼展弦比不变,大于右机翼。展弦比直接影响机翼的升力线斜率,例如矩形翼

$$C_{L\alpha} = \frac{2\pi}{\beta + 3/A} \tag{6-1-13}$$

升力线斜率不等,左右机翼的升力不等,于是产生滚转力矩。右机翼的展弦比小,升力线斜率小,产生的升力小于左半机翼,向右滚转。这和副翼偏转产生的效果是一样的。所以变展长机翼的滚转控制可以用机翼的伸缩来实现。为与副翼偏转的滚转导数相一致,不妨假设右翼伸出,左机翼收缩为正,这样产生向左滚转,为负滚转。注意到右副翼向下偏转,产生左滚转,导数为负,规定就一致了。下面推导滚转力矩对翼展伸缩量的导数表达式。定义一个参数 $\Delta_1 = b_1/b, \Delta_2 = b_2/b$,称伸缩展长比。右机翼的升力

$$L_1 = \frac{\pi}{\beta + 3c_0/2b_1}\alpha q(2b_1c_0)$$

左机翼升力

$$L_2 = \frac{2\pi}{\beta + 3c_0/2b_2}\alpha q(2b_2c_0)$$

代入伸缩展长比得到升力表达式得

$$L_1 = \frac{\pi}{\beta + 3c_0/2b\Delta_1}\alpha q(2b\Delta_1 c_0) = \frac{C_{11}}{\beta + C_{12}/\Delta_1} \tag{6-1-14}$$

同理

$$L_2 = \frac{\pi}{\beta + 3c_0/2b\Delta_2}\alpha q(2b\Delta_2 c_0) = \frac{C_{21}}{\beta + C_{22}/\Delta_2} \tag{6-1-15}$$

式中,

$$C_{11} = C_{21} = \alpha \pi q S \atop C_{12} = C_{22} = \dfrac{3c_0}{2b} \quad\quad\quad (6-1-16)$$

而 $\beta = \sqrt{1 - M^2}$ 为压缩性修正因子，q 为动压，α 为攻角，b 为原始展长，S 为原始机翼面积。

显然变展长机翼的升力等于左右半机翼之和

$$L = L_1 + L_2 \quad\quad\quad (6-1-17)$$

阻力 $$D = D_1 + D_2 \quad\quad\quad (6-1-18)$$

左右机翼的阻力也由零升阻力和升致阻力构成，需分别计算。

计算力矩需要先确定气动力中心，即力的作用点。因为变展长机翼一般为矩形翼，一次近似可以认为气动力展向中心位于左右机翼的空气动力弦上，而弦向则和翼型的压力中心重合。对于矩形翼气动力弦与平均几何弦重合，就更方便了。于是

纵向力矩 $$M = L(x_{cg} - x_{a.c}) \quad\quad\quad (6-1-19)$$

滚转力矩 $$R = L_1 \times y_{a.c} - L_2 y_{a.c} = (L_1 - L_2) y_{a.c} \quad\quad\quad (6-1-20)$$

此处仅指变展长机翼左右不对称伸缩产生的滚转力矩，由机翼其它参数引起的滚转力矩可按常规的方法计算，如上反，后掠等。

偏航力矩 $$N = D_1 y_{a.c} - D_2 y_{a.c} = (D_2 - D_1) y_{a.c} \quad\quad\quad (6-1-21)$$

在以上面的公式做具体的工程计算时，要注意参考长度的面积的修正，左右机翼是不同的。

五、变形机翼

以上四小节叙述变形机翼设计，本小节做一个概要总结。变形机翼(见图 6-30)并不是现代飞机导弹性能需求扩大所致，早在动力飞行的第一架飞机的发明就已经有了。1903 年 12 月 17 日在美国北卡莱罗拉州的一块空地上，莱特兄弟发明的飞机就采用了变形设计。为了侧向操纵，设计了扭转机翼(Twist wing)。1931 年出现变后掠翼飞机 PTERODECITY 和变展长飞机 MAK-10。1937 年制造了变弦长的 LIG-7。20 世纪 60~70 年代变形设计几乎成了飞机设计的一种风格，尤以变后掠为主线，趋之若鹜。著名的有美国的 F-111，F-14，B-1B 和苏联的 MIG-27，SU-24。但由于变后掠设计在质量上付出的代价太大，而逐渐消失。不过变后掠应用在防区外导弹上确显现了它的优越性。1979 年为提高高速运输机的升阻比，设计制造了斜翼飞机 AD-1。从此开始了斜置飞行翼的研究，可以预料它在无人机和防区外导弹上有广阔前景。我们可以看到，进入 21 世纪变形机翼在无人机气动布局上大显身手：变后掠翼、变展长、变弯度、展向弯扭、折叠翼、斜翼等等。

变形机翼的构思结合主动流体控制技术，在飞行器气动布局中出现了微流动自适应控制技术。这种技术是对飞行器外形做局部的小变形，达到提高飞行器性能的目的。空气动力学和结构力学、控制论相渗透，引发了任务自适应机翼(Mission Adaptive Wing)主动柔性机翼(Active Flexible Wing)、主动空气动力机翼(Active Aerodynamics Wing)和灵巧机翼(Smart Wing)研究的兴起。对鸟类飞行的研究，让人们用仿生学的理念，设计了蝙蝠翼(Bat Wing)设计。但这些在导弹布局上还没有出现，甚至还没有需求。然而防区外导弹的任务剖面正在扩大，比如确定搜索面积和防区外距离，在常规布局下，只能做一个折中。而用变形翼设计则是用两种不同布局来解决这对矛盾。

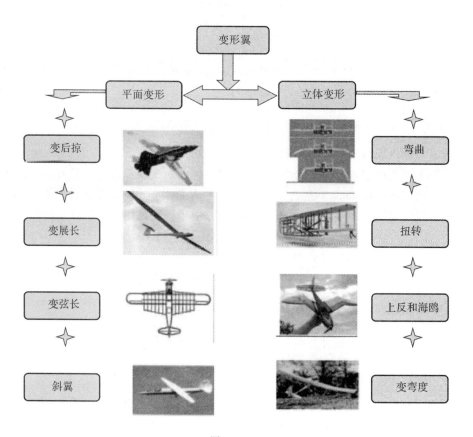

图 6-30

这些构思的飞行器均在机翼上做文章,以适应任务需求。而尤以机翼翼尖的变化最盛,显然带有仿生学的痕迹(见图6-31～图6-35)。我们看到善于飞翔的鹰、鹤利用翅尖的羽毛变化改变航迹,利用翅膀伸缩调整速度和飞行距离。图6-36和图6-37的天鹅和丹顶鹤显示了翅尖的变化。

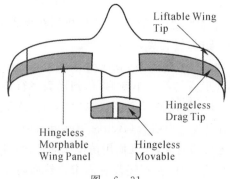

图 6-31

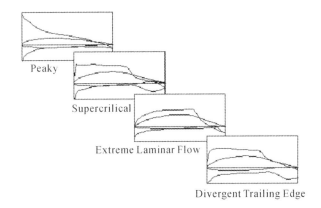

图 6-32

翼身融合体（Blended wing body）

图 6-33

合成翼(Jiined Wing)

图 6-34

斜置飞翼

图 6-35

图 6-36

图 6-37

第 2 节　隐形设计

有一个错觉以为隐形飞机是看不见的飞机,好像古代神话里的遁形人一样,可以让身体消失。例如《封神榜》里的土行孙有藏身匿形的本领,遁入邓九公的军营。隐形飞机指的的是缩短被敌方雷达发现的距离,是偷偷摸摸的意思,英文为 stealthy。雷达"看"的物体并不是物体的实体几何形状,而是雷达散射切面 RCS(Radar Cross Section)。

一、雷达散射切面

雷达探测目标,向目标发射电磁波,电磁波到达物体被反射回来。雷达接收到反射回来的电磁能量,即为雷达散射切面。工程上用一个当量球来表示大小,这个球的半径为 a。某物体反射的能量和这个球反射的相等,则该物体的 $\sigma = \pi a^2 (\mathrm{cm}^2)$。因为目标的雷达散射差别很大,故常用它的对数表示 $\sigma(\mathrm{dB}_{sn}) = 10\lg\sigma(\mathrm{m}^2)$。一些飞机导弹的 RCS 数据见表 6-2-1。

表 6-2-1　飞机导弹的雷达散射切面

目标	RCS/m²	RCS/dB
汽车	100	20
B-52	100	20
B-1(A/B)	10	10
F-15	25	14
Su-27	15	11.7
Su-MKI	4	6
Mig-21	3	4.8
F-16	5	7
F-16C	1.2	0.8
人	1	0
F-18	1	0
B-2	0.75	-1.25
战斧 巡航导弹	0.5	-3
B-2	0.1	-10
A-12/SR-71	0.01 (22 in²)	-20
鸟	0.01	-20
F-35 / JSF	0.005	-30
F-117	0.003	-15
昆虫	0.001	-30
F-22	0.000 1	-40
B-2	0.000 1	-40

表内数值取自有关资料,不清楚实测还是理论计算。但大致记录了飞行器隐形设计的成果,比如轰炸机的 RCS 由 B - 52(见图 6 - 38)的 100 m^2 到 B - 2(见图 6 - 39)的 0.000 1 m^2 缩减了 60 dB,百万倍。我们知道雷达作用距离由雷达方程

$$R_{\max} = \left[\frac{P_t G_t G_r \lambda^2 \sigma F^4}{(4\pi)^3 S_{\min}} \right]^{1/4}$$

确定。假定某探测雷达对 B - 52 的探测距离为 R_{B-52},则对 B - 2 的探测距离 R_{B-2} 只有它的 1/31.6。

图　6 - 38　　　　　　　　　　　　　　　　图　6 - 39

B - 52 是一个庞然大物,叫做同温层轰炸机,曾经称雄一世。但由于它的雷达散射切面大,所以容易被地面防空雷达发现。而 B - 2 隐形轰炸机被防空雷达发现的距离要小得多。因而现代战争对地面重要目标的袭击,利用 B - 2 的成功率很高。试看几种世界现役预警雷达的作用距离:美国 AN/FPS - 117 最大距离 462 km,高度 30 km;俄罗斯对手 - GE 最大 400 km,200 km;法国多功能相控阵雷达,300 km,高度 20 km;以色列"绿松"雷达,500 km。公布的这些距离,没有载明目标的雷达散射切面数据。我们暂且以美国的 F - 16 和俄罗斯的 Su - 27 为讨论的依据,前者 RCS=5 m^2,后者 RCS=15 m^2。美国 AN/FPS - 117 雷达发现 B - 52 的距离理论上应该是 $R=(100/5)^{1/4} \times 462 = 924$ km,而发现 B - 2 则为 $R=(0.000\ 1/5)^{1/4} \times 462 = 31$ km。同理俄罗斯对手 - GE 雷达发现 B - 52 的距离为 $R=(100/15)^{1/4} \times 400 = 643$ km,而发现 B - 2 的距离则缩小到 $R=(0.000\ 1/15)^{1/4} \times 400 = 20$ km。再考虑到超低空突防,$20 \sim 30$ km 几乎不可能被发现了,这就是隐形。然而这是基于单站雷达的计算,如果利用雷达组网,加上卫星,则没有什么目标是不可以被探测到的。这是攻防双方的博弈,决定于许多因数,不是本书讨论的范围。

二、隐形飞行器

隐形飞机概念起源于早期空战,作战双方总希望"先敌发现,先敌瞄准,先敌发射"。关键是先敌发现,谁先发现对方,谁就有了主动权。这里就有自己不被发现的需求,起先取决于目视功能(仅 $7 \sim 8$ km)。后来出现雷达,大大提高了发现目标的距离。缩减飞机的雷达散射切面提到了议事日程,隐形的概念出现在军用飞机设计上。1917 年,德国人在飞机上蒙上玻璃纸。与不蒙玻璃纸的飞机做比较,试验没有得到希望的结果。不是因为用非金属材料代替金属材料能够减少雷达散射切面的思路不正确,而是飞机本身结构承受不了飞行载荷。这导致后来兼顾强度和可探测性两种要求的复合材料研究的发展。但是 20 世纪 30 — 60 年代,减低可探测性的飞机设计还把重点放在外形上,做到怎样不被发现。例如 1939 年研制的 P — 38

"闪电"式战斗机(见图 6-40),利用其突特的侧面和正面外形,减少了可探测性。由图可以看出 P—38 采用双尾撑,短机身隐蔽在两个发动机短舱之间,又被细长机翼延伸,所以侧面的尺寸很小。而正面机身被分散成三个独立的、尺寸较小的机身。所以两个方面都不易被发现。这个设计知识针对目视而言,并没有缩减雷达散射切面的概念。第二次世界大战以后,两大阵容开展的军备竞赛,是以冷战方式展开的。美国为了探听苏联的军事装备,派遣间谍飞机入侵,有怕被苏联人逮个正着。于是对雷达的低探测性侦察机设计,成了当时之急。但是,最初的努力还仅仅是让飞机飞得更高一些,避开防空导弹的拦击,如美国的 U-2。其升限为 27 430 m,航程为 5 633 km,由洛克希德公司著名工程师凯利·约翰苏设计,共生产 86 架,执勤中损失 40 余架。此后他又凭借"臭鼬鼠"工厂,设计制造了真正意义上的隐形飞机,A-12(后改型为 SR-71)。这也是为美国中央情报局(CIA)的需要而研制的,其雷达散射切面小至 0.01 m² ,比当时的战斗机缩减了 20 dB,是非常了不起的。从气动外形上看,好像没有采取低阻措施达到高的飞行速度($Ma=3.5$)。而细长机身,发动机装在机身两侧的机翼中部,中心圆锥的轴对称进气道,边条翼,向内倾斜的双垂尾等其实都是为了减少雷达散射切面。在 SR-71(见图 6-41)上也有过涂吸波材料和非金属构建等减少雷达散射切面的设计,似乎作用不大。因为 1974 年 9 月一架 SR-71 飞越大西洋去英国参加范保罗航展时,多部大西洋沿岸的民用雷达发现了它并做了报道。此举让美国人很不高兴。然而他们辩解说这是飞行高速引起周围气流电离所致,雷达没有发现飞机,而是发现了电离气团。不过这种飞机对隐身设计的开创性工作应予以肯定。

图 6-40

图 6-41

图 6-42

美国针对 SR-71 的上述缺点,加上已承诺不向苏联派遣有人侦察机,转向设计无人侦察机就是很自然的事。D-21(见图 6-42)应运而生。它的外形与 SR-71 很相似,两个发动机短舱合并到机身上,采用冲压式发动机,由 A-12 带到发射点投放,马赫数 3.5,一次性使用。

采用吸波材料和细长机身是为隐形。特别用了加长的尾喷管,相信用来抑制发动机的尾喷流的红外信号。D-21 和"火蜂"AQM-91A 一样是 20 世纪 60 年代,美国用于窥探苏联、中国军事设施的无人机。到 1972 年尼克松访华才终止了此类间谍活动。但是隐形飞机的研制却加快了步伐。前面说过,隐形不是隐去目标的几何形状,而是减少它的雷达散射切面。用雷达探测目标,是将一束电磁波发射到物体表面。目标反射回到雷达站的能量被雷达接收机截获,经过信号处理知道目标的大小、方位、距离。隐形设计的目的乃是减少散射能量。所谓散射是因为电磁波的波长比光波短得多,它"看"的表面均很粗糙,不会像光滑表面一样按几何光学的规则反射回去,而是向四周的漫散射。回到雷达站的电磁波叫做接受到的逆向散射(inverse scattering)。隐形设计即是减少逆向散射,通常有三种办法:涂覆吸波材料,电子战和隐形外形。前两种属于电磁特性,不在本书讨论的范围。而所谓隐形外形,是将飞行器的外形设计得能够将散射反射到其它方向去,而不形成(或少形成)逆向散射。探测雷达接收不到,也就看不到目标,于是隐形了。那些外形隐形呢? 先来看一看服役的隐形飞机。翼身融合体,表面看起来似乎不像流线型,好像一块块蒙皮拼接在一起。这样设计可以减少逆向散射。向外翻的双垂尾,有效地减少了侧向雷达散射切面。外挂很少,翼根和机身的连接处进行倒圆,消除了角反射体。进气道放在背部(YF-23,Tacit Blue,F-117)或者斜置的二维进气道(F-22),是让雷达波束不能深入进气道照射到发动机涡轮叶片上,从而不产生大的逆向散射,如图 6-43~图 6-47 所示。但是 B-1B 没有这些隐形设计,所以其 RCS=10 m²。而上述隐形飞机的 RCS=0.003~0.01 m²,最为惊异的是 F-22 和 B-2 它的 RCS=0.0001 m²,比一只昆虫(RCS=0.001 m²)还小。粗看起来,飞行器外形隐形设计和外形气动力设计存在矛盾,而不能兼顾。其实不然,它们甚至还有想通之处。

图　6-43

图　6-44

图　6-45

图　6-46

图　6-47

飞行器各部件的隐形设计见表 6-2-2。

表 6-2-2　飞行器各部件隐形设计

部件	隐形设计	气动力设计
进气道	隐蔽式、背部、加网格	总压恢复系数小，可机翼加边条产生的脱体涡将高能气体扫入进气道
垂尾	双垂尾向内倾斜，减少侧面雷达散射切面	同样满足横侧向机动性要求
排气管	隐蔽式、加长排气管，二元喷管	易实现推力矢量控制
翼身组合体	融合体、升力体、飞翼有效减少迎面雷达散射切面	提高升阻比。飞翼要解决滚转控制问题
翼尖	小曲率圆角减少雷达散射切面	减少诱导阻力
天线罩	带通式，形状随波长变化	与马赫数有关
座舱	低，埋入机身	阻力小
升力面前缘	后掠，减少迎面雷达散射切面	波阻小
外挂物	减少。但适当的布置可以减少雷达散射切面的增长，例如不形成角反射体	一致
外形	连续不产生间断面，减少行波	摩阻小

再来看下面的两型轰炸机，英国的"火神"（Avro Vulcan，见图 6-48）和苏联的"熊"T-95（见图 6-49）。这两庞然大物没有经过隐形设计，但"火神"在雷达屏幕上忽隐忽现，而"熊"则看得很清楚。为何两个大型轰炸机在可探测性上有如此大的区别？原来在外形上，火神采用小展弦比（2.78）机翼，机翼前缘做了修型（见图 6-50），进气道隐藏在机翼根部。进气口上下均有挡板（baffles），其原意可能是扫除附面层，提高进气道的总压恢复系数。除了垂尾外，它的气动力设计与后来发展的隐形设计不谋而合。平面设计有点像 B-2 飞翼（见图 6-53）。对于这种巧合，"熊"就没有那么幸运。那 4 个 5.4 m 直径的螺旋桨转动起来，俨如四块大平板（见图 6-52），雷达散射切面当然很高。

图　6-48

图　6-49

防区外导弹必须隐形，现役防区外导弹都采取了隐形设计。但由于保密的原因，还无法知道具体的数据。F-117 携带一种隐形导弹在 NASA 风洞试验（见图 6-51），导弹有很明显的隐形外形设计。船底外形减少逆向散射,此图上还看不出导弹的升力面,似乎已折叠。而且报道导弹是内挂在机身里面,降低了 F-117 的可探测性,如图 6-54 所示。

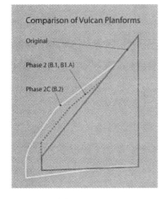

图　6-50

图　6-51

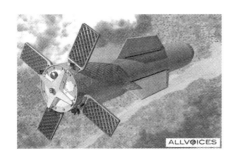

图　6-52

图　6-53

图　6-54

外形的隐形设计有下面几点原则也好,经验也好,是有好处的:

(1)垂尾倾斜。我们知道垂尾与机身或平尾常常成 90°,它们构成角反射体。垂尾倾斜就是消灭角反射体,让雷达散射切面减少。

(2)在进气口设置挡板,阻挡(或改变)雷达波路径,防止它探测到发动机的涡轮叶片。

(3)表面有复杂外形的突起、凹陷,也不希望安装突出物。这就要求飞机的燃油箱、武器和其他储存箱最好放到内部。

（4）飞机的平面布置要减少雷达波的后向散射。

三、雷达散射截面计算

按照入射波长和目标的尺度，物体的雷达散射切面可以划分为三个区域：

（1）瑞利（Rayleigh）区，雷达散射切面与波长的 2 次方成反比，因为在这个区域雷达散射切面与目标的特征尺寸连续光顺，所以雷达散射切面与物体体面积的平方成正比。故可以写成 $ka \ll 1, \sigma \approx \lambda^{-2}, \sigma \approx (\text{面积})^2$。此处 $k = \dfrac{2\pi}{\lambda}$。

（2）梅耶（Mie）区，物体的特征长度接近 1（$ka \approx 1$，），雷达散射切面计算困难，目前还没有合适的理论可以应用。

（3）光学区 $ka \gg 1$，雷达散射切面与目标的特征尺度光顺变化，而且与波长无关。

所以只要物体的形状系数 $F \ll 1$，其雷达散射切面都可以计算。形状系数指两个方向尺度的比值。

比如计算平板的 RCS，我们利用公式

$$\sigma = \frac{4\pi A_P^2}{\lambda^2} \tag{6-2-1}$$

问题是求目标的投影面积 A_P 分两种情况，球与柱体。

第一种，球，如图 6-55 所示。

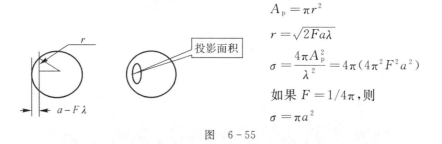

$$A_p = \pi r^2$$
$$r = \sqrt{2Fa\lambda}$$
$$\sigma = \frac{4\pi A_p^2}{\lambda^2} = 4\pi(4\pi^2 F^2 a^2)$$

如果 $F = 1/4\pi$，则

$$\sigma = \pi a^2$$

图 6-55

第二种，柱体，如图 6-56 所示。

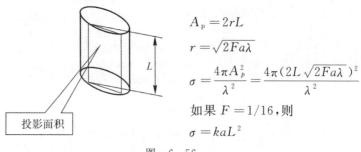

$$A_p = 2rL$$
$$r = \sqrt{2Fa\lambda}$$
$$\sigma = \frac{4\pi A_p^2}{\lambda^2} = \frac{4\pi(2L\sqrt{2Fa\lambda})^2}{\lambda^2}$$

如果 $F = 1/16$，则

$$\sigma = kaL^2$$

图 6-56

在光学区，对光滑曲面的雷达散射切面，是以垂直于曲面的镜面反射决定。有公式

$$\sigma = \pi\rho_1\rho_2 \tag{6-2-2}$$

此处 $\rho_1\rho_2$ 是曲面产生反射区域的曲率半径。对于平板 $\rho_1\rho_2 \to \infty$，对于柱体 $\rho_1 \to \infty$，而 ρ_2 为不等

于 0 的数值,对于球两个曲率半径相等,等于球半径。镜面反射与波长的关系见表 6 - 2 - 3。

表 6 - 2 - 3　取决于波长的镜面反射

$\sigma \approx \lambda^n, \sigma = \pi\rho_1\rho_2$				
情况	n	ρ_1	ρ_2	对象
1	-2	∞	∞	平板
2	-1	∞	有限值,非零	柱体
3a	0	∞	0	线
3b	0	有限值,非零	有限值,非零	椭圆
4	1	有限值,非零	0	曲面尖劈
5	2	0	0	锥顶

角反射体的 RCS 非常大,是因为它的三面都能产生散射,集中起来好像镜面聚焦一样,反射出去的能量很大。这些能量即是逆向散射。但是角反射体的形状对雷达散切面影响很大,矩形角反射体的最大 RCS 是三角形的 9 倍,见表 6 - 2 - 4。

表 6 - 2 - 4　角反射器的 RCS

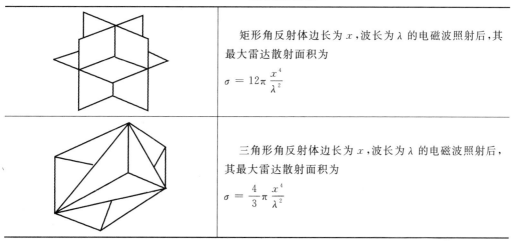

	矩形角反射体边长为 x,波长为 λ 的电磁波照射后,其最大雷达散射面积为 $$\sigma = 12\pi\frac{x^4}{\lambda^2}$$
	三角形角反射体边长为 x,波长为 λ 的电磁波照射后,其最大雷达散射面积为 $$\sigma = \frac{4}{3}\pi\frac{x^4}{\lambda^2}$$

飞行器的垂尾与平尾、弹身会成成矩形角反射体,所以隐形飞行器的垂尾均是倾斜的。而进气道,排气管虽然不产生角反射体,其空穴对飞行器的 RCS 有大的贡献。两者也有不同。进气道是将入射雷达波经几次反射到达发动机的涡轮叶片,旋转的涡轮叶片好像一块平板,产生的逆向散射就很大。所以隐形飞行器的进气道或者放在背部,或者倾斜一个角度,或者设计成 S 形,使雷达波不能到达涡轮叶片。排气管可以认为是一块中心有空缺的环形平板。初步计算时可以利用平板的计算公式

$$\sigma = GA \tag{6 - 2 - 3}$$

此处 G 为增益,A 为平板面积,和式(6 - 2 - 2)本质一样,关键是计算增益,它与波长有关。计算平板的时候,增益为 $G = \dfrac{4\pi A}{\lambda^2}$,所以

$$\sigma = \frac{4\pi A^2}{\lambda^2} \qquad\qquad (6-2-4)$$

表 6-2-5 为一些简单外形的计算公式

表 6-2-5　简单外形的 RCS 的计算公式

	球体，半径为 a，其雷达散射切面为 $\sigma = \pi a^2$
	球体，半轴为 a，b，其雷达散射切面为 $\sigma = \pi \dfrac{b^4}{a^2}$
	锥体，半锥角为 δ 其雷达散射切面为 $\sigma = \dfrac{\lambda^2}{16\pi}\cot^4\delta$
	抛物体，前缘半径为 2ξ，其雷达散射切面为 $\sigma = 4\pi\xi^2$
	曲线锥体，前缘切角为 δ 其雷达散射切面为 $\sigma = \dfrac{\lambda^2}{4\pi}\cot^4\delta$

直角折角在飞行器外形上常见，它的 RCS 随入射角变化，计算公式为

$$\sigma = \frac{16\pi a^4 \sin^2\theta}{\lambda^2}, 0 \leqslant \theta \leqslant 90° \qquad\qquad (6-2-5)$$

该公式系以平板的计算公式推导而来。设两块互成直角的平板构成折角，入射波轴线与其中一平板的夹角为 θ，经过两块平板反射回去的逆向散射，只是两块面积为 $S = (a\cot\theta\cos\theta)a$ 的平板，代入式（6-2-4）即为式（6-2-5）。

导弹外形虽然可以有简单外形拟合，但其雷达散射切面却不可以简单地叠加。因为其求和公式为

$$\sigma = (\sum \sqrt{\sigma_i}\, e^{j\theta i})^2 \qquad\qquad (6-2-6)$$

包含了相位，部件的 RCS 存在相位差，如同空气动力里的"部件构型法"（component buildup method）存在部件干扰一样。

上述计算方法属于几何光学比较粗糙，但由于它简单，用在外形概念设计上比较方便。现在出现了许多计算复杂目标 RCS 的方法，如物理光学法、矩量法、有限元法、边界元法。物理光学法只适合于薄的散射体，而后面几种方法是数值方法，存在大矩阵求逆，不能很快的到收敛结果。所以又有些简化的方法。它们都从雷达散射场定义

$$\sigma = \lim_{r \to \infty}(4\pi r^2 \frac{|\overline{E}^s|^2}{|\overline{E}^i|^2}) \qquad\qquad (6-2-7)$$

出发寻求数字解。散射场由两部分组成:镜面反射和边缘绕射。对于不同形状的目标,其散射特性不一样,所以没有统一的求解方法,只能针对目标个别地处理。比如导弹头部天线系抛物线旋成体,用几何光学法就可以求出镜面反射场。而柱形反射面的镜面反射则需用复射线追踪法。所谓复射线追踪法,是利用扩展的费马原理在复空间进行搜索以确定反射的复射线轨迹求出反射场。还可以利用复射线近似轴近似法求出波束轴线上的复源点场,再根据微扰原理向场的复相位和复振因子进行校正,因而可以避免对复射线轨迹的搜索,节省了计算时间。

　　而对于边缘绕射场,也发展了一系列的计算方法。如利用等效电磁流法(EMC)计算旋转反射面绕射场。它是在物理绕射理论(PTD)和等效电流辐射积分基础上导出的。对于单站情况,还可以简化为一致性绕射理论(UTD)得到的结果。以上这些计算方法可以找到许多的参考资料,本书不予赘述。

　　本书关心的是气动外形和隐形外形权衡设计的问题。先来比较一下两者的相似性,试看表 6 - 2 - 6。

表 6 - 2 - 6　电磁场与流场比较

电磁散射场	流场
雷达散射切面 $\sigma = \lim_{r \to \infty}(4\pi r^2 \frac{|\overline{E}^s|^2}{|\overline{E}^i|^2})$	升阻比 $\lambda = L/D$ 等
表面诱导电流	表面奇点(源、汇、偶极子)
利用汇分布技术(SDT)解	面源法解

　　而两个场的性质,也可以划分成三个区域,流场以马赫数 Ma,电磁散射场以尺度因子 K_a,见表 6 - 2 - 7。

表 6 - 2 - 7　电磁散射场与流场类比

流场	电磁场
$Ma < 1$,亚音速,椭圆型	$K_a < 1$,瑞利区
$Ma \approx 1$,跨音速,	$K_a \approx 1$,梅耶区
$Ma > 1$,亚音速,双曲型	$K_a > 1$,光学区

　　流场是以流速与音速之比,马赫数来区分的。其主管方程为速度位方程。而电磁场是以入射波波长与目标尺度大小之比来区分的,其主管方程为麦克斯方程。它们都在两个参数接近 1 时发生理论上的困难。但是揭示流场和电磁场的主管方程有相似之处。

　　流场速度位方程为拉普拉斯方程

$$\frac{\partial^2 \varphi}{\partial x^2} + \frac{\partial^2 \varphi}{\partial y^2} + \frac{\partial^2 \varphi}{\partial z^2} = 0,$$
$$\nabla^2 \varphi = 0 \qquad\qquad (6-2-8)$$

这是不可压,对可压做一个仿射变换

$$x = X, y = Y/\beta, z = Z/\beta$$

$$\beta = \sqrt{Ma^2 - 1}$$

$$(6-2-9)$$

即可把亚音速速度位方程

$$(1 - Ma^2)\frac{\partial^2 \varphi}{\partial x^2} + \frac{\partial^2 \varphi}{\partial y^2} + \frac{\partial^2 \varphi}{\partial y^2} = 0$$

变换为与式(6-2-8)同样型式的拉普拉斯方程

$$\left. \begin{aligned} \frac{\partial^2 \varphi}{\partial x^2} + \frac{\partial^2 \psi}{\partial y^2} + \frac{\partial^2 \varphi}{\partial z^2} = 0 \\ \nabla^2 \varphi = 0 \end{aligned} \right\}$$

$$(6-2-10)$$

然而对于超音速却不可能,其速度位方程为双曲线型

$$(Ma^2 - 1)\frac{\partial^2 \varphi}{\partial x} - \frac{\partial^2 \varphi}{\partial y} - \frac{\partial^2 \varphi}{\partial z} = 0$$

$$(6-2-11)$$

再来看电磁波在空间传播的主管方程波动方程,亥姆霍茨方程

$$\left. \begin{aligned} (\nabla^2 - \frac{1}{c^2}\frac{\partial^2}{\partial t^2})\boldsymbol{E} = 0 \\ (\nabla^2 - \frac{1}{c^2}\frac{\partial^2}{\partial t^2})\boldsymbol{B} = 0 \end{aligned} \right\}$$

$$(6-2-12)$$

式中,$c = 299\ 792\ 458$ m/s,真空状态的光速。$\boldsymbol{E}$,$\boldsymbol{B}$ 分别为电场和磁场矢量。

由此我们得到一个启示,可以把飞行器的外形设计和隐形设计统一起来。直接从主管方程出发,寻求数字解。其流程如图 6-57 所示。

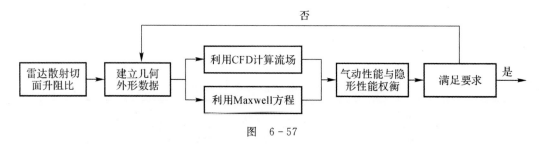

图 6-57

在进行电磁场数字计算时,可以从主管方程出发,依据图 6-58 的流程进行。

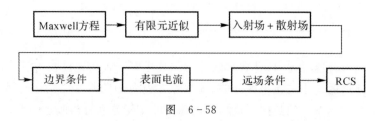

图 6-58

为此发展了许多计算程序,至于流场则有更多的程序,设计时可以应用。

目前用于雷达隐形的几种方法已经走到尽头,没有多大作用。发现和击落隐形飞机不是很困难的。所以要寻求新的隐形方法。20 世纪 90 年代苏联"天鹰"计划开始了一项尔后把美

国人吓了一大跳的"阿亚克撕"项目。全称为"在大气巡航条件下,高超音速飞行器"。发展了几项新技术:等离子主动减阻技术;特殊材料技术;燃料重组技术;磁流体动力学能量搭桥技术。

等离子技术具有三大优点:

(1)隐身,当飞行器处于等离子包围中时,电磁波信号失真,从而获得雷达隐身性能。

(2)前面论述的"乘波体"是利用激波进行高速飞行的技术。而等离子体将飞行器包围后,激波在其外同样达到提高升阻比的目的,据说可达 40。

(3)等离子体可便于用电磁场控制,可以用来代替气动面进行飞行器控制。

但是该项技术的核心是要求等离子体的电子密度为 $10^{13}/cm^3$,寿命超过 10 Ms,平均温度在 $300\sim2\,000$ K$^\circ$。这不是传统的等离子技术所能解决的,故美、俄两国都在研究低能耗等离子发生器。

第 3 节　喷气与吸气的匹配设计

防区外导弹是系列设计,其中喷气型利用固体或液体火箭发动机,吸气型则利用涡轮、涡桨发动机。前者只有排气,因为燃烧所需的氧化剂是含在燃料之中(固体火箭),或储存在导弹储箱内(液体火箭)。后者需要从大气中吸入空气。在同一个外形中,方便地更换发动机,需要做一些匹配设计,以求在推力、质量、空间上协调,并且对导弹空气动力性能影响最小。

一、固体火箭发动机设计

固体火箭发动机设计是一门专门的技术,此地仅就防区外导弹总体设计所设计的推进系统做一论述。固体火箭发动机具有结构简单,使用方便的优点。所以在喷气型防区外导弹推进系统中几乎是唯一的选择。火箭发动机因为不需要大气中的氧气,所以飞行马赫数对其性能,如比冲、推重比、耗油率没有影响。

固体火箭发动机的主要性能参数有:

(1)总冲,指推力对工作时间的积分 $I=\int_0^t F(t)\mathrm{d}t$,单位 N·s。

(2)推力,作用于发动机上除重力和支撑力之外的全部力。按照动量原理可得到火箭发动机的推力为

$$F=\dot{G}_\mathrm{T}W_\mathrm{e}+(P_\mathrm{e}-P_\infty)S_\mathrm{e} \qquad (6-3-1)$$

式中,F 为推力;$\dot{G}_\mathrm{T}$ 为推进剂秒流量;W_e 为喷管排气速度;P_e 为喷管出口气压;P_∞ 为自由流气压;S_e 为喷管出口面积。

(3)最大推力和最小推力,根据导弹最大可用过载和速度特性确定。

(4)工作时间,指发动机在最初 10% 最大推力至终结 10% 最大推力之间经历的时间。

(5)高度特性,虽然固体火箭发动机工作不受环境影响,但推力的第二项压力推力却与高度有关,所以火箭发动机推力随高度增加。

(6)比冲,指消耗单位推进剂质量所产生的冲量,其表达式为

$$I_\mathrm{s}=\frac{I}{m} \qquad (6-3-2)$$

单位为 N•s/kg。实用单位为 s,标准单位为 m/s。

固体发动机的比冲对发动机的关机速度、质量比、射程和有效载荷有影响,即

$$V = g I_s C_D \ln \frac{W_0}{W_f} \tag{6-3-3}$$

式中,C_D 为气动阻力系数;$\frac{W_0}{W_f}$ 为火箭初始质量与关机质量之比。固体推进剂比冲 $220 \sim 265$,推进剂数据见表 $6-3-1$。

表 6 - 3 - 1   固体推进剂性能数据

推进剂型号	比冲 /s	密度 /(g/cm³)	火焰温度 /℃
DB	$220 \sim 230$	1.6	2 300
DP/AP/PA	$260 \sim 265$	1.8	3 600
FC/ΛP/AI	$240 \sim 245$	2.05	3 400
CTPB/AP/AT	$260 \sim 265$	1.77	3 200

(7) 推力曲线,按照防区外导弹战术技术指标,需要设计导弹任务剖面内速度的变化,即速度图,它由推力曲线决定。推力随时间的变化可以通过装药几何形状,燃烧方式来实现。通常有等面燃烧,增面燃烧,减面燃烧来实现等推力,渐增推力和渐减推力。作为药柱燃烧的方式它可以有端面燃烧,外表面燃烧,内表面燃烧和内外表面燃烧几种,如图 6-59 所示。

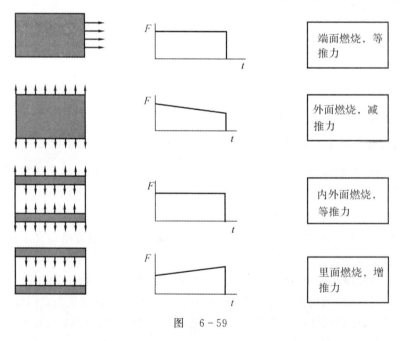

图　6-59

还有一些其他的装药方式,如星型、车轮型、管型、管槽型、十字型等。其目的均是设计药柱燃烧方式以既定的内弹道最终实现导弹任务剖面。一般来说,导弹巡航段均为等速飞行,所以药柱也是以等面燃烧为主。药柱有以下几个参数:

（1）肉厚，药柱在燃烧过程中消耗的燃层厚度，表示为

$$w_0 = rt \tag{6-3-4}$$

式中，w 为肉厚，r 为燃烧速度，t 为燃烧时间。

（2）肉厚分数，侧面燃烧的药柱肉厚与药柱外径之比，表示为

$$W_t = \frac{w_0}{D/2} = \frac{2rt}{D} \tag{6-3-5}$$

肉厚分数在 $0.1 \sim 0.9$ 之间，依药柱型式不同而异。

（3）装填系数，药柱横切面积与燃烧室内腔横面积之比，表示为

$$\eta = \frac{A_c - A_p}{A_c} = 1 - \frac{A_c}{A_p} \tag{6-3-6}$$

（4）装药初温，药柱在燃烧前的温度，对于燃烧速度，燃烧压力影响较大。

还有其他一些参数，对固体火箭发动机设计的影响不如上述几个大从略。

固体火箭发动机设计中，发动机燃烧室直径和壳体的质量对导弹性能有影响，它与喷管形状一道为导弹设计师所重视。发动机直径与其壳体质量的关系如下

$$m_C = \frac{\varphi p_{max} \rho_\infty}{[\sigma]} \left(\frac{2\pi R^2 V_p}{\pi R^2 - A_p} \right) + 2\pi R^3 - A_p R)$$

$$= 2\pi R \delta L \rho_m + 2\pi R^2 \delta \rho_m - A_p \delta \rho_m \tag{6-3-7}$$

式中，R 为燃烧室壳体直径；ρ_m 为燃烧室材料密度；δ 为壁厚；L 为燃烧室长度。

为使燃烧室装填更多的推进剂，而质量最小，将式（6-3-7）对直径求导并置零（求极值）得

$$(6\pi R^{*2} - A_p)(\pi R^{*2} - A_p)^2 = 4\pi R^* A_p V_p \tag{6-3-8}$$

最优长径比

$$\lambda^* = \frac{L^*}{R^*} = \frac{V_p}{(\pi R^{*2} - A_p)R^*} \tag{6-3-9}$$

而燃烧室工作压力与燃烧室长度的乘积为常数

$$P_{cr}^{2n} L^* = \text{const} \tag{6-3-10}$$

燃烧室工作压力对双基药取 $4 \sim 6\,\mathrm{MPa}$，复合药取 $2 \sim 3\,\mathrm{MPa}$。

工作压力选择可以遵守以下几条原则：

（1）能够正常燃烧，即最小平衡压力大于等于最低使用温度下的临界压力。

（2）质量比冲尽可能大，图解方程 $\dfrac{1}{m_p} - \dfrac{\mathrm{d}m_c}{\mathrm{d}p_c} - \dfrac{1}{I_{sp}} \dfrac{\mathrm{d}I_{ps}}{\mathrm{d}p_c} = 0$ 可得。

（3）考虑工作时间的要求。

喷管膨胀比，即喷管出口面积和喷管临界面积之比。其选择要使发动机推力大或比冲大，但要与发动机质量权衡，所以要求质量比冲大。当然低空不出现激波也是需要考虑的，一般取

$$\varepsilon_A = \frac{A_e}{A_{cr}} \tag{6-3-10}$$

喷管喉部面积

$$A_t = \frac{\bar{F}}{C_F \bar{p}_t} \tag{6-3-11}$$

装药量

$$m_p = \frac{I}{I_{sp}g} \qquad (6-3-12)$$

燃烧面积

$$S = \frac{\overline{F}}{p_p r I_{sp} g} \qquad (6-3-13)$$

式中,$\overline{F}$ 为平均推力;$\overline{p}$ 为平均压力;r 为燃烧速度;I 为总冲;I_{sp} 为比冲;C_F 为推力系数;A_e 为喷管出口面积;A_{cr} 为喷管临界面积。

有了这些方程虽然不能完成固体火箭发动机的设计,但对于总体设计或者叫概念设计已经足够,试看框图 $6-60$。

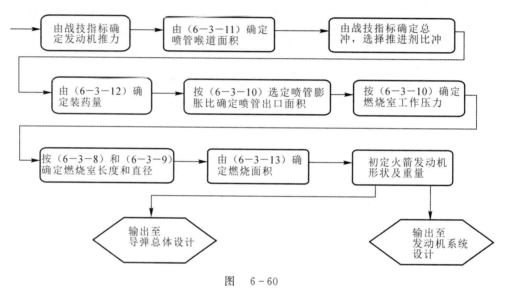

图　6-60

还需考虑发动机设计对导弹总体的影响,对吸气式指进排气,对喷气式则只有排气。进气对导弹性能的影响,制约了进气道设计。排气对导弹性能的影响指发动机排出的喷流对导弹流场的干扰。所以需要设计喷管和排气形成的喷流,这是下一节的任务。

二、喷管设计和喷流动力学

固体发动机燃烧室出口气体经过喷管产生推力。超音速喷管为拉互尔喷管,由三段组成:亚音速收敛段、喉道和超音速的扩散段。我们用气体通过喷管的流量 G 和出口切面上的总冲 I 表示。通过实验发现拉瓦尔喷管的几种流动形态。

（1）喷管内无分离的状态,此时扩张段内为超音速流,出口边沿的斜激波相交形成正激波,减速为亚音速。

（2）喷管内有超音速分离,在喷管内产生斜激波,相交产生正激波。于是有一部分亚音速流,而在斜激波边沿仍然是超音速流。

（3）喷管内产生正激波,发生亚音速分离。正激波后为无粘亚音速流。这种情况只在 $Ma \leqslant 1.15$ 时可能存在。

（4）当扩张角很大时,形成的射流型分离。

这四种工况并非一成不变,它们是不稳定的相互转换,取决定分离点的位置。通常用临界压力比的判断,即分离起始点的压力 p_1 与压力急剧升高点 p_2 的压力之比。临界压力比是马赫数和雷偌数的函数,有一个半经验的公式

$$\left.\begin{array}{l}\dfrac{p_s}{p_1}=1+\dfrac{(1-K)\gamma M_1^2/2}{1+(\gamma-1)M_1^2/2},K=0.67\\[3mm]\dfrac{p_2}{p_s}=1.05+0.05M_1^2,\gamma=1.4\end{array}\right\} \tag{6-3-14}$$

式中,p_s 为紊流边界层分离点得压力。然而在进行总体设计时,我们假设通过喷管的气体为理想流,即无分离的平行流。则管道内的秒流量和总冲为

$$G=\sqrt{\gamma\left(\dfrac{2}{\gamma+1}\right)^{\frac{\gamma+1}{\gamma-1}}\dfrac{g}{RT_0}}\,p_0A_{cr}{}' \tag{6-3-15}$$

$$I=(\dfrac{2}{\gamma+1})^{\frac{1}{\gamma-1}}p_0A_{cr}(\lambda+\dfrac{1}{\lambda})$$

式中,R 为气体常数;$\lambda=v/A_{cr}$ 为速度与临界音速之比;Υ 为等容比热,空气 $\Upsilon=1.4$。

喷管产生的推力由三部分组成

$$F=\int(p+\rho v^2)\mathrm{d}A+\int p\,\mathrm{d}A-\int\mathrm{d}D_f \tag{6-3-16}$$

依次为临界段推力,扩张段推力和扩张段的摩擦阻力。

考虑到实际的损失,总推力为

$$F=\eta\cdot\mu\cdot\varphi\left(\dfrac{2}{\gamma+1}\right)^{\frac{1}{\gamma-1}}p_0A_{cr}(\lambda+\dfrac{1}{\lambda})-p_\infty A_e \tag{6-3-17}$$

式中,η,μ,φ 为考虑喷管的实际特性与与理想特性的差异引入的修正系数,η,μ,φ 分别为总压修正系数,流量修正系数,冲量修正系数。可以根据喷管的不同型式从有关资料查到。拉瓦尔喷管是研究比较成熟的一种喷管,这种轴对称喷管是实际用于火箭发动机的唯一喷管。设计及制造均日臻完善。但是拉互伐尔喷管也有缺点,在大膨胀比时燃烧室和喷管的尺寸及质量很大,而且因为过度膨胀引起推力损失,甚至可达 50%。解决的办法是做一段延长喷管,排泄气流不过度膨胀,减少推力损失。这需要研究喷流的影响。

所谓喷流指喷管出口气流喷射到大气中,形成的腰鼓型气流,一般只研究第一节。超音速喷流可用特征线法。如果把气流假设成准一维流,但是用二维流的方法建立方程,并采用数字解。我们知道轴对称、无黏,可压超音速喷流可以用一组方程来描述。

$$\left.\begin{array}{l}\dfrac{\partial}{\partial x}(y\rho u)+\dfrac{\partial}{\partial y}(y\rho v)=0\\[3mm]\rho u\dfrac{\partial u}{\partial x}+\rho v\dfrac{\partial u}{\partial y}+\dfrac{\partial p}{\partial x}=0\\[3mm]\rho u\dfrac{\partial v}{\partial x}+\rho v\dfrac{\partial v}{\partial y}+\dfrac{\partial p}{\partial y}=0\\[3mm]\rho uc_v\dfrac{\partial T}{\partial x}+\rho vc_v\dfrac{\partial T}{\partial y}-u\dfrac{\partial\rho}{\partial x}-v\dfrac{\partial\rho}{\partial y}=0\\[3mm]p-\rho gRT=0\end{array}\right\} \tag{6-3-18}$$

第一个方程表示质量守恒,第二,第三表示动量守恒,第四表示能量守恒,第五为气体状态方程。5 个方程有 5 个未知数,可以求解,例如有限元解。

我们用任意四边形分割流场,如图 6-61 所示。假定在四个节点上是已知的,节点之间呈线性变化,得到插值函数

$$
\left.
\begin{aligned}
\varphi_1 &= \frac{1}{4}(1+\xi)(1+\eta) \\
\varphi_2 &= \frac{1}{4}(1-\xi)(1+\eta) \\
\varphi_3 &= \frac{1}{4}(1-\xi)(1-\eta) \\
\varphi_1 &= \frac{1}{4}(1+\xi)(1-\eta)
\end{aligned}
\right\}
\tag{6-3-19}
$$

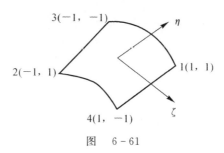

图　6-61

5 个变量也用插值函数表示

$$
\left.
\begin{aligned}
u(x,y) &= \varphi_N(x,y)u_N \\
v(x,y) &= \varphi_N(x,y)v_N \\
p(x,y) &= \varphi_N(x,y)p_N, \quad N=1,2,3,4 \\
\rho(x,y) &= \varphi_N(x,y)\rho_N \\
T(x,y) &= \varphi_N(x,y)T_N
\end{aligned}
\right\}
\tag{6-3-20}
$$

将式(6-3-20)代入式(6-3-18),则其右边不为零,得余数 $\varepsilon_1,\varepsilon_2,\varepsilon_3,\varepsilon_4,\varepsilon_5$,令

$$
\left.
\begin{aligned}
\rho &= \sum_{i=1}^{4}\rho_i\varphi_i(\xi,\zeta) \\
u &= \sum_{i=1}^{4}u_i\varphi_i(\xi,\zeta), \quad i=1,2,3,4 \\
v &= \sum_{i=1}^{4}v_i\varphi_i(\xi,\zeta)
\end{aligned}
\right\}
\tag{6-3-21}
$$

将式代(6-3-21)代入式(6-3-18)得

$$
\varepsilon_1 = \frac{\partial}{\partial x}\left(\sum_{i=1}^{4}\rho_i\varphi_i\sum_{i=1}^{4}u_i\varphi_i\sum_{i=1}^{4}y_i\varphi_i\right) + \frac{\partial}{\partial y}\left(\sum_{i=1}^{4}\rho_i\varphi_i\sum_{i=1}^{4}v_i\varphi_i\sum_{i=1}^{4}y_i\varphi_i\right) \tag{6-3-22}
$$

以为 Φ_i 权函数与余数 ε_i 构造内积 $<\varepsilon_i,\varphi_i>$ 并令其等于零

$$
\sum_{i=1}^{4}\sum_{j=1}^{4}\sum_{k=1}^{4}E_{lijk}y_i\rho_j\varphi_k + \sum_{i=1}^{4}\sum_{j=1}^{4}\sum_{k=1}^{4}F_{lijk}y_i\rho_j\varphi_k = 0,
$$

式中

$$E_{lijk} = \iint \varphi_l \frac{\partial \varphi_i}{\partial x} \varphi_j \varphi_k \, \mathrm{d}x \, \mathrm{d}y \,,$$

$$E_{lijk} = \iint \varphi_l \frac{\partial \varphi_i}{\partial y} \varphi_j \varphi_k \, \mathrm{d}x \, \mathrm{d}y$$

（6 - 3 - 23）

这就是质量守恒的有限元方程,同理可得动量守恒的有限元方程

$$\sum_{i=1}^{4}\sum_{j=1}^{4}\sum_{k=1}^{4} G_{lijk} y_i \rho_j \varphi_k + \sum_{i=1}^{4}\sum_{j=1}^{4}\sum_{k=1}^{4} H_{lijk} y_i \rho_j \varphi_k + \sum_{i=1}^{4} M_{li} = 0 \,,$$

$$\sum_{i=1}^{4}\sum_{j=1}^{4}\sum_{k=1}^{4} G_{lijk} y_i \rho_j \varphi_k + \sum_{i=1}^{4}\sum_{j=1}^{4}\sum_{k=1}^{4} H_{lijk} y_i \rho_j \varphi_k + \sum_{i=1}^{4} N_{li} = 0 \,, \qquad l=1,2,3,4$$

式中

$$G_{lijk} = \iint \varphi_l \varphi_i \varphi_j \frac{\partial \varphi_k}{\partial x} \mathrm{d}x \, \mathrm{d}y \,, \quad H_{lijk} = \iint \varphi_l \varphi_i \varphi_j \frac{\partial \varphi_k}{\partial y} \mathrm{d}x \, \mathrm{d}y \,,$$

$$M_{li} = \iint \varphi_l \frac{\partial \varphi_i}{\partial x} \mathrm{d}x \, \mathrm{d}y \,, \quad N_{li} = \iint \varphi_l \frac{\partial \varphi_i}{\partial y} \mathrm{d}x \, \mathrm{d}y$$

（6 - 3 - 24）

能量守恒有限元方程

$$c_v \sum_{i=1}^{4}\sum_{j=1}^{4}\sum_{k=1}^{4} Q_{lijk} \rho_i u_j T_k + c_v \sum_{i=1}^{4}\sum_{j=1}^{4}\sum_{k=1}^{4} R_{lijk} \rho_i v_j T_k - \sum_{i=1}^{4}\sum_{j=1}^{4} B_{lij} u_i p_j - \sum_{i=1}^{4}\sum_{j=1}^{4} C_{lij} v_i p_j = 0$$

式中

$$Q_{lijk} = G_{lijk} \,, R_{lijk} = H_{lijk}$$

$$B_{lij} = \iint \varphi_l \varphi_i \frac{\partial \varphi_i}{\partial x} \mathrm{d}x \, \mathrm{d}y$$

$$B_{lij} = \iint \varphi_l \varphi_i \frac{\partial \varphi_i}{\partial y} \mathrm{d}x \, \mathrm{d}y$$

（6 - 3 - 25）

最后状态方程

$$\sum_{i=1}^{4} S_{li} p_i - R \sum_{i=1}^{4}\sum_{j=1}^{4} D_{lij} \rho_i T_j = 0$$

$$S_{li} = \iint \varphi_l \varphi_i \mathrm{d}x \, \mathrm{d}y \,, \qquad l=1,2,3,4$$

$$D_{lij} = \iint \varphi_l \varphi_i \varphi_i \mathrm{d}x \, \mathrm{d}y$$

（6 - 3 - 26）

把式(6 - 3 - 23),式(6 - 3 - 24),式(6 - 3 - 25)和式(6 - 3 - 26)联立得到一组包含 20 个方程的代数方程组,恰好有 $5 \times 4 = 20$ 个未知数。下面还有两件工作要做,才能求解。第一,要进行坐标转换。第二,这里是局部有限元方程,要把它变成总体有限元方程。

函数对 $\varphi(\xi,\zeta)$ 对 x,y 的偏导数与对 ξ,ζ 的偏导数有

$$\begin{bmatrix} \dfrac{\partial \varphi}{\partial x} \\[2mm] \dfrac{\partial \varphi}{\partial y} \end{bmatrix} = \boldsymbol{J}^{-1} \begin{bmatrix} \dfrac{\partial \varphi}{\partial \xi} \\[2mm] \dfrac{\partial \varphi}{\partial \zeta} \end{bmatrix}$$

（6 - 3 - 27）

式中，$\boldsymbol{J}^{-1}$ 为 Jacobian 矩阵的逆，而

$$\boldsymbol{J} = \begin{bmatrix} \dfrac{\partial x}{\partial \xi}, \dfrac{\partial y}{\partial \xi} \\ \dfrac{\partial x}{\partial \eta}, \dfrac{\partial y}{\partial \eta} \end{bmatrix}, \text{故 } \boldsymbol{J}^{-1} = \frac{1}{|\boldsymbol{J}|} \begin{bmatrix} \dfrac{\partial y}{\partial \eta}, -\dfrac{\partial y}{\partial \xi} \\ -\dfrac{\partial x}{\partial \eta}, \dfrac{\partial x}{\partial \xi} \end{bmatrix}$$

Jacobian 行列式在笛卡尔坐标和任意坐标之间有

$$\mathrm{d}x\,\mathrm{d}y = |\boldsymbol{J}|\,\mathrm{d}\xi\,\mathrm{d}\eta \tag{6-3-28}$$

同样

$$x = \sum_{i=1}^{4} \varphi_i x_i, \quad y = \sum_{i=1}^{4} \varphi_i y_i \tag{6-3-29}$$

于是有限元方程中各系数可以转化到任意坐标系 (ξ, ζ) 中，形成如同 $I = \displaystyle\int_{-1}^{1}\int_{-1}^{1} f(\xi, \eta)\mathrm{d}\xi\,\mathrm{d}\eta$ 的定积分，可以直接求出，也可以数字积分求出，例如高斯数值积分 $I = \displaystyle\sum_{i=1}^{n}\sum_{j=1}^{n} f(\xi_i, \eta_j)W_i W_j$，式中 W_i, W_j 为权重，可以从数学手册中查到。下面着手转换到总体有限元方程。

设 M 个有限元素，共有总体节点 N 个，记为 $\alpha, \beta, \gamma, \delta$ 以区别局部节点的 i, j, k, l。把有关的系数加起来构成总体有限元方程中的系数，只需引入逻辑代数运算，即布尔矩阵，它是由 1 与 0 组成的矩阵，凡是不在总体元素中的节点，即无关记 0，在元素中的节点，即有关记 1。局部节点和总体节点有 $z_N^{(e)} = \Delta_{Ni}^{(e)} z_i$。于是得出总体有限元方程如下。

$$\sum_{\alpha=1}^{N}\sum_{\beta=1}^{N}\sum_{\delta=1}^{N} E_{\gamma\alpha\beta\delta}\rho_\alpha u_\beta y_\delta + \sum_{\alpha=1}^{N}\sum_{\beta=1}^{N}\sum_{\delta=1}^{N} F_{\gamma\alpha\beta\delta}\rho_\alpha v_\beta y_\delta = 0 \tag{6-3-30}$$

$$\gamma = 1, 2, \cdots, N_\circ$$

式中

$$E_{\lambda\alpha\beta\delta} = \sum_{e=1}^{M} E_{lijk}\Delta_{i\alpha}^{e}\Delta_{j\beta}^{e}\Delta_{k\gamma}^{e}\Delta_{l\delta}^{e}$$

$$F_{\lambda\alpha\beta\delta} = \sum_{e=1}^{M} F_{lijk}\Delta_{i\alpha}^{e}\Delta_{j\beta}^{e}\Delta_{k\gamma}^{e}\Delta_{l\delta}^{e} \tag{6-3-31}$$

$$\alpha, \beta, \gamma, \delta = 1, 2, \cdots, N$$

$$\sum_{\alpha=1}^{N}\sum_{\beta=1}^{N}\sum_{\delta=1}^{N} G_{\gamma\alpha\beta\delta}p_\alpha u_\beta u_\delta + \sum_{\alpha=1}^{N}\sum_{\beta=1}^{N}\sum_{\delta=1}^{N} H_{\gamma\alpha\beta\delta}p_\alpha v_\beta u_\delta + \sum M_{\gamma\alpha}p_\alpha = 0 \tag{6-3-32}$$

$$\gamma = 1, 2, \cdots, N_\circ$$

$$\sum_{\alpha=1}^{N}\sum_{\beta=1}^{N}\sum_{\delta=1}^{N} G_{\gamma\alpha\beta\delta}p_\alpha u_\beta v_\delta + \sum_{\alpha=1}^{N}\sum_{\beta=1}^{N}\sum_{\delta=1}^{N} H_{\gamma\alpha\beta\delta}p_\alpha v_\beta v_\delta + \sum N_{\gamma\alpha}p_\alpha = 0 \tag{6-3-33}$$

$$\gamma = 1, 2, \cdots, N_\circ$$

式中

$$\left.\begin{array}{l} G_{\lambda\alpha\beta\delta} = \sum_{e=1}^{M} G_{lijk} \Delta_{i\alpha}^{e} \Delta_{j\beta}^{e} \Delta_{k\gamma}^{e} \Delta_{l\delta}^{e} \\[2mm] H_{\lambda\alpha\beta\delta} = \sum_{e=1}^{M} H_{lijk} \Delta_{i\alpha}^{e} \Delta_{j\beta}^{e} \Delta_{k\gamma}^{e} \Delta_{l\delta}^{e} \\[2mm] M_{\lambda\alpha\beta\delta} = \sum_{e=1}^{M} M_{lijk} \Delta_{i\alpha}^{e} \Delta_{j\beta}^{e} \Delta_{k\gamma}^{e} \Delta_{l\delta}^{e} \\[2mm] N_{\lambda\alpha\beta\delta} = \sum_{e=1}^{M} N_{lijk} \Delta_{i\alpha}^{e} \Delta_{j\beta}^{e} \Delta_{k\gamma}^{e} \Delta_{l\delta}^{e} \end{array}\right\} \quad \alpha,\beta,\gamma,\delta=1,2,\cdots,N \qquad (6-3-34)$$

$$c_v \sum_{\alpha=1}^{N} \sum_{\beta=1}^{N} \sum_{\delta=1}^{N} Q_{\gamma\alpha\beta\delta} \rho_\alpha u_\beta T_\delta + c_v \sum_{\alpha=1}^{N} \sum_{\beta=1}^{N} \sum_{\delta=1}^{N} R_{\gamma\alpha\beta\delta} \rho_\alpha v_\beta T_\delta -$$

$$\sum_{\alpha=1}^{N} \sum_{\beta=1}^{N} B_{\gamma\alpha\varphi} u_\alpha p_\chi - \sum_{\alpha=1}^{N} \sum_{\beta=1}^{N} C_{\gamma\alpha\varphi} v_\alpha p_\chi = 0 \qquad (6-3-35)$$

$$\gamma = 1,2,\cdots,N。$$

式中

$$\left.\begin{array}{l} Q_{\gamma\alpha\beta\delta} = \sum_{e=1}^{M} Q_{lijk} \Delta_{i\alpha}^{e} \Delta_{j\beta}^{e} \Delta_{k\gamma}^{e} \Delta_{l\delta}^{e} \\[2mm] R_{\gamma\alpha\beta\delta} = \sum_{e=1}^{M} R_{lijk} \Delta_{i\alpha}^{e} \Delta_{j\beta}^{e} \Delta_{k\gamma}^{e} \Delta_{l\delta}^{e} \\[2mm] B_{\gamma\alpha\beta} = \sum_{e=1}^{M} B_{lij} \Delta_{l\lambda}^{e} \Delta_{i\alpha}^{e} \Delta_{j\beta}^{e} \\[2mm] C_{\gamma\alpha\beta\delta} = \sum_{e=1}^{M} C_{lijk} \Delta_{l\lambda}^{e} \Delta_{i\alpha}^{e} \Delta_{j\beta}^{e} \end{array}\right\} \quad \alpha,\beta,\gamma,\delta=1,2,\cdots,N \qquad (6-3-36)$$

$$\sum_{\alpha=1}^{N} S_{\gamma\alpha} p_\alpha - R \sum_{\varepsilon=1}^{N} \sum_{\beta=1}^{N} D_{\gamma\alpha\beta} \rho_\alpha T_\beta = 0, \quad \gamma=1,2,\cdots,N \qquad (6-3-37)$$

式中

$$\left.\begin{array}{l} S_{\gamma\alpha} = \sum_{e=1}^{M} S_{li} \Delta_{l\gamma}^{e} \Delta_{i\alpha}^{e} \\[2mm] D_{\gamma\alpha\beta} = \sum_{e=1}^{M} D_{lli} \Delta_{l\gamma}^{e} \Delta_{i\alpha}^{e} \Delta_{j\beta}^{e} \end{array}\right\} \quad \alpha,\varphi,\gamma=1,2,\cdots,N \qquad (6-3-38)$$

如果总体元素为 N 个,则有 $5N$ 个未知数,刚好有 $5N$ 个有限元方程,只要确定初值和边界条件方程有解。初值定为喷管出口切面,在喷管设计时已经确定。边界条件则可定为在喷流边界上喷流的静压与自由流的静压相等,即不穿透。

$$p_j = p_\infty \qquad (6-3-39)$$

　　因为喷流边界在解方程之前是未知的,虽然可以用迭代的方法,在工程上似乎不可取,太繁冗了。我们一般对喷流的主波节感兴趣。而 AIAA78-1152 给出过一个主波节长度的半经验公式和主波节末端黎曼波(Reimann wave)的直径和位置。只要已知落压比 p_j/p_∞,出口马赫数 M_j,喷管出口倾角 θ_N 和喷流的比热 γ_j 比,就能很快求出喷流边界。第一个波节在黎曼波前,之后喷流为亚音速。喷流排入大气层后,其流量会改变是因为大气要注入一部分,即

$$G_R = A_r \rho_R u_R = G_j + \Delta G \qquad (6-3-40)$$

式中,喷管流出的流量,为式(6-3-15)表示。而增加的流量与例喷口的距离成正比,由 AIAA78-1152 的公式

$$\Delta G = 1.5\pi\rho_j r_j(u_j - u_\infty)\Delta x \qquad (6-3-41)$$

式中,r 为喷流半径,x 为距喷流出口的距离。将式(6-3-15)和式(6-3-41)代入式(6-3-40)得

$$\rho_R u_R = \frac{G_e + 1.5\pi \int_0^w \rho_j r_j(u_j - u_\infty)\mathrm{d}x}{A_R} \qquad (6-3-42)$$

$$v_R = 0$$

喷流轴向平均速度 Klein-Stein-Witze 公式为

$$u_j/u_e = 1 - \exp\{1.35/(1 - x/x_e)\} \qquad (6-3-43)$$

积分限到第一个波节,需要知道它的长度 w。Prandtl 于 1904 年提出线化理论用于喷流得到一个波长的公式

$$W = 2.61 r_e \sqrt{M_e^2 - 1} \qquad (6-3-44)$$

此处 r_e,M_e 为出口处喷流半径和出口主流马赫数。这个公式的严重缺点是当出口主流马赫数为零时波长等于零,这显然与实际不符。Pack 于 1950 年,用喷流马赫数代替出口马赫数克服了这个缺点

$$W = 2.44 r_e \sqrt{M_j^2 - 1} \qquad (6-3-45)$$

1975 年 Jacob 用特征线的方法推导出与此相同的结果。然而 P.W.Carpenten 于 1978 年的工作表明式(6-3-45)中的系数不是 2.44 而是 4,即

$$W = 4 r_e \sqrt{M_j^2 - 1} \qquad (6-3-46)$$

所以现代普遍用式(6-3-46)求喷流第一节波长。剩下的问题是求解一组非线性代数方程组,可以用牛顿法、最优法等。还有变尺度法,例如 DFP(Davidon-Fletcher-Powoll)法,但就不形成病态方程而言,BFGS(Brogden-Fleitcher-Shanno)可能更好。从此可以得到喷流的速度、压力、密度和温度,那么对主流场的影响就变成已知。

作为变型设计,我们所需要的匹配参数对喷气型而言已经具备了。下节转到吸气型推进的进气道设计,当然重点在它与喷气型的匹配上,而不是本身。

三、进气道设计

进气道设计师可能都读过 J. Seddon 博士的《Intake Aerodynamics》这本书,但可能没有注意,博士对"进气道"这个名词还有一番议论。他指出美国叫"inlet",说英语的国家则叫"intake"。这种差别本质上对设计没有影响,因为它是发动机需要消耗空气而设置的。对进入发动机的气流的方式而言却有天壤之别。美国人认为是让进去的(inlet),而英国人则认为是捕获进去的(intake)。这种词义学上的差别和国家的历史渊源似乎有点儿关系,大英帝国在海外有许多殖民地,号称日不落的国家。美国则是海纳百川,只要愿意来的都欢迎。所以,一个"让",一个"捕"。我们把它翻译成进气道(当然也可以叫吸气道),避免了差别。如果与防区外导弹用吸气式推进区别火箭发动机,则改成"吸气道"似乎合适些,但没人乐意改变在飞机设计

中已经形成的习惯。本节叙述的进气道设计并非其全部,关心涉及总体的部分,给出一个进气道质量、尺寸和形状的量级概念。

气流是如何被发动机捕获进去,或者大度地让它潜入。这要看一个空气动力流管,即在进气道前面的一股气流。如图 6-62 所示,图中下标:∞指自由流;c(capture)为捕获;f(fix)为发动机最大尺寸;e(exit)为喷流出口。

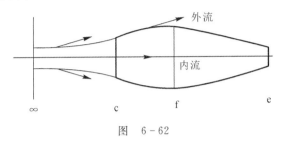

图　6-62

假定气流为亚音速进入进气道(避免激波),空气动力流管出口面积与自由流远方流管面积之比有:

$$A_\infty / A_e = [(1 - C_{pe})/(1 + kA_e^2/A_f^2)]^{1/2} \qquad (6-3-47)$$

这也是出口速度与自由流速度之比,或者流量之比。

式中 $C_{pe} = (P_e - p_e)/q_\infty$ 为出口处的静压系数。

而总压损失(出口处总压与静压之差)正比于出口速度的平方,假定系数为常数 k 则有

$$P_e - p_e = \Delta P = kq_f \qquad (6-3-48)$$

由式(6-3-47)可知,在不可压情况下空气动力管道的流量取决于出口面积。事实正如此,大的入口面积,速度小进入的流量小,而小的入口面积,速度大进入内管的流量也小,所以进入管道的流量并不能用入口面积来调节。

我们看到,对于出口面积很小的情况,kA_e^2/A_f^2)很小,式(6-3-47)成为

$$A_\infty = (1 - C_{pe})A_e \qquad (6-3-49)$$

即流管初始面积与出口面积成正比,很小的时候就等于出口面积。随着出口面积的增大,压力损失项不能忽略,其关系变为

$$A_\infty = [(1 - C_{pe})/k]^{1/2} A_e \qquad (6-3-50)$$

并有一个极限,即发动机尺寸决定为 $A_\infty = [(1 - C_{pe})/k]^{1/2} A_f$,这是不可压的情况。对高亚音速的压缩流其极限为 $A_\infty = A_c(A/A*)M_\infty$,超音速则为 $A_\infty = A_c$。有这些关系式我们可以捕获面积。其中出口面积与发动机有关,当发动机选定后它是确定的。同样进气道最大面积也由发动机的安装决定。

但是实际上可由经验先决定捕获面积,例如

$$A_c = (A_c/\dot{m})\dot{m}$$

式中,$\dot{m}$ 为发动机流量系数 $\dot{m} = 0.183 D_i^2$,单位为 lb/in^2,D_i 为发动机进口尺寸,单位 in。如果没有发动机的进口尺寸,去其最大直径的 80%。$A_c/\dot{m}$ 对亚音速大致等于 3.6。

空气动力流管内流速与切面积在质量守恒下有

$$A_\infty V_\infty = A_c V_c$$

假若选择一个速度比 V_∞/V_c 作为设计点,也可以确定捕获面积,这个比值对进气道的性能影

响可以从几个方面来分析。面积大,比值大,进入进气道内的气流总压恢复也大,出口畸变减少。但面积大迎面阻力大,临界马赫数降低。通常取 $V_\infty/V_c=2$。此时大约有 75% 的气流在进入进气道前就无损失地转变为压力头。而取 $V_\infty/V_c=2.86 \rightarrow 3.33$,则 90% 的飞行动压无损失地转为压力头,对内流有利。如果要强调外流性能,这速度比可以低至 1.66 以下。

进气道好像一个压缩机,在捕获面积之前的空气动力管道,流管的面积增大,速度减缓。进入进气道以后,速度进一步下降,为的是把动压转变为供发动机工作的压力头。这个过程称之为总压恢复,用总压恢复系数表示,定义为发动机前的总压与自由流总压之比,即

$$\eta_P = P_f/P_\infty$$

而表示进气道内压缩过程的,还有一个效率 η_σ,定义为气流压缩做的功与可以利用的动能之比,对可压缩流有

$$\eta_\sigma = \left[\left(\frac{P_f}{P_\infty} \right)^{(\gamma-1)/2} - 1 \right] / \frac{\gamma-1}{2} (M_\infty^2 - M_f^2) \qquad (6-3-51)$$

但是以上是理想的,实际还有损失,其效率用总压(或静压)损失和自由流动压之比来表示,即

$$\eta_{\sigma i} = 1 - \Delta P/q_\infty, \quad \eta_P = 1 - \Delta p/q_\infty$$

它导致发动机推力损失,其间的关系与发动机性能有关,用一个大于 1 系数来表示,通常为 1.5。引起总压损失的原因有:进气道管壁摩擦,气流分离产生的紊流以及激波。然而确定总压恢复还要与进气道阻力权衡,因为前者与推力有关,而推力系进气道内流(由发动机)产生的沿飞行方向的力,而阻力也是由内流产生,但它的方向与飞行方向相反。但是我们要定义哪些作为推力损失,哪些作为阻力,虽然最后都影响到飞行速度。这里一个基本的原则是,每一项考虑也只能考虑一次。这在导弹设计上称之为推力和阻力归类(thrust - drag bookkeeping),或者叫做簿记更为贴切一些。为何要做这项工作,因为一台吸气式发动机安装到飞行器上以后,其推力并不等于发动机出厂在台架上测试到的推力,需要扣除损失。然而有时会在阻力计算中重复。

四、推力-阻力-归类

初看起来推力就是推力,阻力就是阻力,有什么归类(或者簿记)的需要。其实不然。推力和阻力相互之间的作用比较复杂,使得很难保证计算这些力的时候分清每一种仅仅计算了一次。往往在型号研制进程中,发现有一些阻力未计算,有一些推力损失没计算,即两边都遗漏了,或者两边都计算过,产生了重复。起因是对推力损失和阻力的定义有含糊之处。我们在进行导弹总体设计的时候,吸气式发动机选用货架产品。在发动机样本上标识了发动机的推力,这个推力称之为制造厂商的非安装推力(uninstalled engine thrust)。它是在制造厂台架上,用工艺进气道和喷管测得的推力(耗油率仅适用这个推力),其总压恢复系数,畸变指数均与实际有差别。将发动机安装到导弹上以后,要做一些修正。此时进气道和喷管与工艺进气道和喷管不同,为该型导弹专用,称为设计进气道和喷管。所以,总压恢复系数与畸变指数是真实的(经计算和风洞试验),同时考虑了引起产生的推力损失。但这个推力仍然不能用于性能计算,还需要计算进气道阻力,喷管阻力以及调节喉道的配平阻力。这些修正值需从非安装推力(出厂推力)中扣除。此时的推力称之为安装净推力(installed net propulsive force)。我们发现依据上述修正,没有指明哪些属于推力损失,哪些是阻力。有一个原则为型号研制单位共识,那就是判断的推力和阻力的依据在引起了改变的原因是不是进气道喉道调节有关。肯定则归类于推力,否定则归类于阻力,即依据节流进行判断。例如,喷管阻力如果是在喷管全打

开情况下,这作为空气动力阻力来考虑,如果是喷管张开程度改变引起的,则归类于推力。

安装推力既然是经过修正得到的,我们就必须了解非安装推力是如何得到的。为此,发动机制造商有一些约定。对亚音速发动机总压恢复系数取 1,即发动机入口处的总压与自由流总压相等,对超音速军用飞机上的发动机则根据军用标准里提供的公式确定。而发动机引流(用于其他系统的能源)、畸变和功率损失一般不予考虑。喷管则采用制造商的工艺喷管。这样得到的发动机性能参数载明于发动机说明书上。

美军标 MIL－E－5008B 规定用下面公式计算总压恢复系数与马赫数的关系:

$$\left(\frac{P_1}{P_0}\right) - 1 - 0.075 \left(M_\infty - 1\right)^{1.35} \tag{6-3-52}$$

然而对不同型式的进气道,实际关系与上述公式有差异。在总体设计时可不予考虑,详细的系统设计时,应该用更精确的公式和风洞试验予以确认。实际的总压恢复求出以后,就可以计算推力损失了,即

$$\Delta T / T = C_{\mathrm{ram}} \left[\left(\frac{P_1}{P_0}\right) - \left(\frac{P_1}{P_0}\right)_{\mathrm{actual}} \right] \tag{6-3-53}$$

式中,系数对亚音速等于 1.35,对超音速的计算公式为

$$C_{\mathrm{ram}} \approx 1.35 - 0.15(M_\infty - 1) \tag{6-3-54}$$

从发动机引气(导弹中很少见)引起的推力损失百分比,正比于引气百分比,用一个系数考虑,通常由发动机制造商在说明书中规定。一般的只会引出 $1\% \sim 5\%$ 流量的气体,初步计算时引气系数可以为 2。

推力的产生系由动量改变,即上游无穷远处自由流和喷流下游无穷远处两个切面动量之差,故

$$T_0 = \rho_{\mathrm{j}} V_{\mathrm{j}} A_{\mathrm{j}} - \rho_{\mathrm{e}} V_{\mathrm{e}} A_{\mathrm{e}} \tag{6-3-55}$$

实际并不如此,因为在出口处有一部分外流加入,也就是说前面捕获的气流跑掉了一部分,根据连续介质的概念这部分气流在尾迹中加入进来。所以真实的推力应该是

$$T_1 = \left[(p_{\mathrm{e}} - p_\infty) + \rho_{\mathrm{e}} V_{\mathrm{e}}^2 \right] A_{\mathrm{e}} - \left[(p_{\mathrm{c}} - p_\infty) + \rho_{\mathrm{c}} V_{\mathrm{c}}^2 \right] A_{\mathrm{c}} \tag{6-3-56}$$

但是飞行器设计师和发动机设计师共识的推力,只包括上游和出口两个切面之间动量的变化,故得到标准的净推力(net standard thrust)作为实际应用,即

$$T_{\mathrm{N}} = \left[(p_{\mathrm{c}} - p_\infty) + \rho_{\mathrm{c}} V_\infty^2 \right] A_{\mathrm{c}} - \rho_\infty V_\infty^2 A_\infty \tag{6-3-57}$$

式(6-3-36)右边第一项称为毛推力(gross thrust),第二项为动量阻力(momentum drag)。真实推力和标准净推力之间的差别,说明存在一个力,好像是预先加入进去的。果然如此,因为我们以为空气动力流管上游来的气流全部进入了进气道,其实它是从进口处溜走了。英国人把这部分力叫做"预置阻力"(pre－entry drag),美国人叫做"附加阻力"(additive drag)。不管他们怎么说,我们同意进气道外部阻力由三部分组成,即

$$D = D_{\mathrm{f}} + D_{\mathrm{p}} + D_{\mathrm{pre}} \tag{6-3-58}$$

为简洁起见,我们把前两项加起来分成全流态,即捕获切面与上游自由流切面一样大,即气流完全进入进气道的情况和不相等的两部分,于是式(6-3-57)成为

$$D = (D_{\mathrm{f}} + D_{\mathrm{p}})_0 + \Delta D_0 + D_{\mathrm{pre}}$$

式中,后两项合拼叫做溢流阻力(spilling drag)

$$D_{\mathrm{spill}} = D_{\mathrm{pre}} + \Delta D_0 \tag{6-3-59}$$

有时为了增加防区外导弹的防区外距离而又不减少防区内的搜索面积,发动机作为一个

短舱暴露在气流中不失为一种可行的设计方案。短舱为圆形头部然后光滑过度到最大切面。当不出现激波的亚临界状态,进气道形状阻力可以用接近雷诺数下的平板摩擦阻力乘一个系数得到。Standhope 建议系数为 $\left(\dfrac{C_D}{C_f}\right)^{0.6}$ 并做过验证。系数是短舱尺度的函数

对无溢流
$$\left(\frac{C_D}{C_f}\right)^{0.6} = 1 + 0.33\,\frac{(d_m - d_0)}{l} \tag{6-3-60}$$

有溢流修正为
$$\left(\frac{C_D}{C_f}\right)^{0.6} = 1 + 0.33\,\frac{(d_m - d_0)}{l}\left[1 + 1.75\,\frac{(A_c - A_\infty)}{(A_m - A_c)}\right] \tag{6-3-61}$$

这是因为亚音速飞行时,流量系数远低于1,故要附加溢流阻力。但是溢流过度的增加会使外部气流分离,这和内部气流分离类似。所以外部的形状要设计的好一些,主要是唇部曲率半径,不超出临界流量的曲率半径是

$$\frac{\rho}{d_m} = 0.1365\,\frac{(1 - d_c/d_m)^2}{l/d_{\text{iii}}} \tag{6-3-62}$$

关于进气道唇口形状,已经发展了成熟的系列,如美国的 NACA-1,NACA-2,英国的 Rolls-Royce/ARE 系列。在我国出版的设计手册中可以查到数据。

对于导弹突防成功率高,希望导弹的飞行速度大。过度高速将会在短舱的音速线前移,而出现超音速区,增加了阻力是我们不希望的。所以,要按亚临界状态设计进气道。利用动量原理可以推导出亚临界的设计条件。动量转化的推力为

$$\frac{F}{q_\infty A_c} = \left(1 - \frac{V_c}{V_\infty}\right)^2 = \left(1 - \frac{A_c}{A_\infty}\right)^2 \tag{6-3-63}$$

取外罩表面局部点的压力系数,它相应于局部速度为

$$C_p = 1 - \left(\frac{V}{V_\infty}\right)^2 \tag{6-3-64}$$

用 C_{ps} 表示实际气流音速点处的压力系数,则保证在这个最小压力点前有足够大面积产生吸力的条件是

$$\frac{A_m}{A_\infty} = 1 + \frac{\left(1 - \dfrac{A_\infty}{A_c}\right)^2}{-C_{ps}} \tag{6-3-65}$$

这样做为的是进气道有足够高的阻力发散马赫数。Kuchemann 和 Weber 于1853年推导出更复杂一点的公式

$$\frac{A_m}{A_c} = 1 + \frac{(\gamma M_\infty^2/2)(F/q_\infty A_c)}{1 - \left\{1 + \dfrac{\gamma-1}{2}M_\infty^2\left[1 - \left(\dfrac{V_{\max}}{V_\infty}\right)\right]\right\}^{\gamma/(\gamma-1)}} \tag{6-3-66}$$

相应的推力为

$$\frac{F}{q_\infty A_c} = 2\,\frac{V_c}{V_\infty}\left(\frac{V_c}{V_\infty} - 1\right)\left\{1 + \frac{\gamma-1}{2}M_\infty^2\left[1 - \left(\frac{V_c}{v_\infty}\right)^2\right]\right\}^{1/(\gamma-1)} +$$
$$\frac{2}{\gamma M_\infty^2}\left\{\left[1 + \frac{\gamma-1}{2}M_\infty^2\left\{1 - \left(\frac{V_c}{V_\infty}\right)^2\right\}\right]^{\gamma/(\gamma-1)} - 1\right\} \tag{6-3-67}$$

这是亚临界设计状态,不发生阻力发散。

第7章　防区外导弹外形设计举例

本章就防区外导弹外形设计举一实例。

该例导弹的战术技术指标:①导弹长度<1 m;②质量<50 kg;③巡航高度300～600 m;④巡航速度 Ma 0.4±0.1;⑤巡航飞行时间≥30 min;⑥巡航飞行距离≥160 km;⑦最大攻击范围50 km²;⑧攻击目标坦克一类地面固定、活动和可移动目标;⑨装微型涡轮喷气发动机;⑩多模战斗部;⑪光电末制导。

该巡飞弹的飞行剖面如图7-1所示。

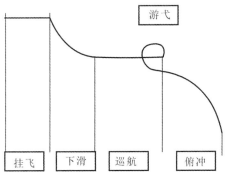

图7-1　巡飞弹飞行剖面图

第1节　总体参数计算

一、推重比

巡航段系无加速度的水平飞行,故推力等于阻力,升力等于质量。此时推重比等于升阻比的倒数,即

$$(T/W)_{23} = \frac{1}{(L/D)_{23}} \tag{7-1-1}$$

但是升阻比决定于导弹的气动布局,而亚音速飞行器升阻比与弹翼展长和导弹浸湿面积密切相关。因为水平飞行时升力是已知的,它必须等于质量。于是升阻比仅由阻力决定。阻力有两项:升力诱导的阻力和零升阻力。前者与展长有关,后者取决于浸湿面积。对于亚音速飞行器,用展弦比计算升阻比的主要问题是没有考虑浸湿面积的影响。我们知道,展弦比是展长平方除以机翼参考面积。如果把参考面积改为浸湿面积,就得到一个新的参数 b^2/S_{wet} 叫做浸湿

展弦比。浸湿展弦比等于展弦比除以浸湿面积比参考面积的倍数。这样我们可以利用统计表格来求升阻比。一般浸湿面积是参考面积的 3 到 8 倍。概念设计时可以利用下列图表"毛估估"这个比值,我们暂取 8。如果展弦比取 8,浸湿展弦比为 1.3,由图表可查出最大升阻比 14 ～ 16。我们暂且用 7。

巡航时用 0.866 最大升阻比,即 $(L/D)_{23} = 6$,则 $(T/W)_{23} = 0.167$。游弋段用最大升阻比,以保证最大航时。巡飞弹在游弋过程中可能要爬升,如用 15° 倾角爬,则推重比为

$$(T/W)_{34} = \frac{1}{(L/D)_{34}} + \sin\gamma \qquad (7-1-2)$$

算出为 0.402。按设计经验,匹配的推重比符合公式

$$T/W - A\, M_{\max}^C \qquad (7-1-3)$$

导弹(我们采用飞机外形)相当于军用运输机和轰炸机(见表 7-1-1),其系数 $A = 0.244$,$C = 0.341$,代入算出推重比为 0.178,基本匹配。所以我们可以初步估计巡飞弹巡航时发动机的推力为 8 kgf 左右。如果巡飞弹游弋时需要爬升,推力为 20 kgf 左右,则发动机要能在两种推力下工作,例如改变转速。

表　7-1-1

$T/W = A\, M_{\max}^C$	A	C
喷气教练机	0.488	0.728
喷气战斗机(格斗)	0.648	0.594
喷气战斗机(其他)	0.514	0.141
军用运输机 / 轰炸机	0.244	0.341
喷气运输机	0.267	0.363

二、翼载

翼载的确定要考虑好几种情况:失速(最大升力系数)、巡航、游弋、转弯、爬升与下滑、升限等。对于飞航式导弹,一般取 5 000 ～ 6 000 N/m²。

(1) 按失速速度计算翼载,有

$$W/S = \frac{1}{2}\rho V_{\text{stall}}^2 C_{\text{Lmax}} \qquad (7-1-4)$$

如果取最大升力系数为 1,失速速度为 100 m/s,则翼载为 6 130 N/m²。

(2) 按游弋状态计算翼载,有

$$W/S = q\sqrt{\pi A e C_{\text{D}_0}} \qquad (7-1-5)$$

低高度游弋(300 m,密度 0.121),速度取上限 $0.5Ma$ 时为大动压(17 152 N/m²),零阻系数取 0.032(参考机翼面积),Oswald 效率系数 e 暂取 0.8,计算出翼载为 4 584 N/m²。高高度(600 m,密度 0.118)游弋,速度取下限 $0.3Ma$ 时为小动压(6 021 N/m²)。分别计算出翼载为 13 757 N/m² 和 4 828 N/m²。

(3) 按巡航状态计算翼载,有

$$W/S = q\sqrt{\pi A e C_{D_0}/3} \tag{7-1-6}$$

显然对两种动压的翼载分别为 7 943 N/m² 和 2 767 N/m²。

（4）按转弯计算翼载，有

$$W/S = \frac{q C_{L\max}}{n_Y} \tag{7-1-7}$$

此类导弹的法向过载 3～4，最大 4.5，取 3。对两种动压，翼载分别为 5 717 N/m² 和 2 007 N/m²。但推重比需要校核，

$$T/W \geqslant 2n\sqrt{\frac{C_{D_0}}{\pi A e}} \tag{7-1-8}$$

代入参数计算得推重比大于 0.24。

（5）按持续转弯或盘旋计算翼载，有

$$W/S = q\sqrt{\pi A e C_{D_0}}/n \tag{7-1-9}$$

如过载分别取 2,3,4，对应两种动压的翼载见表 7-1-2，单位 N/m²。

表　7-1-2

q n	2	3	4
17 152	6 879	4 586	3 440
6 021	2 414	1 609	1 207

（6）按爬升与下滑计算翼载，有

$$W/S = \frac{[(T/W)-G] \pm \sqrt{[(T/W)-G]^2 - (4C_{D_0}/\pi A e)}}{2/q\pi A e} \tag{7-1-10}$$

此处只有爬升率 G 需要确定，其定义为推力减阻力除以质量，很显然等于 $\sin\gamma$。假定导弹以 10° 倾角爬升，则 G=0.174。如过载 1.5 对动压 17 152 N/m² 和 6 021 N/m² 的翼载分别为 33 900 N 和 12 644 N/m²。

此时要求推重比

$$T/W \geqslant G + 2n\sqrt{\frac{C_{D_0}}{\pi A e}} \tag{7-1-11}$$

代入参数得 0.294。

翼载会影响到导弹结构质量和成本，小翼载得到大的弹翼面积，因此增加了结构质量和成本。但导弹的结构质量增加的成本在全弹成本中的比例不大，所以我们偏重于选择中等偏小的翼载是合适的。如选 5 000 N/m²，则弹翼面积 S=0.098 1 m²，展长 $b=\sqrt{AS}=0.886$ m（展弦比 A=8）。我们还可以用权衡研究的方法来决定翼载。由上面计算可知，翼载变化范围很大，见表 7-1-3。从表中选出 3～4 个点，重复上面的计算。

表　7-1-3

失速	游弋	巡航	转弯($n=3$)	盘旋($n=2$)	盘旋($n=3$)	盘旋($n=4$)	爬升($n=4$)	动压
6 130	13 757	7 943	5 717	6 879	4 586	3 440	33 900	17 152
/	4 828	2 767	2 007	2 414	1 609	1 207	8 476	12 644

三、防区外距离和搜索面积

巡飞导弹以速度 V 飞行,其上传感器(激光、电视、红外)的波束角为 φ,以 θ 角照射,在地面形成一个椭圆"脚印"(见图 7-2),长短轴分别为

$$2a = h[\cot(\theta - \varphi/2) - \cot(\theta + \varphi/2)]$$
$$2b = 2\pi(h/\sin\theta)\varphi/360$$

$$(7-1-12)$$

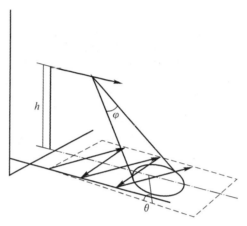

图 7-2　雷达向地面照射图

式中,h 为巡飞弹飞行高度。巡飞导弹向前飞行时,传感器光轴在方位上搜索,则"脚印"随之偏移。这样就增加了扫过的面积,可以用光轴合成速度积分求出。由于被积函数出现平方根比较麻烦。这里把增加的面积简化成两个三角形的面积,三角形的高等于底边为传感器一个扫描周期飞过的距离。这样处理扩大了搜索的区域,因为有重叠面积被计入。传感器扫描一个周期所覆盖的有效面积应该是椭圆脚印的包络线,可近似等于一个椭圆,其长轴为一个扫描周期飞过的距离,短轴为 $(2\pi h/\sin\theta)(\dot\varphi t/360)$。

这里分析的是激光、雷达等发出波束的传感器。而对于电视摄像机利用矩形芯片接受目标信号的,要用视场的概念。芯片上感受的是地面一个梯形面积上的图像,如图 7-3 所示。

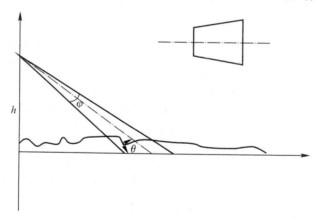

图 7-3　电视摄像机对地面照射图

设飞行高度为 h,俯仰视场角为 ϑ,方位视场为 φ,照射角为 θ,则可求出梯形上下边和高

上边
$$c_1 = 2\left[h/\sin\left(\theta - \frac{\vartheta}{2}\right)\right]\tan\frac{\varphi}{2} + d \tag{7-1-13}$$

下边
$$c_2 = 2\left[h/\sin\left(\theta + \frac{\vartheta}{2}\right)\right]\tan\frac{\varphi}{2} + d \tag{7-1-14}$$

高
$$b = h\left[\cot\left(\theta - \frac{\vartheta}{2}\right) - \cot\left(\theta + \frac{\vartheta}{2}\right)\right] \tag{7-1-15}$$

梯形面积
$$s = (c_1 + c_2)b/2 \tag{7-1-16}$$

式中,d 为 CCD 芯片宽度。显然照射角必须大于二分之一视场角,否则没有意义。因为脚印为无穷大。

飞行高度、照射距离、照射角之间有
$$R = h/\sin\theta$$

表　7-1-4

θ	5°	10°	20°	30°
$h = 300$ m	3 442 m	1 728 m	877 m	600 m
$h = 600$ m	6 884 m	3 456 m	1 754 m	1 200 m

可以把照射距离作为传感器的作用距离,因此有
$$R = \frac{\sqrt{A}}{n_{\mathrm{T}}\alpha} \tag{7-1-17}$$

式中,A 为目标投影面积;n_{T} 为对应的电视线周数;α 为空间分辨率。

由表 7-1-4 分析,除开 5° 照射角的情况。我们选取 3 500 m 和 1 000 m 作为电视导引头的探测距离和识别距离是合适的。在设计系统之前,还必须确定电视摄像头的电荷偶合器 CCD 的尺寸。通常有 2/3 in,1/1.8 in,1/2.7 in,1/3.2 in 等十余种尺寸,标志芯片对角线的长度,以英寸计。在导弹上常用的是 1/3 in,更小一点的芯片 1/4 in,1/5 in 也已开发出来并商品化了。小尺寸是巡飞导弹追求的,所以先选 1/4 in。决定导引头分辨率的是芯片的像素 (pixel),愈多则分辨率愈高。38 万像素以上即为高分辨率。国内 1/3 in 芯片的有效像素为 512×512 仅 28 万,如果用实际的像素 760×600 则有 45 万。我们暂且认为 1/4 in 能够作到 512×512,如果配合好一点的镜头则得到好一点的成像灵敏度,满足黑白摄像机 0.02 ~ 0.05Lux 的要求。下面计算传感器指标(电视摄像机):

目标尺寸:6 400 mm × 3 300 mm × 2 000 mm;

探测距离:3 500 m(80% 概率);

识别距离:1 000 m(95% 概率)。

1/4 inCCD,像素 512×512,芯片尺寸 3.2 mm × 2.4 mm,像素尺寸 4.17 μm × 1.87 μm。

由式(7-1-17)求出空间分辨率
$$\alpha = \frac{1}{3\ 500}\frac{\sqrt{6.4 \times 3.2}}{1.5} = 0.87 \text{ mrad} \tag{7-1-18}$$

焦距
$$f = \frac{4.17}{0.87} = 4.79 \text{ mm} \tag{7-1-19}$$

方位视场 $\quad\quad\quad\quad\quad\quad\quad \varphi = 2\arctan(2.4/2/4.79) = 28° \quad\quad\quad\quad\quad (7-1-20)$

俯仰视场 $\quad\quad\quad\quad\quad\quad\quad \vartheta = 2\arctan(3.2/2/4.79) = 37° \quad\quad\quad\quad\quad (7-1-21)$

对于 1 km 的识别距离其空间分辨率

$$\alpha = \frac{1}{1000} \frac{\sqrt{6.4 \times 3.2}}{7} = 0.66 \text{ mrad} \quad\quad\quad\quad\quad (7-1-22)$$

焦距 $f = 9.43$ mm；方位视场 $\varphi = 14.5$；俯仰视场 $\vartheta = 19.3°$。

这是对侧面攻击的情况，正面和尾追因目标的投影面积不同（3.3 m × 2 m），以上数据则有变化。此处不做分析。

求出视场以后，传感器照射到地面的"脚印"就确定了，搜索给定面积所需时间便可求出。将照射角、俯仰和方位视场数据 30°，37°，28° 代入，求出脚印面积为

$$s = 4.57h^2 + 12.93h \quad\quad\quad\quad\quad (7-1-23)$$

飞行高度 $h = 300$ m，600 m 的面积为 411 300 m² 和 1 645 200 m² 合 0.41 km²，1.65 km²。由此可以看出没有必要选这么大的视场。假如我们用 3 500 m 的识别距离，分辨率要求提高了，相应的视场也缩小了，如

空间分辨率 $\quad\quad\quad\quad\quad\quad \alpha = \frac{1}{3500} \frac{\sqrt{6.4 \times 3.2}}{7} = 0.186 \text{ mrad}$

焦距 $\quad\quad\quad\quad\quad\quad\quad\quad\quad f = \frac{4.17}{0.186} = 22.4 \text{ mm}$

方位视场 $\quad\quad\quad\quad\quad\quad\quad \varphi = 2\arctan(2.4/2/22.4) = 6.13°$

俯仰视场 $\quad\quad\quad\quad\quad\quad\quad \vartheta = 2\arctan(3.2/2/22.4) = 8.17°$

脚印为一梯形，其上边、下边、高和面积对飞行高度的关系，对照射角 10°，20°，30°，飞行高度 300 m，600 m 之脚印面积见表 7-1-5。

表 7-1-5

θ h	10°	20°	30°
300 m	180 000 m²	14 400 m²	7 650 m²
600 m	720 000 m²	57 600 m²	30 600 m²
梯形上边 c_1	0.507 h	0.192 h	0.129 h
梯形下边 c_2	0.219 h	0.130 h	0.093 h
梯形高 b	5.50 h	1.24 h	0.77 h
梯形面积 s	2.00 $h \times h$	0.16 $h \times h$	0.085 $h \times h$

那么扫过 50 km² 需要多少时间？这要依摄像机扫描方式而定。有两种方式：推帚式和摆动式。前者如同用扫帚扫街一样，沿着飞行方向推过去。后者摄象机做摆动（方位）和摇动（俯仰），通常只有摆动。一般是将两种方式结合起来，我们就准备这样做。

设探测给定搜索面积 S 所需的时间为 T，导弹飞行速度为 V，摄像机脚印面积为 s，场周期为 t，则有

$$T = \frac{S}{s}t \tag{7-1-24}$$

似乎与飞行速度无关,这是没有计及脚印重叠造成的。我们知道,只有当飞行速度和场周期匹配时,才不会有重叠。也就是说场周期正好等于导弹飞过梯形高的时间。即使如此,搜索面积的形状也会使搜索重叠或者遗漏。假定以等效矩形沿飞行方向推进,等效矩形的面积与脚印相同。不难求出等效矩形以梯形高为一边,另一边为梯形中线。于是搜索给定面积的时间为

$$T = 2\frac{(S-s)}{(c_1+c_2)V} \tag{7-1-25}$$

再把 $20°$ 照射角、飞行速度 $0.4\mathrm{Ma}=136$ m/s、高度 600 m 代入 $T=7\,602$ s 结果令人沮丧,要花两个小时,本案是做不到的。仔细分析是由于重叠过于多了,实际搜索给定区域,就像用脚印丈量一样。每踏一个脚印,花费飞过梯形高的距离就没有重复了。在我们的算例中,高等于 1.24 h,合 744 m。飞越它需要 $744/136=5.47$ s。

由此得到搜索给定区域的时间为

$$T = \frac{b}{V}\frac{S}{s} \tag{7-1-26}$$

代入数据得 $T=4\,748$ s,也相当可观。于是要扩大视场和采取摆动的方式。但是摆动速度对信号的建立有很大影响,如图 $7-4$ 所示。一般取 $5°$/s。有效信号 83%,我们在计算搜索时间上予以考虑。重新计算了下列一组数据。

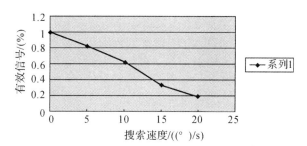

图 7-4 有效信号与搜索速度的关系

空间分辨率 $\qquad \alpha = \dfrac{1}{3000}\dfrac{\sqrt{6.4\times3.2}}{7} = 0.215$ mrad

焦距 $\qquad f = \dfrac{4.17}{0.215} = 19.4$ mm

方位视场 $\qquad \varphi = 2\arctan(2.4/2/19.4) = 7.08°$

俯仰视场 $\qquad \vartheta = 2\arctan(3.2/2/19.4) = 9.43°$

设照射角为 $20°$,摆动速度为 $5°$/s,摆动范围 $\pm20°$,则

$$c_1 = 2\left[\frac{600}{\sin(20-9.43/2)}\right]\tan(7.6/2) = 300 \text{ m}$$

$$c_2 = 2\left[\frac{600}{\sin(20+9.43/2)}\right]\tan(7.6/2) = 192 \text{ m}$$

$$b = 600\left[\cot(20-9.43/2) - \cot(20+9.43/2)\right] = 894 \text{ m}$$

$$s = \frac{300 + 192}{2} \times 894 = 219\ 924\ \text{m}^2$$

计算出脚印梯形上边为 300 m, 下边为 192 m, 高为 894 m, 面积为 219 924 m²。搜索 50 km² 面积需要 1 496 s, 约 24 min。再加点摆动时间还会缩短。搜索周期为

$$T_s = 4(20 - \varphi/2)/5 = 12.96\ \text{s} \tag{7-1-27}$$

脚印横向移动的最大距离

$$L_p = 2\pi \frac{h}{\sin\theta} \frac{\varphi_{max} - \varphi/2}{360} = 0.827\ h = 496.2\ \text{m} \tag{7-1-28}$$

1/4 周期飞过的距离为 $B = 136 \times 12.96/4 = 441\ \text{m}$。

下面计算电视摄像机在做前飞和摆动时, 其脚印在地面扫过的面积。初看起来似乎只要计算一个 1/4 周期就可以了, 但仔细分析能发现在下一个 1/4 周期会重复上一个周期已经扫过的地方, 不能计入有效面积。参照图 2-17, 粗实线表示脚印, 脚印四个顶点计以 m, n, p, q。细实线表示脚印运动轨迹, 内部数字表示脚印的状态, 0, 1, 2, 3, 4 分别表示初始、第一个 1/4 周期终点, 第二周期钟点, ……, 在下面的公式中则以脚注区别。

第一个 1/4 周期扫过的面积为 $\quad s_0 = s_{01} + s_{02} + s_{03} \tag{7-1-29}$

式中第一项为脚印面积 $s_{01} = (c_1 + c_2)b/2$

第二项为平行四边形 $\overline{m_0 m_1 n_0 n_1}$ 的面积 $s_{02} = c_1 * B$

第三项为平行四边形 $\overline{n_0 n_1 q_0 q_1}$ 的面积, 求解要麻烦一些。

$$s_{03} = (q_0 q_1) 2\tan\angle n_0 q_0 q_1$$

$$\overline{n_0 q_0} = \sqrt{\left(\frac{c_1 - c_2}{2}\right)^2 + b^2}$$

$$\angle q_1 q_0 l = \arctan\frac{V}{u}$$

$$u = 4L_p/T_S$$

$$\angle m_0 n_0 q_0 = \arctan\frac{2b}{c_1 - c_2}$$

$$\angle m_0 n_0 q_1 = \angle n_0 q_0 l - \angle q_1 q_0 l$$

$$\overline{q_0 q_1} = L_P * \tan g \angle q_1 q_0 l$$

第二个 1/4 周期脚印扫过的有效面积应该减去重叠的面积, 只是增加了第一个平行四边形面积和 1/2 第二个平行四边面积。第三个周期则增加两个平行四边面积, 第四个周期与第一个周期增加同样的面积, 如此类推有

$$s = \sum s_{01} + s_{02} + s_{03} + s_{02} + \frac{1}{2}s_{03} + s_{02} + s_{03} + s_{02} + \frac{1}{2}s_{03} + \cdots$$
$$= s_{01} + ns_{02} + \frac{3}{4}ns_{03} \tag{7-1-30}$$

搜索给定面积需要的时间

$$t = nT_s/4$$

$$n = (s_s - s_{01})/\left(s_{02} + \frac{3}{4}s_{03}\right)$$

由此可以看出战术技术指标中既给定搜索面积又规定巡飞时间是不协调的,事实上只要给定搜索面积,巡飞时间可以设计出来。即对飞行速度和高度、传感器的照射角、视场、搜索方式,摄像机摆动角度和速度等参数进行权衡研究予以确定。

代入原始数据,计算结果如下:

$$s_{01} = 219\,924\ \text{m}^2$$
$$s_{02} = 132\,300\ \text{m}^2$$
$$s_{03} = 190\,690\ \text{m}^2$$
$$n = 187$$
$$t = 606\ \text{s}$$

由此可知,用本报告设计的方案搜索 50 km² 的地区需要 10 min,考虑到摄像机摆动时有效信号减少(5 °/s,则有效信号只有 83%)和识别中的气馁因子、拥挤因子的影响,将搜索时间放长一些是合适的,比如定 15 min。如果一定要 30 min,则可以重新设计传感器的参数和搜索方式。但巡飞时间增加,导弹的生存力降低,导弹的质量亦需要增加。我们暂时确定防区外距离 70 km,搜索面积 50 km² 用 15 min 来确定导弹的质量。

第 2 节　导弹质量计算

一、燃油质量

巡飞弹任务剖面的两个主要段为巡航与游弋,分别求出其燃油质量。

巡航段

$$\frac{W_3}{W_2} = \exp \frac{-RC}{V(L/D)} \tag{7-2-1}$$

游弋段

$$\frac{W_4}{W_3} = \exp \frac{-EC}{L/D} \tag{7-2-2}$$

原战术技术指标射程为 160 km,游弋时间为 30 min,但没有明确是否叠加。如果它表示单独的要求都要满足,则计算结果并不乐观。这里需要对航程和航时进行权衡。引入参数 $\overline{W}$ 表示巡航段质量系数与游弋段质量系数之积,即

$$\overline{W} = \frac{W_3}{W_2} \frac{W_4}{W_3}$$

式(7-2-1)与式(7-2-2)合并为

$$1.155 R/V + E = C_1 \tag{7-2-3}$$

$$C_1 = -\frac{L/D}{C} \ln(\overline{W}) \tag{7-2-4}$$

注意游弋与巡航所用升阻比不同,游弋用最大,巡航用其 0.866,是因为倾斜转弯时要损失升力。倾斜 30° 即 0.866。战术技术指标中航程 160 km 和航时 30 min 的要求不够明确。

我们在战斗效能分析中已经得出结论,希望以 70 km 的防区外距离,30 min 的游弋时间来完成任务。

表 7 - 2 - 1

搜索面积/km²	25	50	75	93.75	100
搜索时间/min	8	16	24	30	32
游弋段系数	0.963	0.928	0.894	0.868	0.809
巡航段系数	0.934	0.969	/	/	/
防区外距离/km	153	71	/	/	/

从表 7 - 2 - 1 中我们看到搜索 50 km² 只要 16 min,而防区外距离达 71 km。这两段的质量系数分别为 0.969 和 0.928,合成为 0.899。加上下滑和俯冲两段,燃料系数为 11%,是可以接受的。

二、导弹结构质量

弹翼质量系数与其结构型式、平面形状、相对厚度以及承受的过载有关,计算公式为

$$W_{\text{wing}} = 0.0051 (W_{\text{dg}} N_Z)^{0.557} S_W^{0.649} A^{0.5} (t/c)_{\text{root}}^{-0.4} (\cos \Lambda)^{-0.1} S_{\text{csw}}^{0.1} \qquad (7 - 2 - 5)$$

这个公式太复杂了,它是用来计算飞机机翼的。还有弹身、控制面和推进系统安装的质量系数计算公式。在导弹概念设计阶段可先假定一个结构质量系数,一般取 18% ~ 22%。这里取 20%。

三、导弹质量

导弹发射质量

$$W_0 = W_p + W_a + \left(\frac{W_s}{W_0} + \frac{W_f}{W_0}\right) W_0 \qquad (7 - 2 - 6)$$

式中,W_p 为有效载荷质量,有效载荷的概念在工程计算上有些差别。有的专指战斗部质量,有的却把制导系统列入。质量系数计算方法是从飞机设计中套用的,而飞机设计把乘员质量单列。导弹上没有乘员,其是由制导系统执行,故出现了两种意见。我们此地不将乘员算为有效系统只做为设备。但巡飞导弹还有侦察的任务,侦察设备也是有效载荷。麻烦的是很难从制导系统中抽取出来。W_a 为弹载设备质量。$\left(\dfrac{W_f}{W_0}\right)$ 为燃油质量系数。有效载荷 $W_p = 8$ kg。

W_a 由导引头、控制系统、推进系统、电气系统、结构和数传组成,分别为 11 kg,6 kg,4.5 kg,3.5 kg,3 kg。燃油消耗有 4 个阶段:从载机上启动下滑、巡航、游弋、俯冲。将式(7 - 2 - 6)变换成

$$W_0 = \frac{W_p + W_a}{1 - (W_s/W_0 + W_f/W_0)} \qquad (7 - 2 - 7)$$

而燃油系数 $W_f/W_0 = 1.06(1 - W_f/W_0)$ 下滑段取 0.995,俯冲段亦取 0.995,而巡航和游弋已计算为 0.969 和 0.928。燃油质量系数等于 0.116。

有效载荷取 8 kg,设备质量为 27 kg,结构质量系数取 0.20,则计算得发射质量为 51 kg。

第 3 节　　确定导弹外形尺寸

根据统计,导弹密度与导弹弹身直径有一定关系。直径在 $20 \sim 25$ cm 导弹的密度为 $1.3 \sim 1.5$。所谓导弹密度为导弹质量除以导弹体积,单位是 g/cm^3。导弹体积可以定义为弹身横切面乘以长度。选定密度为 1.5,则体积为 35 200 cm^3。由于巡飞弹长度要小于 1 m,故取 98 cm,横切面为 359 cm^2。弹身设计成 200 mm × 200 mm 矩形切面,则密度为 1.34 也是符合统计规律的。在正式设计时可以保持切面积不变,设计成梯形或船底形。

一、弹翼尺寸

决定弹翼气动力特性的几何参数有:展弦比、梯形比、前缘后掠角。巡飞弹系低速、要求较大航程和较长航时。所以希望有比较大的升阻比,我们已经确定为 8,因为尺寸的限制,用了较大的浸湿面积,零阻小不了,只有尽量减少诱导阻力。低速导弹弹翼载荷沿展向成椭圆分布时,诱导阻力最小。理论上只有椭圆机翼的载荷为椭圆分布,而矩形机翼和尖削比 0.5 的机翼载荷分布接近椭圆,有文献统计了一些飞机的 1/4 弦长的后掠角和尖削比的关系,并且计算了一条以这两个参数为坐标的曲线,落在线上的平面形状机翼的载荷近似椭圆分布,我们可以借鉴这条曲线来设计巡飞弹弹翼的平面形状。展弦比和弹翼面积前面已经求出,故其展长

$$s = \sqrt{AS} = 0.886 \text{ m} \qquad (7-3-1)$$

因为是低速飞行器可以用平直机翼,故取 1/4 弦后掠角为 0°。按上面给出的统计图查出梯形比为 0.4。梯形比(尖削比)定义为尖弦长除以根弦长即

$$\lambda = \frac{c_t}{c_r}$$

而

$$c_r = \frac{2}{1+\lambda} \sqrt{\frac{S}{A}}$$

$$c_t = \lambda c_r$$

求出根弦长 0.158 m,尖弦长 0.063 m。平均气动力弦长及其展向位置按下式计算

$$c_A = (4/3) \sqrt{\frac{S}{A}} \left[1 - \frac{\lambda}{(1+\lambda)^2} \right] \qquad (7-3-2)$$

$$y_A = (s/6)[(1+2\lambda)/(1+\lambda)]$$

算出 $c_A = 0.117$ m,$y_A = 0.19$ m。

平均几何弦长 $\qquad c_G = S/b = 0.111$ m $\qquad (7-3-3)$

弹翼的平面形状如图 7-5 所示。

弹翼参数:展弦比 $A = 8$;梯形比 $\lambda = 0.4$;1/4 弦后掠角 0°;根弦 $c_r = 0.158$ m;尖弦 $c_t = 0.063$ m;弹翼面积 $S = 0.098$ 1;展长 $s = 0.886$ m。

前缘后掠角 $\qquad \lambda_{LE} = \arctan\left(\tan\lambda_{1/4} + \frac{1}{A}\frac{1-\lambda}{1+\lambda}\right) = 3.06° \qquad (7-3-4)$

后缘后掠角 $\qquad \lambda_{TE} = \arctan\left(\tan\lambda_{LE} - \frac{4}{A}\frac{1-\lambda}{1+\lambda}\right) = -9.13° \qquad (7-3-5)$

中线后掠角
$$\lambda_{1/2} = \arctan(\tan\lambda_{LE} - \frac{2}{A}\frac{1-\lambda}{1+\lambda}) = -3.06 \tag{7-3-6}$$

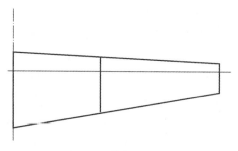

图 7-5　弹翼平面形状

巡飞弹战术技术指标要求长航时和大射程,决定了机翼用大升阻比,因而展弦比必然大。但战术技术指标又对导弹的尺寸作了限制,显然是因为装载的要求,如希望导弹能放入切面为 200 mm×250 mm 的包装发射箱内。如果作为子弹药,弹舱的尺寸为 400 mm×500 mm×2 000 mm。解决的办法是用折叠翼,这不是什么新技术,很多导弹上都用过。巡飞弹几乎 100%采用折叠翼。折叠翼有很多型式,我们拟在片翼向后折叠和整片翼旋转折叠的两种方式中选择。前者如同 LOCAAS 那样,后者像斜翼(oblique wing)。

图 7-5 是斜翼折叠方式。可以看出,弹翼制造和安装相当简单。折叠和释放机构也比较简单,质量也比较小。但是在展开过程中对气动力有什么影响,也要分析,尤其斜翼也只是一种气动布局构想,没有在型号上用过。它在释放过程中,法向力、俯仰力矩、滚转力矩、压力中心有什么变化等。初步分析可以知道,对法向力,只是随斜置角由 0°变到 90°,而增大。这当然是展弦比起的作用。对压力中心的影响,就比较复杂,因为不但展弦比有变化,头部法向力对全弹的贡献也是随斜置角改变的。斜置角为 0°时(折叠状态),头部的贡献大,随着弹翼逐渐展开,它的贡献变小,于是压力中心后移,稳定度增大。对于展开过程中,由于后掠角由大变小,其诱导的滚转力矩不容忽视。俯仰稳定度和滚转力矩的变化,是要在设计中考虑的,应该适当地选择尾翼的尺寸和位置,使得有能力补偿力矩的变化。

二、弹翼弯扭设计

翼型选择和弹翼的弯扭设计是不可分割的两个设计问题,目的都是减少诱导阻力和避免翼尖分离而失速。翼型在飞行器气动设计中有过举足轻重的作用,现代飞行器是要用计算流体动力学进行翼型设计的。由于巡飞导弹速度不高,没有大的机动,所以还是选择现成的翼型。但是,导弹设计师常常不重视翼型,这不能不说是件很怪的事。比如亚音速导弹用六边形翼型,而冷落了层流翼型。弯扭设计就更没有人问津。可能是导弹飞行边界远小于飞机,不值得花那么大的功夫。巡飞导弹却有些不同,我们前面已经看到,兼顾防区外距离与搜索面积有一定困难。所以把增大升阻比作为弹翼气动力设计的重点。因为需要在大升力系数下工作,弹翼的失速问题要进入我们考虑的范围。弯扭设计就是解决失速的措施,为了避免翼尖先失速,往往对翼尖剖面进行气动扭转(增加翼型弯度)和几何扭转(将翼尖剖面向下转动一个角度),以减少局部有效攻角。而机翼展向载荷分布,决定诱导阻力的大小。对亚音速和低速飞行,理论上已经证明,展向载荷按椭圆分布时诱导阻力最小。弯扭设计系根据一些准则进行。巡飞导弹机动性不高,我们先不进行弯扭设计。只是当设计的平面形状和选择的翼型不能满足要求时,再予以考虑。这种情况一般不会发生。也就是说,在巡飞导弹气动设计中只选择翼型,也不考虑弯扭设计的问题。

翼型分三大类:古典翼型(用于低速飞行器)、层流翼型、现代翼型。巡飞导弹是低速飞行器,用古典翼型就行了。可选 NACA4 位数字翼型有 NACA0006,NACA4409。前者为对称翼型,后者为有弯度翼型以补足升力系数。为了将来发展也可考虑用层流翼型,如 NACA64 - A210(弯度 2.66%,厚度 10%)。查出其气动力特性为

最大升力系数 $c_{lmax}=1.78$,零升力攻角 $\alpha_0=-3°$,升力线斜率 $c_{l\alpha}=0.105(1/(°))$,设计升力系数 $c_{ldesign}=0.25$,最小阻力系数 $c_{dmin}=0.004\ 5$,零力矩系数 $c_{m0}=0.04$,压力中心 $\bar{x}_{cp}=0.251$,最大升力系数对应的攻角 $\alpha_{clmax}=13°$,偏离线性处功角 $\alpha^*=10°$。选择翼型要以巡飞弹的设计状态,也就是它的巡航和游弋状态。在这两个状态计算出设计升力系数:

巡航状态平均的质量(以起飞质量 54 kg 计)$=(1+0.969\times0.995)\times54/2=53$ kg
换算出升力系数为

$$c_L=G/(qS)=0.21$$

游弋状态平均质量 $=(1+0.928)\times52/2=50$ kg。换算成升力系数为 0.195,考虑到游弋是以最大升阻比进行的,实际的升力系数为 0.225。再考虑到翼根和翼梢的升力损失,设计升力系数可增加 10%～20%。这样我们选取 NACA64 - A210,NACA64 - A410 都是合适的。初步选 NACA64 - A210,因为还有低阻来弥补。

三、尾翼尺寸

尾翼的功能是配平、稳定和操纵。尾翼设计的主要参数是尾容量,即尾翼压心到导弹重心的距离乘以尾翼面积,而通常是用它的无量纲量,称尾容量系数:
水平尾翼

$$c_{HT}=\frac{L_{HT}S_{HT}}{c_{AW}S_W} \tag{7-3-7}$$

确定尾容量系数是件很繁杂的工作,要根据不同的重心位置和飞行状态,找到它与重心余度之间的合理的配置。在概念设计阶段,没有条件进行。所以是按统计数据来确定尾翼容量系数。比如推荐水平尾翼容量系数为 1。如果确定了尾力臂长度,则尾翼面积可以求出。又据统计,发动机安装在后机身的尾力臂约为机身长度的 45%～50%。如取 45%,得 0.44 m。为此求出水平尾翼面积 $S_{HT}=0.026\ 1\ m^2$。

尾翼的平面形状系根据统计数据确定,展弦比 3～5(平尾),1～2(垂尾);尖削比 0.3～0.6。后掠角希望比机翼大 3°～5°。这样算出水平尾翼的参数如下:

根弦 $c_{rHT}=0.115$ m,尖弦 $c_{tHT}=0.046$ m,平尾展长 $s_{HT}=0.323$ m,展弦比 $A=4$,梯形比 $\lambda=0.4$。
前缘后掠角 11°,1/4 弦后掠角 5°。后缘后掠角 -13°。
尾翼平均气动力弦 $c_A=(4/3)\sqrt{\dfrac{S}{A}}\left[1-\dfrac{\lambda}{(1+\lambda)^2}\right]=86$ mm。

平均气动力弦前缘距尾翼翼根前缘 $y_A = (s/6)[(1+2\lambda)/(1+\lambda)] = 69$ mm。

垂直尾翼尾容量系数为

$$c_V = \frac{L_{VT} S_{VT}}{b_W S_W} \qquad (7-3-8)$$

取 0.08。用式(7-3-8)求出单块垂直尾翼面积为 0.015 8 m^2。根弦 $c_{rHT} = 0.188$ m,尖弦 $c_{tHT} = 0.094$ m,垂尾半展长 $s_{HT} = 0.110$ m,展弦比 $A = 1.53$,梯形比 $\lambda = 0.5$。

前缘后掠角 25°,1/4 弦后掠角 16.8°,中线后掠角 7.7°,后缘后掠角 -11°。

平均气动力弦长 0.149 m,距翼根前缘 0.049 m。

还需要计算尾翼效率,这与尾翼的位置有关。按排位置一般按附图给出的经验曲线。

四、舵面尺寸

巡飞导弹(几乎所有飞航式导弹)采用全动舵。所以不必再去计算舵面尺寸,但需要在稳定性和操纵性之间做出权衡,也就是设计的操稳比应为 -0.8 ~ -1.2,所谓操稳比是由力矩平衡推导出来的一个参数,即

$$C_{m\alpha}/C_{m\delta} = \delta/\alpha \qquad (7-3-9)$$

δ/α 称为操稳比,表示使飞行器产生 1° 攻角需要偏转舵面的度数,通常使其在 1 的附近。另外要力求不随攻角变化,也就是线形度要好。导弹经常为轴对称布局,或 ++ 或 ××。这种共面布局会使小功角下稳定性减少,变成中立稳定,甚至不稳定。而恰恰又是在平飞那一段,也就是巡航那一段,是不好的。然而由于可以在导引、导航与控制(GNC)系统中采取措施,设计师一般都忽略它。其实可以有一些措施的,比如调整平尾的位置和大小,将翼面和控制面错开一个小角度;减少翼面水平方向的夹角等。本案没有用轴对称布局,情况会好得多。但也必须注意尾翼相对弹翼的位置。在概念设计阶段只能用经验的方法,如附录中绘出的好的尾翼位置图。只有到第一轮气动力计算,最好在第一轮风洞试验之后。所以飞行器设计是叠代的过程。

巡飞导弹要用 BTT 控制,倾斜力矩是否够要予以注意,如果不够,应考虑平尾差动。因为弹翼要折叠,是很难布置副翼的。

五、弹身尺寸

由导弹密度和质量和长度小于 1 m 的限制,可以算出弹身切面应控制在 0.04 m^2 以内。其形状由两个方面决定:能有足够的空间容纳弹载设备和好的空气动力特性。

发动机 $\phi 100 \times 292$ mm;油箱要能装载 6.2 kg,航空煤油的比重为 0.776 kg/L。于是油箱体积为 8 L,合 8×10^{-3} m^3,如果以 0.04 m^2 为切面,则长度为 200 mm。考虑到安装和结构尺寸,再增加 100 mm。因此从弹身长度上已经用去 490 mm,只有 500 mm 可用于战斗部、制导系统。不过在发动机舱段尚有部分空间可用。我们确定用非圆切面弹身,是基于以下一些考虑:

(1)非圆切面比圆切面有更大的有效空间布置设备,例如正方形的面积大于其内切圆的面积(大 $4/\pi$ 倍);

(2)非圆切面有更好的隐身特性(对入射角不敏感);

(3)可以利用其非对称法向力,在最优取向实现 BTT。

因为弹舱容积为 2 000 mm × 500 mm × 380(最大 420)mm,所以弹身切面应该在 222

mm×180 mm 才能装 4 枚。初步设计成梯形切面,上底 160 mm,下底 220 mm,高 180 mm,切面积为 0.034 2 m²,当量直径为 209 mm。

六、进气道尺寸

1. 捕获面积

在概念设计阶段,进气道设计主要是确定进气道型式、捕获面积以及管道形状。巡飞弹采用腹部或背部进气。可按简单公式决定捕获面积亚音速进气道捕获面积 $A_c = 3.6\dot{m}$ (in²)。式中,$\dot{m}$ 发动机流量(lb/s)。发动机流量为 0.99(lb/s),算出捕获面积为 3.564 in²,合 0.002 3 m²。

用唇口载荷系数 170 计算得 0.002 64 m²。

已知某流量为 6.2 kg/s 发动机的捕获面积为 0.053 9 m²,则流量 0.45 kg/s 的发动机其捕获面积为 0.003 9 m²。

2. 进气道设计

上一节我们简单地确定了进气道的尺寸,是用于巡飞弹的总体布置。但进气道对飞行器性能的影响很大。需要更全面地考虑各种因数的影响。进气道设计包括布局型式、进口参数确定、内管道设计等。

巡飞弹进气道布局没有太大选择的余地,因为头部要装探测目标的传感器,两侧要留折叠翼转动的空间。而用吊舱式显然不太可能,那会使导弹尺寸增大。所以只能是腹部或背部,首选腹部。

进口参数计有进口类型(埋入式和皮托管式),我们用皮托管式。而设计点选在巡航和游弋两个段,并进行权衡。设计点选好以后,要确定进气口的形状,这对发动机性能发挥有很大影响,圆形进气口最为理想,但腹部部进气难以实现。所以要在半圆形、矩形和椭圆形之间进行选择。最后,也是最为重要的是确定进气口面积,也称捕获面积。主要根据流量系数来确定。流量系数定义为进入进气道的实际流量对应的流管切面积与进口捕获面积之比,$\varphi_1 = \dfrac{A_0}{A_c}$。流量系数决定了进口面积。因为我们希望在发动机燃烧室中气流能够稳定燃烧,需要将气流速度减下来。因此,进口面积与与进口速度与来流速度之比有关,即与参数 V_0/V_c 有关。这个比值决定了进气道内外流特性,而且大于1,在 2.22～1.66 之间选择,一般选 2。由于巡飞弹速度较低,如果取 1.66 则发动机进口流速只有 0.24Ma。比值高有利于速度头转换为压力头,对内流特性有利。这当然是我们所希望的。但是外流的速度比较低,不得不降低比值,否则会使捕获面积增大。受到尺寸的限制,初步设计取 1.33。我们知道等熵可压流有

$$A/A^* = \frac{1}{M}\left(\frac{1+0.2M^2}{1.2}\right)^3 \qquad (7-3-10)$$

分别以进口和发动机处的马赫数代入,便可得到进口切面,或者叫捕获切面积,因

$$A_c = \frac{(A/A^*)_c}{(A/A^*)_f}A_f \qquad (7-3-11)$$

$$A_c = (1.188/2.035) \times 0.007\,85 = 0.004\,58\ \text{m}^2$$

进气道可以模拟成一个空气动力流管如图 7-6 所示。利用一维亚声速管流质量守恒可得方程

$$\rho_\infty V_\infty A_\infty = \rho_c V_c A_c = \rho_f V_f A_f = \rho_e V_e A_e \qquad (7-3-12)$$

下标 ∞, c, f, e 依次表示来流、捕获、最大和出口截面。如果假设为不可压, ρ 为常数, 再经过一些变换得

$$A_\infty = A_f [(1 - C_{\text{Pe}})/k]^{1/2} \qquad (7-3-13)$$

这个关系式表明, 出口面积决定了流管的特性, 则捕获面积介于零和出口面积之间。事实上捕获面积影响到进气道内外流场的性能, 面积大则有更多的流体进入发动机, 但阻力增加。作为第一次近似, 取 0.004 58 m²。腹部进气口为矩形, 长宽比取 2, 则切面尺寸是 102 mm×45 mm。考虑附面层影响把进口上壁外突 10 mm。进气口以后到发动机入口处是一个内流管道。内流管道由唇口、喉道、扩压器和出口段组成。

但本案弹身底部平坦, 又受到尺寸的限制, 所以可以设计埋入式进气道。早期的喷气式飞机有这种型式的, 不过总压恢复系数较低, 只有 92%。在概念设计时, 我们把它也作为一种方案予以设计。图 7-6 是常用的 NACA 平贴式(flush inlet)进气道, 其中参数选取见表 7-3-1。

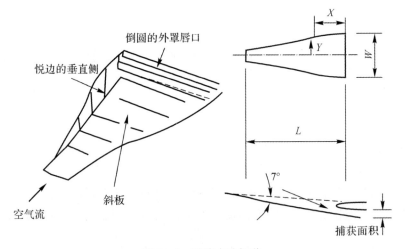

图 7-6 平贴式进气道

表 7-3-1

X/L	1.0	0.9	0.8	0.7	0.6	0.5	0.4	0.3	0.2	0.1	0.0
$Y/(W/2)$	0.083	0.160	0.236	0.313	0.389	0.466	0.614	0.766	0.916	0.996	1.00

(1)进气道唇口设计。进气道唇口的几何形状不但决定了进气道的阻力特性, 也影响扩压器的进口流动条件。对于低速飞行, 进口气流是否分离, 将严重影响进气道性能。对于亚声速进气道有现成的唇口外形, 比如 NACA-1 系列进气道。但我们选择的平贴式进气道, 不像外置进气道要设计内外形状, 只要把下壁进口处倒圆即可。我们定了隔板 10 mm, 故圆角半径 5 mm。

(2)内管道设计。由进口切面收缩至喉道,然后扩散到发动机进气口。

喉道切面积 $A^* = A/[\dfrac{1}{M}(\dfrac{1+0.2M^2}{1.2})^3] = 0.004\ 58/2.035 = 0.002\ 26\ \text{m}^2$,切面尺寸 $72\ \text{mm} \times 32\ \text{mm}$。

第 4 节　巡飞导弹气动力和力矩计算

一、升力特性

1. 弹翼升力曲线

对于大展弦比弹翼,考虑弹身干扰后,弹翼的升力线斜率按下式计算

$$C_{L\alpha} = \frac{2\pi A}{2 + \sqrt{4 + \dfrac{A^2\beta^2}{\eta^2}(1 + \dfrac{\tan^2\Lambda_{\max t}}{\beta^2})}}(\frac{S_{\text{exposed}}}{S})F$$

$$\beta^2 = 1 - M^2 \tag{7-4-1}$$

$$\eta = \frac{C_{l\alpha}}{2\pi/\beta}$$

$$F = 1.07 \times (1 + d/b)^2$$

为 $0.136/(°)$。

因为没有扭转,故弹翼的零升力攻角等于翼型的零升力攻角。

阻力由两部分组成:零阻和诱导阻力。零阻我们参考类似导弹,可以粗略决定为 0.031。诱导阻力和导弹升力平方成正比,与展弦比成反比

$$C_{Di} = kC_L^2$$

$$k = 1/\pi Ae \tag{7-4-2}$$

式中,e 称之 Oswald 系数,是考虑机翼为有限展长的气动效率,它实际上是减少了展弦比。典型的数值在 0.7 到 0.85 之间。有许多计算方法,如

$$e = 4.61 \times (1 - 0.045A^{0.68})(\cos\Lambda_{\text{led}})^{0.15} - 3.1 \tag{7-4-3}$$

用来计算后掠翼,算出为 0.65。我们的机翼前缘后掠角只有 $4°$,近似于直机翼,改用直机翼的公式

$$e = 1.78 \times (1 - 0.045A^{0.68}) - 0.64$$

计算结果为 0.8。而 $k = 0.05$,于是

$$C_D = 0.031 + 0.05C_L^2$$

如图 7-7 所示,由极曲线可以看出,最大升阻比可到 1.3 左右。我们只用到 0.7 是没有问题的。我们这里只涉及升力的线性部分。但随攻角增大,由于气流分离要损失升力,所以最大升力系数不能按线性计算。对于非后掠机翼其最大升力系数是采用的翼型按二维计算值的 90%。后掠翼还要加上因翼型前缘尖削而损失的量,则

$$C_{L\max} = C_{l\max}(\frac{C_{L\max}}{C_{l\max}}) + \Delta C_{L\max} \tag{7-4-4}$$

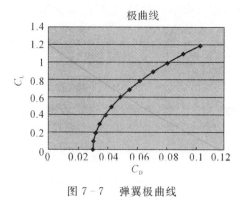

图 7 - 7　弹翼极曲线

我们暂选 NACA64 族,相对厚度 10%。查翼型手册,切面的最大升力系数为 1.75,又查出 $(\frac{C_{l.max}}{C_{lmax}})=0.9,\Delta C_{Lmax}=-0.15$ 代入式(7-4-4),求出机翼的最大升力系数为 1.425。接着我们求出最大升力系数对应的攻角。

$$\alpha_{CLmax}=\frac{C_{Lmax}}{C_{L\alpha}}+\alpha_0+\Delta\alpha_{CLmax} \qquad (7-4-5)$$

代入参数得对应最大升力系数的攻角为 11.7°。计算的升力曲线如下图,大于最大升力对应的攻角(11.7°)前 2°后,升力曲线为非线性,过了最大升力系数对应攻角,升力不再随攻角增大而增大,开始下落,这就是失速。然而用我们现在采用的工程计算方法,是不可能将失速附近的曲线计算得很准确。除了用 CFD 以外,对于大展弦比机翼可以用片条理论进行计算也有很好结果,附录给出的一种计算方法能够准确估计机翼的失速特性。

2. 尾翼升力线斜率

尾翼升力特性计算方法与机翼相同。尾翼几何数据如下:

根弦 $c_{rHT}=0.115$ m,尖弦 $c_{tHT}=0.046$ m,平尾展长 $s_{HT}=0.323$ m,展弦比 $A=4$,梯形比 $\lambda=0.4$。平尾翼型选对称翼型,如 NACA64006。前缘后掠角 11°,1/4 弦后掠角 5°。后缘后掠角 $-13°$。计算升力特性之前应先利用下式判断是否属于小展弦比机翼,以便考虑非线性升力。

$$A\leqslant\frac{3}{(C_1+1)(\cos\Lambda_{LE})} \qquad (7-4-6)$$

代入参数计算得 2.1,不是小展弦比,只要用线性公式。用外露尾翼计算出尾翼的升力线斜率为 0.067/(°)。考虑机身贡献,需乘以干扰因子

$$F=1.07\times(1+d/b)^2=1.07\times(1+0.15/0.48)=1.4 \qquad (7-4-7)$$

最后尾翼的升力线斜率为 0.094/(°)。

3. 全弹升力特性

全弹升力线斜率　　　$$C_{L\alpha}=C_{L\alpha wf}+C_{L\alpha H}k_q(\frac{S_H}{S})(1-\frac{d\varepsilon}{d\alpha}) \qquad (7-4-8)$$

式中,$C_{L\alpha wf}$ 为翼身组合体升力线斜率;$C_{L\alpha H}$ 为平尾升力线斜率;k_q 为速度阻滞系数;$\frac{d\varepsilon}{d\alpha}$ 为下洗导数。

速度阻滞系数表示该处的动压和来流动压之比,可以用下式计算

$$k_q = \frac{\left[\cos^2\left(\frac{\pi}{2}\frac{Z_H}{Z_W}\right)\right]\left[2.42\,(C_{D0,W})^{1/2}\right]}{\left(\frac{X_H}{c_A}+0.3\right)} \tag{7-4-9}$$

Z_W 为 X_H 处尾迹半宽度，由下式计算

$$Z_w = 0.68 c_A\left[C_{D0w}\left(\frac{X_H}{c_A}+0.15\right)\right]^{1/2} \tag{7-4-10}$$

Z_H 为平尾 1/4 弦至尾迹中心的距离，即

$$Z_H = X_H \tan(\gamma_H + \varepsilon_{CL} - \alpha_W) \tag{7-4-11}$$

$$\varepsilon_{CL} = 92.83\frac{C_{LW}}{\pi A} \tag{7-4-12}$$

公式中的几何关系如图 7-8 所示。

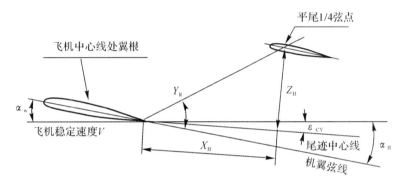

图 7-8　弹翼尾翼几何

一般在方案设计阶段，可以取动压比为 0.9。

平尾处的下洗导数（见图 7-9）为

$$\frac{d\varepsilon}{d\alpha} = 4.44\left[K_A K_\lambda K_H (\cos\Lambda_{1/4})^{1/2}\right]^{1.19}\frac{C_{L\alpha W,M}}{C_{L\alpha w,M=0}} \tag{7-4-13}$$

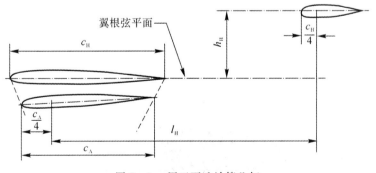

图 7-9　用于下洗计算几何

式中，K_A，K_λ，K_H 考虑弹翼和尾翼几何位置的系数。

$$K_A = \frac{1}{A} - \frac{1}{(1+A^{1.7})} = 0.097 \tag{7-4-14}$$

$$K_\lambda = (10 - 3\lambda)/7 = 1.26 \qquad (7-4-15)$$

$$K_H = (1 - h_H/s)/(2L_{HT}/s)^{1/3} = 1 \qquad (7-4-16)$$

$$\frac{d\varepsilon}{d\alpha} = 4.44 \times 0.097 \times 1.26 = 0.54$$

于是全弹升力线斜率

$$C_{L\alpha} = 0.136 + 0.094 \times 0.9 \times (0.0261/0.0981) = 0.146(1/(°))$$

接下来应该计算零升力攻角、线性攻角范围和最大升力系数对应的攻角,我们把它放到空气动力计算中去。

二、阻力特性

1. 弹翼阻力

弹翼阻力系数由两部分组成:零升阻力和升致阻力。

$$C_{DW} = C_{D0W} + C_{DiW} \qquad (7-4-17)$$

零升阻力系数

$$C_{D0W} = R_{WF}R_{LS}C_{fW}[1 + L'(t/c) + 100(t/c)^4]S_{WetW}/S \qquad (7-4-18)$$

以外露翼平均几何弦为准的雷诺数

$$Re_W = \rho Vc/\mu = 0.97 \times 10^6 \qquad (7-4-19)$$

查出弹翼湍流摩擦系数 $C_{fW} = 0.0048$。弹翼修正因子 $R_{LS} = 1$。

弹翼浸润面积取弹翼外露面积的两倍

$$S_{WetW} = 2 \times 0.0755 = 0.16 \ m^2$$

翼型最大厚度位置40%,故 $L' = 1.2$。计算出弹翼的零阻力系数为 $C_{D0W} = 0.0088$。于是弹翼阻力系数

$$C_{DW} = C_{D0W} + C_{DiW} = 0.0088 + 0.05C_L^2$$

2. 弹身阻力

弹身阻力系数也由两部分组成

$$C_{DF} = C_{D0F} + C_{DiF}$$

弹身零阻力系数

$$C_{D0F} = R_{WF} \times C_{fF}[1 + 60/(l_F/d_F)^3 + 0.0025(l_F/d_F)]S_{wetF}/S + C_{DbF} \qquad (7-4-20)$$

以弹身长度为准的雷诺数 8.64×10^6;查出 $C_{fF} = 0.0031$。

按三面图计算出弹身的浸润面积为 $0.585 \ m^2$。另外也可以简单估算,我们前面所做的气动布局设计选用了8倍参考面积为浸润面积,除去弹翼和尾翼,弹身所占在6倍左右 $6 \times 0.0981 = 0.589 \ m^2$。两种方法估计结果是一致的。

弹身摩擦阻力和压差阻力之和

$$(C_{DfF} + C_{DpF}) = 0.0031 \times [1 + 0.58 + 0.012] \times \frac{0.585}{0.0981} = 0.029$$

底部阻力系数与弹身底部面积有关,还要受喷流的影响,很难计算准确。先用下面的公式估算。

$$C_{DbF} = \{0.029(d_b/d_F)^3/[(C_{DfF} + C_{Dpf})(S/S_F)^{1/2}]\}/(S_F/S) \qquad (7-4-21)$$

将式代入有

$C_{DbF} = (d_b/d_F)^3 \times (S_F/S)^{3/2} = 0.206(d_b/d_F)^3$ 如取底部当量直径与最大当量直径之比为 0.5（因为大于这个值底部阻力大增），得底部阻力系数为

$C_{DbF} = 0.0258$。这个数值还是比较大，于是可以要缩小底部面积参考表 7 - 4 - 1。

表 7 - 4 - 1

d_b/d_F	0.1	0.2	0.3	0.35	0.4	0.45
$(d_b/d_F)^3$	0.001	0.008	0.027	0.043	0.064	0.091
C_{DbF}	0.000 21	0.001 6	0.005 6	0.008 9	0.013 2	0.018 7
C_{D0F}	0.029	0.031	0.035	0.038	0.041	0.048

如果以设计飞行速度 136 m/s，飞行高度 300 m 计，88 牛推力相当的阻力系数为

$$C_D = \frac{88/9.81}{qS} = \frac{8.97}{\frac{1}{2}\rho V^2 S} = \frac{8.97 \times 2}{0.121 \times 136^2 \times 0.0981} = 0.082$$

减去弹翼和尾翼的阻力（0.013 2）和设计升力系数（0.2）诱导的阻力 0.011。允许的弹身阻力系数为 0.058。取直径比为 0.35，则弹身阻力系数为 0.038。

3. 尾翼阻力

尾翼计算和弹翼相同，在方案阶段可以把弹翼的零阻力系数搬过来，仅做面积换算得

$$C_{D0t} = 0.008 8 \times 0.041 9/0.098 1 = 0.004 4$$

4. 全弹阻力系数

全弹阻力系数等于弹翼、弹身、尾翼阻力之和。忽略弹身、尾翼的诱导阻力。

$$C_D = 0.049 + 0.05 C_L^2 \qquad (7 - 4 - 22)$$

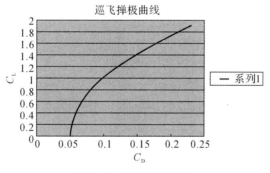

图 7 - 10 全弹极曲线

图 7 - 10 为全弹极曲线，在设计升力系数（0.2）下，阻力系数为 0.060。对应飞行高度 300 m，速度 0.4 马赫，阻力为 6.6 kg，合 65 N，是合适的。

三、纵向力矩系数和静稳定性

全弹压力中心

$$\bar{x}_{ac} = \frac{C_{L\alpha wf}\bar{x}_{acwf} + C_{L\alpha Hf}(1 - \frac{d\varepsilon}{d\alpha})\bar{x}_{acHf}}{C_{L\alpha wf} + C_{L\alpha Hf}} \tag{7-4-23}$$

如果翼身组合体和尾身组合体的压力中心位置已知,则可以得到全弹压力中心位置。上面公式里用的是升力线斜率,所以求出来的就是焦点。全弹重心知道(或者假设)后,静稳定度即可算出,或者用来决定弹仪翼位置。在三面图上标定重心位置,然后根据给定的稳定度将组合体的焦点固定在图上,位置就确定了。

假设翼身组合体的压力中心和尾翼的压力中心均在其 1/4 平均气动力弦处,于是由式(7-73)求出全弹压力中心为距翼根前缘[0.136×(0.01+0.117/4)+0.094×(1-0.54)×(0.4+0.01+0.117/4)]/(0.136+0.094)=0.107 m(弹翼平均气动弦),即 0.24 m。如果设计巡飞弹的静稳定度为 0.05,则翼根前缘距弹头的距离为

$$x = 0.05c_A + x_g - 0.107$$

因为全弹重心是未知的,所以上式解不出。在方案阶段不妨假设一个重心位置,例如取全弹的中心,0.49 m 于是得出 $x = 0.389$ m。

这里忽略了弹翼位置变化对尾翼下洗的影响,由式(7-63)可知下洗导数与弹翼尾翼的相对位置有关。我们留到权衡研究再去分析,概念设计阶段尾翼与掸翼的相对位置只要符合下图就可以了。

第 5 节 权衡研究

导弹总体设计是各个专业权衡的结果,没有最优,只有合用。所谓权衡是将影响总体性能的参数列出来,计算它们对于性能的影响程度和变化趋势(敏感度)。然后利用决策理论来确定需要的参数。这个过程是非常繁复的,要用计算机程序来完成。此地只给出权衡点和流程。权衡研究的另一个原因是,概念设计只根据任务需求确定的导弹总重和部分性能,如航程等。而在接下来的设计中会遇到更多的性能要求,于是尺寸和质量都有变化,譬如 10%～20% 的变化。权衡研究的一种方法是所谓定尺寸矩阵法(sizing-matrix),就是把影响质量和尺寸的参数在基线上变化,如 20%。重复定尺寸得到一个构形及其空气动力特性、动力特性和质量。不同的构形尺寸满足任务需求,然后找出不超出限制条件比较合适的一种。

一、推重比 T/W 和翼载 W/S

每一对 T/W 和 W/S 得到

权衡研究从列出尺寸矩阵开始,见表 7-5-1。

表 7-5-1

$W/S = 4\,000$ N/m^2	$W/S = 5\,000$ N/m^2	$W/S = 6\,000$ N/m^2
$T/W = 0.18$	$T/W = 0.18$	$T/W = 0.18$
$W/S = 4\,000$ N/m^2	$W/S = 5\,000$ N/m^2	$W/S = 6\,000$ N/m^2
$T/W = 0.20$	$T/W = 0.2$	$T/W = 0.2$
$W/S = 4\,000$ N/m^2	$W/S = 5\,000$ N/m^2	$W/S = 6\,000$ N/m^2
$T/W = 0.22$	$T/W = 0.22$	$T/W = 0.22$

比如在矩阵中央一格标出的数据:质量 53 kg,防区外距离 70 km,搜索时间 17 min。它们是用翼载为 5 000,推重比 0.2 算出的。用同样的方法可以算出其余 8 格的数据。我们选择了三个参数:导弹总质量、防区外距离和搜索 50 km² 面积的时间。再以推重比为纵坐标,翼载为横坐标作图,没张图上有一种性能参数的三个点,就可以连成一条曲线,从而来观察参数的变化趋势,也就是敏感度。这对于决策是有帮助的。一共有九张类似的图。如果把每一个性能参数集中到一张图上,就有 9 个点 6 条曲线经纬交织,有人称它为地毯图。

二、防区外距离 R 和搜索 50 km² 需要的时间 T

我们上面分析了,搜索 50 平方千米面积需要的时间与下列参数有关:

(1)飞行速度 0.4±0.1Ma;

(2)飞行高度 300、600m;

(3)传感器的照射角 10°、20°、30°;

(4)摄像机俯仰视场角 9.43°;

(5)摄像机方位视场角 7.6°;

(6)摄像机方位摆动最大角度±20°;

(7)摄像机方位摆动角速度 5°/min。

可以从选择一些参数进行计算。比如选择飞行高度和传感器照射角,又可以列出一个定尺寸矩阵。我们前面已经计算过飞行高度 600 m,照射角 20°的结果。还有 8 种情况,见表 7 – 5 – 2。

表 7 – 5 – 2

飞行高度 300 m 照射角 10°	飞行高度 450 m 照射角 10°	飞行高度 600 m 照射角 10°
飞行高度 300 m 照射角 20°	飞行高度 450 m 照射角 20°	飞行高度 600 m 照射角 20° 防区外距离 70 km 航时 15 min
飞行高度 300 m 照射角 30°	飞行高度 450 m 照射角 30°	飞行高度 600 m 照射角 30°

当然可以选其他参数,摆动角速度、最大摆动角来进行权衡。

在战术技术指标有巡航飞行时间≥30min 和巡航飞行距离≥160km 的要求,而且总重又限制在 50kg 之内。我们知道,吸气式导弹的燃油质量系数只有 11％左右,同时满足航程和航时的要求是很困难的,如何分配要根据下面两个方程进行权衡。

$$1.155R/V + E = C, C_1 = -\frac{L/D}{C}ln(\overline{W})$$

三、可以进行权衡研究的参数

我们通常选择对导弹构形和性能有影响的参数进行权衡,应该说所有的参数都有影响,这里指的是敏感的参数。也就是敏感曲线平直,特性硬的参数不选。权衡分为设计权衡和需求权衡以及敏感的参数,见表 7 - 5 - 3。

表 7 - 5 - 3

设计权衡	需求权衡	敏感度
推重比和翼载	射程/有效载荷	质量
展弦比、后掠角	巡飞时间	零阻力系数、气动效率
翼型类型和厚度、梯形比	速度	波阻系数
升阻比	转弯半径、最大过载	最大升力系数
构形:尾翼型式和位置 　　　动力装置 　　　可靠性和维修性 　　　总体布置 　　　材料 系统效能	定成本设计 探测与攻击一体化功能	有效度、可信度 $(\ln W + 3\ln CEP)/2$ W 为战斗部重

第 6 节　导弹尺寸与性能汇总

一、战术技术指标

(1)飞行速度 Ma 0.4;

(2)飞行高度 300~600 m;

(3)搜索高度 600 m;

(4)导弹质量 51 kg;

(5)防区外距离 70 km;

(6)搜索 50 km² 的时间 18 min;

(7)尺寸:导弹体积小于 1 000 mm×250 mm×200 mm。

二、总体参数

(1)翼载 5 000 N/m²;

(2)推重比 0.179;

(3)导弹质量系数:结构 20%,燃油 11.6%,有效载荷 8 kg,设备质量 27 kg;

(4)"水星"HP 发动机:

最大推力 88 N(最高转速下);

最小推力 4 N(最低转速下);

直径 100 mm;

长度 292 mm;

光身发动机质量 1.55 kg;

系统(包括附件)质量 2.235 kg；

最高转速 151 900 转/分；

最低转速 47 600 砖/分；

压力比 2.8：1；

质量流量 250 g/min(最高转速)；

正常排气温度 650℃；

最高排气温度 750℃；

耗油率 295 g/min(最高转速)。

右图耗油率曲线为实测数据,改进以后可以降低至 1.3(最高转速)。

(5)导引头:

目标尺寸:6 400 mm×3 300 mm×2 000 mm；

探测距离:3 500 m(80%概率)；

识别距离:1 000 m(95%概率)。

1/4″CCD,像素 512×512,芯片尺寸 3.2 mm×2.4 mm,像素尺寸 4.17 μm×1.87 μm。

空间分辨率 α =0.215mrad

焦距 f =19.4 mm

方位视场 φ =7.08°

俯仰视场 ϑ =9.43°

照射角为 20°,

摆动速度为 5°/s。

摆动范围±20°。

"脚印"为一梯形上边为 300 m,下边为 192 m,高为 894 m,面积为 219 924 m² 。搜索 50 km² 面积只需要 10 min

三、导弹外形尺寸

1. 弹翼尺寸

展弦比 A =8；

梯形比 λ =0.4；

根弦 c_r =0.158 m；

尖弦 c_t =0.063 m；

平均气动力弦 $c_A = \dfrac{4}{3}\sqrt{\dfrac{S}{A}}\left[1-\dfrac{\lambda}{(1+\lambda)^2}\right]$,代入参数求出 c_A =0.117 m；

平均气动力弦距翼根距离 y_A =0.19 m。

平均几何弦长 $c_G = S/b$ =0.111 m。

弹翼面积 S =0.098 1 m²；

展长 s =0.886 m；

前缘后掠角 $\lambda_{LE} = \arctan\left(\tan\lambda_{1/4} + \dfrac{1}{A}\dfrac{1-\lambda}{1+\lambda}\right)$ =3.06°；

后缘后掠角 $\lambda_{TE} = \arctan\left(\tan\lambda_{LE} - \dfrac{4}{A}\dfrac{1-\lambda}{1+\lambda}\right)$ =−9.13°；

中线后掠角 $\lambda_{1/2} = \arctan(\tan\lambda_{LE} - \dfrac{2}{A}\dfrac{1-\lambda}{1+\lambda}) = -3.06°$

1/4 弦后掠 0°。

翼型 $NACA64A210$

$NACA64-A210$(弯度2.66%,厚度10%)。查出其气动力特性为

最大升力系数 $c_{l\max} = 1.78$,

零升力攻角 $\alpha_0 = -3°$ 升力线斜率 $c_{l\alpha} = 0.105(1/°)$,设计升力系数 $c_{l\text{design}} = 0.25$,最小阻力系数 $c_{d\min} = 0.0045$,零力矩系数 $c_{m0} - 0.04$,压力中心 $\bar{x}_{cp} = 0.251$,最大升力系数对应的攻角 $\alpha_{cl\max} = 13°$,偏离线性处功角 $\alpha^* = 10°$。

2. 尾翼尺寸

(1) 平尾:根弦 $c_{rHT} = 0.115$ m,

尖弦 $c_{tHT} = 0.046$ m,

平尾展长 $s_{HT} = 0.323$ m,

展弦比 $A = 4$,

梯形比 $\lambda = 0.4$。平尾平均气动弦为 0.087 m,距尾翼翼根切面 0.069 m;

平均几何弦为 0.08 m;

前缘后掠角 11,

1/4 弦后掠角 5,

后缘后掠角 -13。

面积 $S_{HT} = 0.0261$ m²

翼型 $NACA64006$。

(2) 垂尾:垂直尾翼面积为 0.0158 m²。

根弦 $c_{rHT} = 0.188$ m,

尖弦 $c_{tHT} = 0.094$ m,

垂尾半展长 $s_{HT} = 0.110$ m,

展弦比 $A = 1.53$,

梯形比 $\lambda = 0.5$。

平均气动弦为 0.105 m,距翼根 0.049 m.平均几何弦 0.141 m;

前缘后掠角 25°,

1/4 弦后掠角 16.8°,

中线后掠角 7.7°,

后缘后掠角 $-11°$。

翼型 $NACA64006$。

3. 弹身尺寸

长度 980 mm;

最大切面积 0.0254 m²;

底部面积 0.0031 m²。

头部外形如下弹身上表面纵向剖面采用低阻机身曲线,数据和形状见表 7-5-4。

弹身头部下表面曲线与数据,

头部长度 220 mm。

表　7 - 5 - 4

0	110	0	0	0	0
10	109.89	0.733	−6.68	0.733	4.398
20	109.538	1.466	−9.58	1.466	6.303 8
30	108.977	2.199	−11.7	2.199	7.696 5
40	108.163	2.932	−13.48	2.932	8.869 3
50	107.118	3.665	−14.93	3.665	9.822 2
75	103.411	7.33	−20.95	7.33	13.780 4
100	97.977	11	−25.29	10.995	16.639 1
125	91.52	14.66	−29.97	14.66	19.717 7
150	80.465	18.325	−32.09	18.325	21.110 4
175	66.671	36.65	−45.46	36.65	29.906 4
200	48.4	73.3	−65.18	73.3	42.880 5
220	0	110	−80.66	109.95	53.069 2
200	−48.4	146.6	−93.14	146.6	61.278 8
175	−66.67	183.25	−102.39	183.25	67.362 7
150	−80.47	219.9	−108.41	219.9	71.630 0
125	−91.52			256.55	73.226 7
100	−97.98			293.2	73.3
75	−103.41				
50	−107.118				
40	−108.16				
30	−108.98				
20	−109.54				
10	−109.89				
0	−110				

距尾部起点/mm	0	70	140	215	280
中线下部高/mm	108	105.8	101.5	96.1	89.1
中线上部部高/mm	72	70.6	67.7	64.1	59.4
梯形高/mm	180	176.4	169.2	160.2	148.5

头部俯视曲线方程为

$$\frac{X^2}{220^2} + \frac{Y^2}{110^2} = 1$$

解算的坐标表。

弹身中部几何数据:弹身中部横切面为等腰梯形,上边 160 mm,下边 220 mm,高 180 mm。中部长 480 mm。

弹身尾部几何数据:弹身尾部从距头部 700 mm 处开始收缩,并以下列数据表示的曲线光滑过度至底部,底部亦为等腰梯形,上边 132 mm,下边 181.5 mm,高 148.5 mm。内侧为平板向后收缩。

下表面平直。

4. 进气道尺寸

捕获面积 00 458 m²,矩形 102×45 mm。

喉道面积 0.002 26 m²,扩散段角度 7°。

平贴式进气道坐标如下:发动机推力曲线(见图 7-11)、耗油率曲线(见图 7-12)。

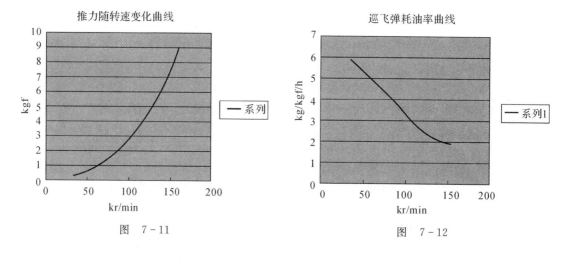

图 7-11

图 7-12

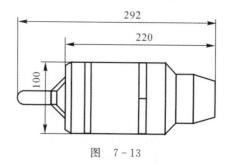

图 7-13

图 7-13 水星涡喷发动机 推力 88 N(最大转数),4 N(最小转数),质量发动机 1.55 kg,系统 2.235 kg,最高转速 151900RPM

上单翼导弹三面图如图 7 - 14 所示。

　下单翼导弹三面图,如图 7 - 15 所示。

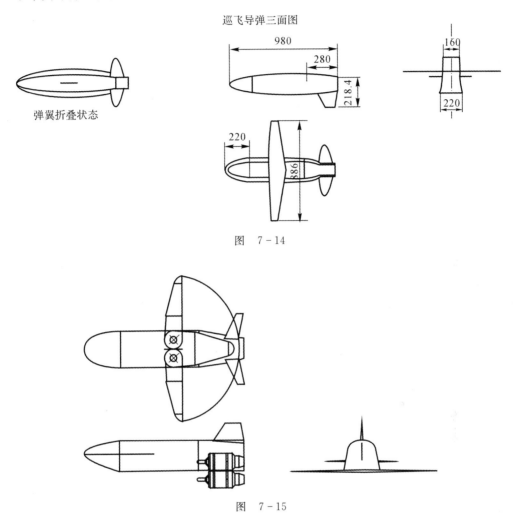

图　7 - 14

图　7 - 15

发射导弹前载机向导弹软油箱供油,油箱体积增大向下挤出发动机,固定、弹出、点火。

参 考 文 献

[1] 汪亚卫. 国防科技大典[M]. 北京:航空工业出版社,2002.

[2] 中国航天工业公司.世界导弹大全[M]. 北京:军事科学出版社,1999.

[3] 王祖典,韩振宗. 世界飞机武器手册[M]. 北京:航空工业出版社,1998.

[4] 王祖典. 防区外发射对地攻击导弹[M]. 北京:628所,2001.

[5] 梁学明,孙连山. 航空武器发展史[M]. 北京:航空工业出版社,2004.

[6] 何文治. 海鹰一号系列与 051 舰上导弹武器系统文集[M]. 北京:航空工业出版社,1990.

[7] 顾颂芬.空军武器装备[M]. 北京:原子能出版社,2003.

[8] 俄罗斯武器装备概览. 第二卷. 空军武器装备. 北京:原子能出版社,2003.

[9] 陈学楚,张铮敏,陈云翔,等. 装备系统工程[M]. 北京:国防工业出版社,2008.

[10] 许成绩. 现代项目管理教程[M]. 北京:中国宇航出版社,2003.

[11] 王凯,孙万国. 武器装备军事需求论证[M]. 北京:国防工业出版社,2008.

[12] 郭齐胜,郅志刚. 装备效能评估概论[M]. 北京:国防工业出版社,2005.

[13] 郭齐胜. 装备作战仿真概论[M]. 北京:国防工业出版社,2007.

[14] 佟春生. 系统工程的理论与方法概论[M]. 北京:国防工业出版社,2005.

[15] 阳至健. 型号研制系统工程[M]. 南昌:洪都航空工业集团科技委,2003.

[16] 吴甲生,雷娟棉. 制导兵器气动布局与气动特性[M]. 北京:国防工业出版社,2008.

[17] 王玉祥,刘藻珍,胡景林. 制导炸弹[M]. 北京:兵器工业出版社,2006.

[18] 朱宝鎏. 无人机空气动力学[M]. 北京:航空工业出版社,2006.

[19] 马丁·西蒙斯. 模型飞机空气动力学[M]. 肖治恒,马东立,译. 北京:航空工业出版社,2007.

[20] 王良益. 飞行器气动布局设计及优化. 南京:南京航空学院,1988.

[21] Paul G Fahlstrom, Thomas J Gleason. 无人机系统导论[M]. 吴汉平,译. 北京:电子工业出版社,2003.

[22] 庄钊文,黎湘,李彦鹏,等. 自动目标识别效果评估技术[M]. 北京:国防工业出版社,2006.

[23] 宣益民,韩玉阁. 地面目标与背景的红外特性[M]. 北京:国防工业出版社,2004.

[24] 陈立新. 防空导弹网络化系统效能评估[M]. 北京:国防工业出版社,2007.

[25] 张安,周志刚. 航空综合火力系统控制原理[M]. 西安:西北工业大学出版社,1997.

[26] 孙连山,杨晋辉. 导弹防御系统[M]. 北京:航空工业出版社,2005.

[27] 李廷杰. 导弹武器系统的效能及其分析[M]. 北京:国防工业出版社,2000.

[28] 甄涛,王平均,张新民. 地地导弹作战效能评估方法[M]. 北京:国防工业出版社,2005.

[29] 肖元星,张冠杰. 地面防空武器系统效费分析[M]. 北京:国防工业出版社,2006.

[30] 朱宝鎏,朱荣昌,熊笑非. 作战飞机效能评估[M]. 北京:航空工业出版社,2006.

[31] David L Adamy. 电子战建模与仿真导论[M]. 吴汉平,等,译. 北京:电子工业出版

社,2004.

[32] 王凤山,杨建军,陈杰生. 信息时代的国家防空[M]. 北京:航空工业出版社,2004.

[33] 罗兴柏,刘国庆. 陆军武器系统作战效能分析[M]. 北京:国防工业出版社,2007.

[34] 李廷杰. 射击效率[M]. 北京:北京航空学院出版社,1987.

[35] Dorothy E Denning. 信息战与信息安全[M]. 吴汉平,等,译. 北京:电子工业出版社,2003.

[36] Sergei A Vakin, Lev N Dunwell, Robert H,Dunwell. 电子战基本原理[M]. 吴汉平,等,译. 北京:电子工业出版社,2004.

[37] S S Chin. 导弹外形设计[M]. 于光,黄祖蔚,译. 北京:国防工业出版社,1965.

[38] 鲍德涅夫,柯兹洛夫. 飞行器的稳定与自动驾驶仪[M]. 王行仁,王宗学,译. 北京:国防工业出版社,1965.

[39] 亚、超音速定常位流的面元法[M]. 徐华舫,张炳暄,朱自强,译. 北京:国防工业出版社,1981.

[40] 飞航导弹总体设计结果分析-技术报告[R]. 西安:西北工业大学航天工程学院. 南昌:南昌飞机制造公司 660 设计研究所,1998 年 10 月.

[41] 赵协和,田炳庆,曾维琴. 战术导弹大攻角纵横向气动力计算程序. 中国人民解放军第二十九基地第二研究所,1998.

[42] 飞航导弹气动力系数工程计算方法. QJ 2118－91,中国航天标准.

[43] 阳至健. 亚音速喷气教练机机翼气动力设计. 国营 512 厂设计所,1978 年 10 月.

[44] 阳至健. 防区外精确对地攻角武器系统. 南昌飞机制造公司 660 所,1994.

[45] 吴甲生,雷娟棉. 制导兵器气动布局与气动特性[M]. 北京:国防工业出版社,2008.

[46] 朱自强,吴宗成. 现代飞机空气动力学[M]. 北京:北京航空航天大学出版社,2005.

[47] 阳至健. 隐身飞行器设计原理初探"反舰导弹隐身技术应用、基础研究"课题文集,11～16 页,国营 320 厂,1990.

[48] 阳至健. 隐身技术与飞行器外形设计"反舰导弹隐身技术应用、基础研究"课题文集,17～25 页,国营 320 厂,1990.

[49] 阮颖铮,等. "飞行目标天线等关键部件的散射特性研究"文集. 成都:成都电子科技大学微波工程系 1990.

[50] 斯威特曼. 隐身飞机[M]. 徐汶,译. 西安:西北工业大学出版社,1988.

[51] 琼斯. 隐身技术——黑色魔力的艺术[M]. 洪旗,魏海滨,译. 北京:航空工业出版社,1991.

[52] 奥利弗,瑞安. 隐形战斗机[M]. 李向荣,译. 海口:海南出版社,贝塔斯曼亚洲出版公司,2002.

[53] A A 希什科夫. 固体火箭发动机气体动力学[M]. 耳玲媚,译. 北京:国防工业出版社,1979.

[54] 斯捷潘诺夫,戈格希. 火箭发动机喷管的一维气体动力学[M]. 庄逢辰,张宝炯,译. 北京:国防工业出版社,1978.

[55] J.Seddon and E.L.Goldsmith Intake aerodynamics AIAA education series 1985.

[56] 廉筱纯,吴虎. 航空发动机原理[M]. 西安:西北工业大学出版社,2005.

［57］ 罗小云,阳至健. 乘波体设计、计算方法和气动热力学计算方法研究报告［R］. 南昌:洪都航空工业集团,2003.

［58］ 瞿章华,管明,刘伟,等. 高超声速空气动力学［M］. 北京:国防工业出版社,1999.

［59］ 阳至健,罗小云,邹敏怀. 高超音速防区外导弹与"乘波体". 南昌:洪都航空工业(集团)公司,2002.

［60］ 阳至健. 高超音速气动力加热计算. 南昌:洪都航空工业(集团)公司,2002.

［61］ 阳至健,文革,邹敏怀. 高超音速防区外导弹首选动力装置—超燃冲压发动机. 南昌:洪都航空工业(集团)公司,2002.